人工智能算法图解

[南非] 里沙尔·赫班斯(Rishal Hurbans) 著

王晓雷 陈巍卿 译

清华大学出版社

北 京

北京市版权局著作权合同登记号　图字：01-2021-6181

Rishal Hurbans
Grokking Artificial Intelligence Algorithms
EISBN: 978-1-61729-618-5
Original English language edition published by Manning Publications, USA© 2020 by
Manning Publications. Simplified Chinese-language edition copyright© 2021 by Tsinghua
University Press Limited. All rights reserved.

图书在版编目(CIP)数据

　人工智能算法图解 / (南非)里沙尔·赫班斯(Rishal Hurbans)著；王晓雷，陈巍卿译. —北京：
清华大学出版社，2021.12(2024.11重印)
　书名原文：Grokking Artificial Intelligence Algorithms
　ISBN 978-7-302-59423-9

　I. ①人…　II. ①里…②王…③陈…　III. ①人工智能－算法－图解　IV. ①TP18-64

　中国版本图书馆 CIP 数据核字(2021)第 222544 号

责任编辑：王　军
封面设计：孔祥峰
版式设计：思创景点
责任校对：成凤进
责任印制：刘　菲

出版发行：清华大学出版社
　　　　　网　　　址：https://www.tup.com.cn, https://www.wqxuetang.com
　　　　　地　　　址：北京清华大学学研大厦 A 座　　　　　邮　　编：100084
　　　　　社 总 机：010-83470000　　　　　　　　　　　邮　　购：010-62786544
　　　　　投稿与读者服务：010-62776969，c-service@tup.tsinghua.edu.cn
　　　　　质 量 反 馈：010-62772015，zhiliang@tup.tsinghua.edu.cn
印 装 者：小森印刷霸州有限公司
经　　销：全国新华书店
开　　本：170mm×240mm　　　印　　张：20　　　字　　数：392 千字
版　　次：2021 年 12 月第 1 版　　　印　　次：2024 年 11 月第 5 次印刷
定　　价：88.00 元

产品编号：089956-01

《人工智能算法图解》知识地图

搜索算法基础
无知搜索算法通过遍历可行路径来找到最优解，这可能会耗费大量的计算资源。这种搜索算法所使用的数据结构为其他智能算法奠定了坚实的基础

人工智能初印象
人工智能算法通过处理数据来解决复杂的问题。不同算法适用于不同类型的问题。我们也可将不同算法组合在一起来解决更为复杂的问题

智能搜索
知情搜索算法利用启发式将搜索引向表现更佳的解决方案，这一算法可用于解决存在博弈双方的对抗性问题

群体智能：蚁群优化
受到现实世界中蚂蚁种群觅食行为的启发，蚁群优化算法在探索新路径的同时会记住曾经探索过的更优路径

进化算法
在进化论的启发下，遗传算法将潜在解决方案编码为染色体，通过多次繁殖迭代产生表现更佳的解决方案

群体智能：粒子群优化
受到现实世界中鸟群迁徙行为的启发，粒子群优化算法在深入探索局部解空间的同时会对种群中其他个体发现的理想解保持关注

机器学习
回归算法和分类算法能发掘数据中存在的模式，并据此对变量的值或样本的种类作出预测。如想设计出理想的机器学习模型，就必须对数据有深入的理解与妥善的准备

人工神经网络
人工神经网络是模拟人类大脑与神经系统工作模式的一种智能算法。神经元收集信号并对信号加以评测和处理，并根据在输入信号中发现的关联产生输出

基于Q-learning的强化学习
强化学习的设计理念来源于试错法，通过对环境中的行为施行相应的奖励(或惩罚)来探索理想行动策略，从而实现目标

人工智能算法适用场景

深度优先搜索

如果某一场景的解决方案以树的形式存在，而且这棵用于遍历搜索空间的树比较深(层级较多)，那么深度优先搜索将更加高效。注意，深度优先搜索算法往往要求遍历解决方案树的行为在计算上可行。

广度优先搜索

如果某一场景的解决方案以树的形式存在，而且这棵用于遍历搜索空间的树比较宽(单层选择较多)，那么广度优先搜索将更加高效。注意，广度优先搜索算法往往也要求遍历解决方案树的行为在计算上可行。

A*搜索

A*搜索适用于能设计启发式来引导搜索方向并优化求解过程的问题。

最小–最大搜索

最小–最大搜索适用于对抗性问题——问题中存在多个相互竞争的智能体，且每个智能体都希望找到对自己最有利的解。

遗传算法

如果在某一问题场景中，潜在的解决方案能被编码为染色体，而且你能设计适应度函数来评估不同解决方案的表现，那么遗传算法将非常高效。

蚁群优化算法

蚁群优化算法适用于需要执行一系列步骤(或作出一系列选择)来完成给定任务的问题场景。通常情况下，蚁群优化算法会收敛到某个理想可行解，而非最优解。

粒子群优化算法

粒子群优化算法适用于具有多维搜索空间的复杂问题。通常情况下，粒子群优化算法也会收敛到某个理想可行解，而非最优解。

线性回归

线性回归适用于需要根据某一数据集中的两个或多个特征之间的关系进行预测的问题。

决策树

决策树适用于需要根据某一数据集中样例的特征对样例进行分类的场景。注意，决策树算法往往要求样例特征与其分类标签直接相关。

人工神经网络

人工神经网络适用于处理非结构化的数据集，尤其适用于需要挖掘数据(属性)之间深层关系的问题。

Q-learning

给定环境条件，Q-learning将利用试错法(而非历史数据)不断迭代，寻找能使环境中的智能体完成任务的解决方案。

译 者 序

作为 *Grokking Deep Learning*[1]的译者，当清华大学出版社编辑诚邀我来翻译这本有关人工智能的图书时，对于要不要接手，我其实犹豫了良久——虽然深度学习如此火爆，但这本注重于传统人工智能算法的图书是否也能得到读者的青睐？它能给读者带来足够的价值吗？

由此，本序尝试给出传统智能算法与深度学习的关系，比较两者所擅长解决的问题，并介绍本书的基础内容及其面向的读者群体，希望能帮助你发现最适合自己(任务)的智能实践。

人工智能、深度学习与机器学习的关系

自 2012 年 AlexNet 在世界级图像识别大赛(ImageNet)一骑绝尘以来，深度学习几乎成了人工智能的代名词。不过若从更高处看，深度学习只是人工智能浪潮中的一朵小浪花，是机器学习的一个真子集。图 1 给出了人工智能、深度学习与机器学习的关系，斜线部分为本书重点(为简化描述，本序中以"传统算法"代指这部分属于机器学习但并非深度学习的算法)。当然，人工智能领域的基础概念与深度学习相关方法在本书中也有提及。

广义来说，机器帮助人类所完成的一切，都属于人工智能。也许你还记得 20世纪初那些自动化系统中动辄上万条的规则，那是人工智能的萌芽时期：专家系统[2]。能从数据中自动抽取出这些规则的方法，被称为机器学习。从逻辑回归到决策树，一路走到今天的特征工程与模式识别——用多层神经网络(也就是深度学习)所完成的那些工作，仍然逃不脱"找到数据中的规律"这一框架。

---

1 该书由清华大学出版社引进并已出版，中文书名为《深度学习图解》。
2 它属于人工智能，但并非机器学习。

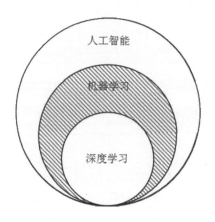

图 1　人工智能、深度学习与机器学习的关系

虽然大多数深度学习教程都主要关注其结构(无论是网络结构还是算子结构),但实际上,深度学习表现优异的关键离不开优化方法。深度模型的调参真的是"炼金术"吗?网络是如何收敛到最佳表现的?对传统算法的掌握有助于你理解深度学习的工作原理,为算法调优(针对深度模型选择更好的参数/超参数)夯实基础。在一定程度上,深度图神经网络、生成式对抗模型等也都属于融合了深度学习与传统算法的创新实践。

传统算法所适用的问题

人工智能三要素:数据、算法和算力。

首先是数据。深度学习的发展与 21 世纪的大数据崛起密不可分。以 ImageNet 为首的数千万张有标记的图片将深度学习推上王座:动辄几十上百层的模型提供了大量的权重参数,高复杂度与大数据量共同带来了远超传统机器学习算法的精度。然而,对于较小的数据集(譬如本书中的案例),深度模型的高复杂度却可能会成为负担[1]。此时,传统算法反而能获得更好的效果。

其次是算法。在实践中,我们常常会碰到这样的情况:相比于获得精准的结果,专业人员更关心这个结果是怎么来的。譬如,市场部门想要知道在给定的内外部环境下,某个营销策略会对实际销量带来怎样的影响(受市场条件限制,有效数据量往往相当有限)。 此时,能明确展示拟合系数和响应之间关系的线性模型就会成为我们的首选。包括医疗、勘探、金融在内的大量垂直领域都要求算法具备高可解释性,以结合人类专家意见作出决策。在这一方面,相比于"黑盒"深度模型,传统算法显然更胜一筹。

---

1 即出现过拟合现象。

最后是算力。大模型加上大数据当然离不开大算力。一张高端深度学习训练卡价格高达数万元,在谷歌最新发表的自动架构搜索(AutoML)论文中,一场实验需要让 800 张卡跑上几个星期:不谈买机器的钱,单电费就足以烧掉一辆宝马的价钱。即使这确然能够带来几个百分点的精度提升,但如此大的消耗对于只想解决日常工作中的小问题的你我来说实在昂贵。为什么不先尝试一下传统算法呢?用自己的笔记本电脑就能得到一个初步可用的基线结果。在此基础上,再结合深度学习或其他复杂模型来进一步提升精度。

对于需要实时响应的低成本任务来说,传统算法不失为一种好的选择。对于具备大量数据的复杂任务而言,不妨借助深度模型来获得更高的精度。知己知彼,因地制宜,取二者所长,才能得到最适合你的解决方案。

关于本书

读到这里,相信你已经初步了解了为什么需要掌握机器学习。

本书面向的读者群体为非数学/计算机相关专业的程序员们[1],以及正在做毕业设计,迫切需要智能方法协助的普通学生们。不需要科班出身,无需线性代数或统计学基础知识,只需要掌握任何一门编程语言(不管是 C、Java、Python,还是 PHP),你就能通过本书在两周之内亲自将人工智能算法嵌入手头项目。

本书重点涵盖的算法簇包括搜索算法、进化算法与群体智能算法。每簇算法由浅入深分上下两章,上章基础篇围绕各种实际案例阐述算法设计理念,下章高级篇则带读者思考如何打造更理想的解决方案。同时,本书以典型机器学习工作流为例,讲解线性回归、决策树、神经网络与强化学习等常见算法类别。读完本书,你将能掌握清洗数据、训练模型、测试模型、调优算法等整个学习流程中的关键技巧——正所谓万变不离其宗,这将为你以后进一步探索智能世界打下坚实基础。

承接"图解"系列的一贯作风,本书中不会出现任何复杂的公式,取而代之的是各种实战图例。只需要具备高中数学水平和基础编程知识,你就可顺利解决书中提及的从智能对弈到停车场寻路的各种案例。更棒的是,算法核心代码往往相对独立地运作,不会像真正意义上的工程代码那样复杂,百十行就能轻松解决集装箱自动化配货之类的问题(书中所有样例代码均在 Github 上免费开源)。触手可得的智能解决方案,为什么不试试看呢?

王晓雷

2021.6.1

---

1 向专业选手推荐周志华老师的《机器学习》(西瓜书)。

序　言

本序言旨在描述技术的迭代发展，阐述人们对自动化的需求，并讨论使用人工智能构建未来时，我们基于公序良德进行决策的责任。

人类对技术与自动化的痴迷

纵观历史，我们一直渴望在减少人工(尤其是体力劳动)的同时解决问题。为了节约能源和增强生存能力，我们努力开发各种工具，并推行任务的自动化。有些人可能认为人类区别于其他生物的关键在于美丽的心灵。通过创造性地解决问题，或设计充满灵性的文学、音乐和艺术作品，人类得以不停创新并追求美好；但本书的写作初衷并非讨论与人性有关的哲学问题。本书概括性地描述各种人工智能(AI)方法，这些方法可用于解决现实世界的问题。我们解决这些难题是为了让生活更轻松、更安全、更健康、更充实、更愉快。纵观整个历史，放眼世界，我们看到的所有进步，包括人工智能在内，都旨在满足个人、社区和国家的需求。

以史为镜，可以知兴替；以人为镜，可以明得失。为了更好地塑造未来，我们必须了解过去的一些关键里程碑。在历史的变革中，人类的创新改变了我们的生活方式，塑造了我们与世界互动的方式，甚至重构了我们认知世界的方式。在对自己使用的工具进行迭代和改进的同时，我们实际上逐步奠定了未来的可能性(见图 0.1)。

这一段关于历史和哲学的高屋建瓴的描述，纯粹是为了帮助你建立对技术迭代和智能发展的基本理解，并希望启发你的思考，使你在开展属于自己的项目时，能够懂得什么才是负责任的决策。

对于图 0.1，需要注意的是，我们对近代技术史上的里程碑进行了高度压缩。在过去 30 年里，成效最显著的发展包括计算芯片的进步、个人计算机的广泛应用、网络设备的繁荣，以及打破了物理世界和数字世界的边界的工业数字化进程。人工智能之所以能成为一个技术可行且未来可期的技术领域，还有以下几方面的原因：

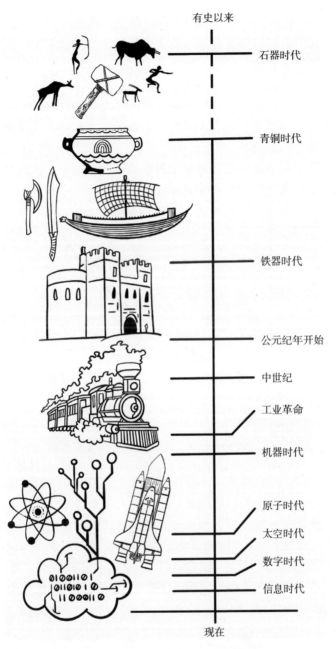

有史以来

石器时代

青铜时代

铁器时代

公元纪年开始

中世纪

工业革命

机器时代

原子时代

太空时代

数字时代

信息时代

现在

图 0.1　历史上技术进步的关键里程碑

- 互联网连接了世界，使我们几乎能收集关于所有事物的海量数据。
- 计算硬件的进步使我们能利用以前已知的算法处理所收集的大量数据，同时对新算法进行探索。

- 业界已经认识到有必要利用数据和算法作出更好的决策，解决更难的问题，提供更好的解决方案，并提高我们的生活质量——这也是人类自诞生以来所努力的方向。

虽然人们倾向于认为技术进步是线性的，但通过研究历史，我们发现技术的进步更可能是指数级的——并且未来技术也将以爆炸式的速度发展(见图0.2)。随着时间的推移，技术进步将会越来越快。新的工具和技术需要我们学习，但解决问题的基础理念是相通的。

本书旨在帮助读者掌握那些可解决困难问题的基础概念，同时，让读者更轻松地掌握未来可能遇到的那些更复杂的概念。

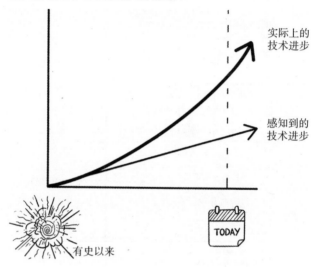

图 0.2　人类感知到的技术进步与实际进步速度的对比

不同的人对自动化有不同的理解。对技术人员来说，自动化可能意味着编写相应的脚本，使软件开发、部署和发布无缝衔接且不容易出错。对工程师来说，这可能意味着优化生产线，以增加产能或提升优良率。对农民来说，这可能意味着通过自动播种与灌溉系统之类的现代化农业技术来减少工作量并提升作物产量。自动化技术可减少人力投入，提高生产效率，而且其产值能力远胜于人力，因此是更优的解决方案(见图0.3)。

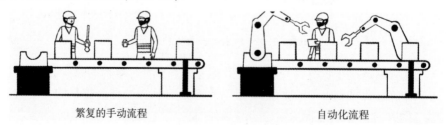

图 0.3　手动流程与自动流程的对比

如果我们进一步思考为什么仍有大量场景尚未进行自动化，会发现其中一个直接而明确的原因就是人类可更好地完成某些任务——失败的可能性更低，准确率更高；当任务场景需要你从各个角度对给定情况进行直觉判断，或要求你具有抽象的创造性思维，或者需要你与其他人进行互动——这些任务需要你对人性有所了解，因此很难自动化。

护士并非简单地完成任务，而是与病人产生联系，并照顾病人。研究表明，带有关怀情感的人与人之间的互动是治愈过程中的一项重要因素。教师的工作也并非简单地罗列知识点，而是根据学生的能力、个性和兴趣，找到创造性的方法来展示知识并对学生加以引导。也就是说，目前既有适合通过技术实现自动化的场景，也存在着更适合人类工作的场景。今天，科技创新层出不穷，各行各业都将从技术所带来的自动化浪潮中获益。

道德、法律问题，以及我们的责任

你可能想知道为什么一本技术书籍中会出现关于道德和责任的章节。要知道，随着我们的生活方式逐渐与日新月异的技术交织在一起，创造技术的人拥有的力量比他们所知道的要多得多。我们甚至不需要付出很多努力，就可能产生巨大的连锁效应。重要的是不忘初心——我们的意图是善意的，我们的工作成果不会带来什么负面影响(见图 0.4)。

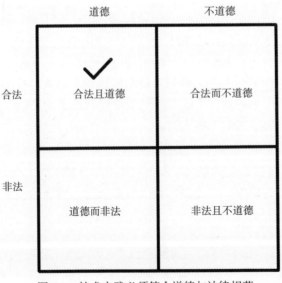

图 0.4　技术实践必须符合道德与法律规范

意图和影响: 了解你的愿景与目标

你开发任何东西(比如一种新的产品、服务或软件)时都免不了思考它背后的意图。你是在开发一款为世界带来积极影响的软件吗?它会不会为人类带来麻烦?你有没有在更高层次上想过手头正在开发的东西可能带来的影响?企业总是想方设法获取更多的利益,使自己变得更强大——这也是发展企业的关键。企业设计自己的战略,以确定怎么才能更好地击败竞争对手、赢得更多客户以及变得更有影响力。尽管如此,企业仍需要扪心自问:自己的意图是否纯粹?这不仅事关企业的生存,还涉及其客户的利益,甚至是整个社会的利益。许多著名的科学家、工程师和技术专家都表示需要对人工智能的使用加以管控,以防止此项技术被滥用。作为个体,我们也有道德义务做正确的事情,从另一个角度看,我们需要建立一套强大的核心价值观。当被要求做违背原则的事情时,你必须能够阐明技术道德规范并以此为据拒绝这样的要求。

非预期使用: 防止恶意使用

我们必须识别并防止技术的滥用。尽管这似乎是一件顺理成章的事情,而且看上去也不难做到,但你往往很难想象人们将如何使用你所创造的东西,更难预测他人的使用方式是否符合你的价值观——或者所属组织的价值观。

扬声器就是一个例子,它由 Peter Jensen [1] 在 1915 年发明。扬声器原先被称为 Magnavox[2](读作麦格纳沃斯),最初是用来向旧金山的人群播放歌剧音乐的,这是一种对技术的善意使用。然而,德国的纳粹分子却有其他想法:他们在公共场所放置大量扬声器,使每个人都可听到希特勒的演讲和公告。因为这种广播是不可避免的,人们也就在潜移默化中逐渐受到了希特勒思想的影响。这并非 Jensen 发明扬声器的初衷,但他对此无能为力。

时代变了,现在我们对自己所创造的东西(尤其是软件)有了更多的控制权。虽然如此,但几乎可以肯定的是,有人会以你意想不到的方式使用你的心血结晶,并带来积极或消极的后果——我们仍然很难想象自己构建的技术可能会被如何使

---

1 Peter Jensen 于 1886 年出生于丹麦,最早在丹麦工程师 Valdemar Poulsen 的实验室中做学徒。1909年,Poulsen 将 Jensen 派到美国,要求他协助成立 Poulsen 无线电话和电报公司。在美国期间,Jensen 完成了 Poulsen 无线电发射机的相关实验。他带领团队对设备进行了改装:将更厚的电线连接到膜片上,并在磁体之间安装了铜丝线圈,并加装了一个鹅颈状喇叭,设计出了扬声器。

2 Magnavox 即拉丁语"大嗓门"。

用。鉴于这一事实，无论是专业人士，还是公司或组织，都必须尽力防止技术的恶意使用。

无意识偏见：为每个人构建解决方案

在构建人工智能系统时，我们会把自己对情境和领域的理解融入其中。我们选择合适的算法来发现数据中的模式，并对其采取行动。不可否认，我们的周围充斥着各种各样的偏见。这里的偏见意为对某一个人或某一类人的固有印象——包括但不限于其性别、种族和信仰。其中相当一部分偏见源自社会互动中的应激行为、历史事件以及世界各地的文化和政治观点。这些偏见将影响我们收集到的数据。因为人工智能算法需要使用这些数据，所以模型不可避免地会"学习"这些偏见。从技术角度看，我们不应谴责忠实执行指令进行学习的系统；但人类终究要与这些系统进行互动，因此从公序良俗的角度看，开发者有责任尽可能减少系统对个体所产生的偏见。对于算法来说，只有好的数据才能让它产生好的模型，因此，如要帮助系统克服偏见，首先应理解数据以及问题的上下文。对数据和问题的深刻理解将帮助你建立更好的解决方案——因为你会更加了解问题空间。与此同时，提供尽可能不存在偏见的数据，你将获得更理想的解决方案。

法律、隐私和准许：捍卫核心价值观

我们必须保证自己的工作符合法律法规。为了整个社会的进步与稳定，法律规定了我们可以做什么和不可做什么。由于大部分法律条款是在计算机和互联网尚未发展起来的时候制定的，在技术的开发和应用方面存在着大量缺乏管控的灰色地带。也就是说，相比于飞速迭代创新的技术，相关法律的更新过于缓慢。

例如，我们几乎每天(甚至每时每刻)都在与电脑、手机和其他设备互动，这些系统在某种程度上损害着我们的隐私。通过这些互动，我们泄露了关于自己的大量信息，其中一部分是我们不希望他人知道的。这些系统将以何种方式处理和存储我们所产生的数据？在制定解决方案时，开发人员应将相关事实纳入考虑范围。人们理应有权选择与自己相关的数据的收集、处理和存储方式，并决定系统应如何使用这些数据，以及谁有权访问这些数据。根据我的经验，人们通常愿意让系统使用他们的数据来改进产品和用户体验，从而为其带来更加便利的生活。最重要的是，当人们有权选择并且这种选择受到尊重时，他们会更乐于接受。

奇点：探索未知

这里的奇点[1]指的是这样一种想法：我们所创建的人工智能系统有着极高的智能程度，以至于它能自行进化，逐步将其智能发展为超级智能。令人担忧的是，这种程度的智能将超出人类的理解范围，我们甚至无法理解它将如何改变我们所知的文明。有人担心，这种智能可能会把人类视为威胁；也有人提出，人类之于超级智能就像蚂蚁之于人类。我们并不会把注意力放在蚂蚁身上，也不关心它们如何生活，但如果我们被它们激怒了，我们可能会轻松消灭它们。

无论这些假设是否准确地反映了未来，我们在作出决定时都必须审慎思考，并为自己的决策负责——因为它们最终会影响一个人、一群人甚至整个世界。

---

1 最先将"奇点"引入人工智能领域的是美国的未来学家雷·库兹韦尔。他在《奇点临近》《人工智能的未来》两本书中将二者结合，以"奇点"作为隐喻，描述了人工智能的能力已超越人类的某个时空阶段。当人工智能跨越了这个奇点，我们习以为常的一切传统、认识、理念、常识将不复存在，技术的加速发展会导致一种"失控效应"，人工智能将超越人类智能的潜力和控制，迅速改变人类文明。

致　谢

迄今为止，写这本书可算作我人生中最具挑战性但又最有意义的事情之一。我需要充分利用自己所有的闲暇时间，在繁杂的日常事务中挤出时间来整理思路，并在陷入现实生活中的纷纷扰扰时寻找写作的动力。如果没有身边这一群出类拔萃的人，我不可能完成这本书的写作。这段时间我学到了许多，也成长了许多。感谢 Bert Bates，您是我出色的编辑和指导。我从您那里学到了如何用深入浅出的方式来讲解知识，也学到了一系列写作的技巧。您孜孜不倦的教诲使这本书得以面世。每个项目都需要有人管理进度与把控质量。为此，我要感谢开发编辑 Elesha Hyde，与您一起工作是我的荣幸，您总能给出有趣的见解，指导我写作的方向。一位能提出有效意见和建议的朋友是极为难得的，我要特别感谢 Hennie Brink，您所给出的建议一直以来都非常中肯，为我的写作提供了关键支持。接下来，我要感谢 Frances Buontempo 和 Krzysztof Kamyczek，不管是从文法角度，还是从技术角度，您都提供了建设性的批评和客观的反馈，大大提升了本书的可读性。我还要感谢我的项目经理 Deirdre Hiam、我的组稿编辑 Ivan Martinovic、文稿编辑 Kier Simpson，还有校对编辑 Jason Everett。感谢你们为本书所作出的贡献。

最后，我要感谢在整个写作过程中所有拨冗阅读我的手稿的审稿人，感谢你们提供了宝贵的反馈意见，你们的反馈成就了这本书：Andre Weiner、Arav Agarwal、Charles Soetan、Dan Sheikh、David Jacobs、Dhivya Sivasubramanian、Domingo Salazar、GandhiRajan、Helen Mary Barrameda、James Zhijun Liu、Joseph Friedman、Jousef Murad、Karan Nih、Kelvin D. Meeks、Ken Byrne、Krzysztof Kamyczek、Kyle Peterson、Linda Ristevski、Martin Lopez、Peter Brown、Philip Patterson、Rodolfo Allendes、Tejas Jain 和 Weiran Deng。

前　言

　　《人工智能算法图解》一书主要面向希望掌握智能技术的初学者。通过使用类比法、比较法和图例解释，结合真实世界中的案例分析，我们希望本书能使人工智能算法更易于理解和实现，并希望在此基础上帮助读者掌握利用智能技术解决实际问题的途径和方法。

本书受众

　　本书是为软件开发人员(或软件相关行业从业人员)设计的，期望通过实际的例子来揭示人工智能背后的概念和算法，以可视化的方式帮助读者理解人工智能教材中那些常见的深奥理论与数学证明。

　　本书的目标读者是那些对计算机编程基础概念(包括变量、数据类型、数组、条件语句、迭代器、类和函数)有所了解的人，不要担心，你只需要掌握任意一门编程语言就足够了；与此同时，你只需要了解下面这几个基本的数学概念：变量、函数以及在图表上绘制变量和函数的方法。

本书的组织结构

　　本书包含 10 章，每一章侧重于不同的人工智能算法或实践方法。书中所涉及的概念由浅入深，前面章节的基本算法和概念将会为后面更复杂的算法奠定基础，以便读者循序渐进地学习。

　　第 1 章——人工智能初印象。该章介绍关于人工智能的基本概念，包括数据含义、问题类型、算法分类以及人工智能技术的典型应用。

　　第 2 章——搜索算法基础。该章介绍初级搜索算法涉及的数据结构、核心理念、实现方法以及典型应用。

　　第 3 章——智能搜索。该章在初级搜索算法的基础上更进一步，引入能寻找更优解决方案的方法——包括如何在竞争环境中寻找解决方案。

第 4 章——进化算法。该章深入讲解遗传算法的工作原理。通过模仿自然界中的进化过程，算法能反复生成并改进问题的解决方案。

第 5 章——进化算法(高级篇)。作为上一章的延续，该章深入讨论调整遗传算法中的步骤与参数的方法，以产生更理想的解或解决不同类型的问题。

第 6 章——群体智能：蚁群优化。该章旨在帮助读者掌握群体智能算法的基本概念，以蚂蚁的生活与工作方式为例，描述蚁群优化算法是如何解决实际难题的。

第 7 章——群体智能：粒子群优化。该章继续讲解群体智能算法，深入讨论优化问题的本质，并帮助读者掌握使用粒子群优化算法来解决优化问题的方式、方法——群体智能算法常常能在巨大的搜索空间中找到足够理想的解决方案。

第 8 章——机器学习。结合数据的准备、处理、建模和测试这一常见的机器学习工作流程，讲解如何解决线性回归问题和决策树分类问题。

第 9 章——人工神经网络。该章揭示训练并使用人工神经网络在数据中寻找模式和进行预测的基本原理、逻辑步骤和计算方法，强调人工神经网络在当代机器学习领域中的地位。

第 10 章——基于 Q-learning 的强化学习。该章结合行为心理学讲解强化学习算法的设计思路，并以 Q-learning[1]算法为例，阐明智能体是如何学习在环境中作出决策的。

原则上，建议读者从头到尾依次阅读本书的各个章节，并随着阅读进度逐步建立起对书中所述概念的理解。在读完每一章之后，不妨尝试根据书中所给出的伪代码实现并运行算法，以在实践中更好地理解算法原理。

关于代码

本书以伪代码的形式给出算法的参考实现——这种方法更加专注于算法背后的原理和逻辑思维。无论你偏好何种编程语言，我们都可确保你理解算法的设计思路。伪代码是非正式的代码实现，它更易于理解，或者说更符合人类的阅读习惯。

话虽如此，对于书中描述的所有算法，你可在 Github 上获得能直接运行的 Python 代码示例。源代码中也有安装说明供你参考。在读完每一章之后，不妨尝试运行本书给出的代码，来巩固对算法的理解。扫描本书封底二维码，可下载本书源代码。

---

1 尽管 Q-learning 也可译作 Q-学习算法，但在中文语料中，Q-learning 一词往往不翻译。为方便读者查阅网络资料及参考文献，本书将 Q-learning 一词看作专有名词，并保持其原形。Q-learning 是一种基于价值的强化学习算法，旨在使用 Q 函数找到最优的动作选择策略。算法的目标是最大化价值函数 Q。

　　需要说明的是，书中给出的 Python 代码旨在讲解算法实现，因此仅供参考——这些代码是针对学习而非生产用途而设计的。在本书中，我们以教学为宗旨，尝试自行编写代码(而非简单调用现存机器学习库)来帮助读者更好地理解算法的实现。对于真正以生产为目的的项目，建议使用业界成熟的库和框架，因为它们通常已经针对性能进行了一系列优化，经过了大量实践检验，并且具备丰富的社区支持。

关于作者

从儿时起，Rishal 就着迷于计算机技术并有疯狂的想法。在整个职业生涯中，他领导过团队，负责过项目，动手编写过工程软件，做过战略规划，且曾为各种国际企业设计端到端解决方案。他在公司、社区和行业内积极发展实用主义文化，帮助团队学习并掌握更多知识与技能。

Rishal 对设计思维、人工智能与哲学充满热情，擅长综合考虑业务机制与战略，他的团队不断壮大。Rishal 开发了多种数字产品，成功帮助大量团队与企业提高生产效率，使其能专注于更重要的事情。他还曾在数十次全球会议上发表演讲，致力于使复杂的概念变得更易于理解，帮助人们提升自我。

目　录

人工智能初印象 | 第 1 章

本章内容涵盖：

- 众所周知的人工智能的定义
- 初识适用于人工智能的概念
- 计算机科学与人工智能中的问题类型及其性质
- 本书讨论的人工智能算法概览
- 人工智能的现实应用

1.1　什么是人工智能？

智能是一个谜——一个没有公认定义的概念。对于它是什么以及它是如何出现的，哲学家、心理学家、科学家和工程师们各持己见。我们可从周围的自然界中看到智能，例如共同合作的生物群体，我们也可在人类思考和行为的方式中看到智能。一般而言，同时具备自主性和适应性的事物被认为是智能的。一个事物具有自主性意味着它不需要持续接受指令；而它具有适应性意味着它能根据环境或问题空间的变化来改变它的行为。当我们观察有机体或机器时，我们发现行动的核心元素是数据；我们见到的视觉信息是数据；我们听到的声音是数据；我们对周围事物的测量结果也是数据。我们获取数据，处理数据并根据数据作出决策。因此，从根本上理解有关数据的概念对于理解人工智能(Artificial Intelligence，AI)算法具有重要意义。

1.1.1　定义 AI

有些人认为，我们之所以不理解 AI，是因为我们很难定义智能自身。萨尔瓦多·达利[1](Salvador Dalí)相信企图心是智能的一项属性。他说："没有企图心的智能是没有翅膀的鸟。"阿尔伯特·爱因斯坦[2](Albert Einstein)认为想象力是智能的重要因素。他说："智能的真正标志不是知识，而是想象力。"而斯蒂芬·霍金[3](Stephen Hawking)表示："智能是适应的能力。"他强调智能的关键在于适应世界的变化的能力。这三位伟大的思想者对智能有不同的看法。虽然智能还没有真正而确切的定义，但我们至少知道，对智能的理解是基于人类作为占主导地位(也是最智能)的物种而展开的。

为了方便理解，也为了与本书中的实践应用保持一致，我们宽泛地将人工智能定义为展示出"智能"行为的综合系统。通常来说，与其试图将某物定义为 AI 或非 AI，我们不如讨论它的"类 AI"(AI-likeness)特性。某种事物可能展现出智能的某些特性，因为它能帮助我们解决困难问题，并且能提供价值和功用。一般而言，能模拟视觉、听觉和其他自然感觉的智能实践被认为具有类 AI 特性。能自主学习并且适应新数据和环境的解决方案也被认为具有类 AI 特性。

这里给出了一些展现 AI 特性的事物的例子：

- 能够玩各种复杂游戏的系统
- 癌变肿瘤检测系统
- 基于少量输入就能产出艺术作品的系统
- 自动驾驶汽车

---

1 全名萨尔瓦多·多明哥·菲利普·哈辛托·达利-多梅内克，一般简称萨尔瓦多·达利(Salvador Dalí)，是著名的西班牙加泰罗尼亚画家，因其超现实主义作品而闻名。达利是一位具有非凡才能和想象力的艺术家，与毕加索、马蒂斯一起被认为是 20 世纪最具代表性的三个画家。

2 阿尔伯特·爱因斯坦(Albert Einstein)，现代物理学家。1905 年，爱因斯坦获苏黎世大学物理学博士学位，并提出光子假设，成功解释了光电效应(因此获得 1921 年诺贝尔物理学奖)；同年创立狭义相对论，1915 年创立广义相对论。1933 年移居美国，在普林斯顿高等研究院任职。1940 年加入美国国籍，同时保留瑞士国籍。1955 年 4 月 18 日，爱因斯坦于美国新泽西州普林斯顿逝世，享年 76 岁。1999 年 12 月，爱因斯坦被美国《时代周刊》评选为 20 世纪的"世纪伟人"。

3 斯蒂芬·威廉·霍金(Stephen William Hawking)，英国著名物理学家和宇宙学家，肌肉萎缩性侧索硬化症患者，全身瘫痪，不能发音。霍金的主要研究领域是宇宙论和黑洞，他证明了广义相对论的奇性定理和黑洞面积定理，提出了黑洞蒸发现象和无边界的霍金宇宙模型，这往统一 20 世纪物理学的两大基础理论(爱因斯坦创立的相对论和普朗克创立的量子力学)方向迈出了重要一步。

侯世达[1](Douglas Hofstadter)说过："AI 是人类尚未做过的任何事情。"在上面列举的例子里，自动驾驶汽车看起来是智能的，因为它还没有真正走入我们的日常生活中。同理，能够做加法的计算机在过去被认为是智能的，但现在被认为是理所当然的。

归根结底，AI 是一个模糊的术语，对于不同的人、行业和学科而言有不同的含义。本书中的算法在过去或现在均被归类为 AI 算法；它们是否符合某一类具体的 AI 定义并不重要。真正重要的是，它们对于解决困难问题是有用的。

1.1.2 理解数据是智能算法的核心

数据是奇妙算法的输入，基于数据，算法可实现像魔术一样的壮举。如果数据选取不当，数据表示不佳或数据缺失，算法都会表现得糟糕；所以，算法的输出受限于输入的数据，算法的表现只能达到数据所允许的程度。这个世界充斥着各种各样的数据，且一部分数据以我们不能感知的方式存在着。数据可表示为以数值度量的值，如北极当前的温度、池塘中鱼的数量或者按天数计算的年龄。所有这些例子都涉及基于事实的准确数值。这些数据很难被曲解。在某一特定地点、特定时刻的温度是绝对事实，不受任何偏见影响。这类数据被称为定量数据。

数据也可用来表示观察的结果，如花朵的气味或者某人对一位政治家的政见的赞同程度。这类数据也被称为定性数据，有时很难理解，因为它不是绝对事实，而是某个人对某项事实的感知。图 1.1 展示了我们周围的若干定量与定性数据的例子。

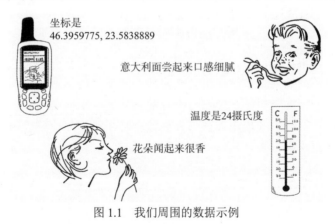

坐标是
46.3959775, 23.5838889

意大利面尝起来口感细腻

温度是24摄氏度

花朵闻起来很香

图 1.1 我们周围的数据示例

---

1 侯世达(Douglas Richard Hofstadter)是美国当代著名学者、认知科学家。侯世达生于学术世家，其父罗伯特·霍夫施塔特(Robert Hofstadter)是 1961 年诺贝尔物理学奖得主。侯世达在斯坦福大学长大，并于 1965 年毕业于该校数学系。1975 年因发现了侯世达蝴蝶(Hofstadter butterfly)而取得俄勒冈大学物理学博士学位。1979 年出版《哥德尔、艾舍尔、巴赫——集异璧之大成》，次年获得普利策奖(非虚构类)与美国国家图书奖(科学类)。该书通过对哥德尔的数理逻辑、艾舍尔的版画和巴赫的音乐三者的综合阐述，探讨了人类思维的层次、规律与应用，被誉为心智议题跨学科第一奇书。

数据是关于事物的未经加工的事实，因此数据的记录通常不应该带有什么偏见。不过在现实中，数据是人们基于具体的情境和对数据可能的使用方式的理解来收集、记录和关联的。以回答基于数据的问题为目的，构建有意义的见解的行为就属于创建信息的行为。此外，通过经验对信息加以处理，并有意识应用的行为创造了知识。这也是我们试图用 AI 算法模拟的部分内容。

图 1.2 说明了如何解释定量与定性数据。标准化的仪器，如钟表、计算器和天平，通常用于测量定量数据，而我们的嗅觉、听觉、味觉、触觉和视觉，还有我们的主观思想通常产生定性数据。

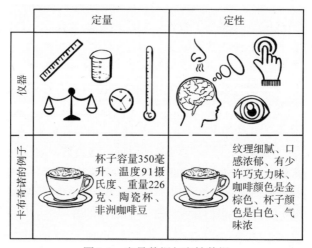

图 1.2　定量数据与定性数据

不同的人可根据他们对该领域的理解水平和他们对世界的看法，对数据、信息和知识作出不同的解释，这一事实会对解决方案的质量产生影响，同时使技术创造的科学性变得非常重要。遵循可重复的科学过程来采集数据，进行实验并准确地报告结果，这样，在使用算法来处理数据时，我们才能确保得到更准确的结果和更好的问题解决方案。

1.1.3　把算法看作"菜谱"

现在本章已对 AI 有了一个宽泛的定义，并且阐明了数据的重要性。因为我们将在本书中探索几种 AI 算法，所以有必要准确理解什么是算法。算法是为了实现特定目标，由一组指令与规则所组成的规范。算法通常接受输入，在若干有限的步骤中经历状态变化，最后生成一个输出。

即使像读书这样简单的事情也可被表示成一个算法。下面以阅读本书的步骤为例。

(1) 找到这本《人工智能算法图解》(*Grokking Artificial Intelligence Algorithms*)。

(2) 翻开这本书。

(3) 如果还有未读的书页，

　　a. 读一页。

　　b. 翻到下一页。

　　c. 想想你学到了什么。

(4) 想想如何在现实世界中应用你所学到的知识。

一个算法可被看作一个菜谱，如图 1.3 所示。以给定的一系列材料和工具作输入，同时列出做一道菜的步骤说明，做出来的菜就是输出。

皮塔饼菜谱算法

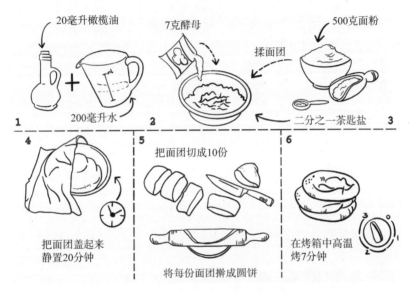

图 1.3　表明算法与菜谱相似的示例

算法可被用于许多不同的解决方案中。例如，我们可借助压缩算法来实现世界各地之间的实时视频聊天，也可使用实时求解路径算法在地图应用程序中进行城市间导航。即便一个简单的"Hello World[1]"程序也要用许多算法才能把人类可读的程序语言翻译成机器码并在硬件上执行相关的指令。如果你研究得够仔细，你会发现算法无处不在。

为了演示与本书中的算法更为接近的内容，图 1.4 展示了一种猜数字游戏的

---

1 译者注：Hello World 的中文意思是"你好，世界"。著名程序设计书籍《C 程序设计语言》(*The C Programming Language*)将它用作第一个 C 语言编程的演示程序，因为它简洁实用，所以后来的程序员在学习编程或进行设备调试时延续了这一习惯。不少程序员上手的第一个程序就是"Hello World"，后来的各类教材都以 Hello World 作为开篇，常用于形容某个领域的第一课。

算法——该算法可用流程图表示。计算机生成给定范围内的某个随机数，玩家尝试猜出那个数的值。注意，算法有若干分开的步骤，在走到下一步之前，要么执行当前步骤所需要的操作，要么根据当前条件作出决策。

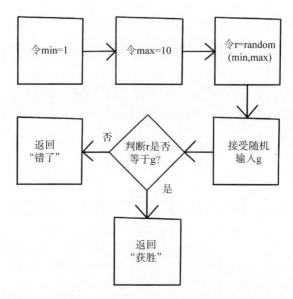

图 1.4　猜数字游戏算法流程图

根据我们对技术、数据、智能与算法的理解：AI 算法是一组指令，它可利用数据创建能展现智能行为并解决困难问题的系统。

1.2　人工智能简史

简单回顾一下人工智能在历史上所取得的辉煌成就有助于我们理解那些传统技术和创新想法，帮助我们以富有创造性的方式解决问题。人工智能并不是一个新概念。历史上充斥着机械人与能够自主"思考"的机器的传说。回头再看，我们发现自己正站在巨人的肩膀上。可能我们自己也能以某种微小的方式为这个知识库做一点贡献。

回顾过去的发展，我们会发现理解 AI 基本原理的重要性；数十年前的算法在许多现代 AI 的实现中至关重要。本书首先讲述有助于初步认识求解问题的基础算法，然后逐渐转到更有趣和更现代的方法。

图 1.5 没有全面列举所有 AI 成就——它只列举了其中一部分。历史上存在的人工智能领域的突破比这多得多！

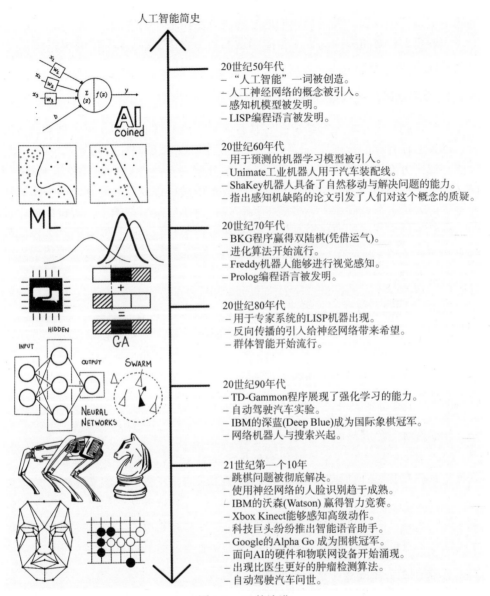

人工智能简史

20世纪50年代
－ "人工智能"一词被创造。
－人工神经网络的概念被引入。
－感知机模型被发明。
－LISP编程语言被发明。

20世纪60年代
－用于预测的机器学习模型被引入。
－Unimate工业机器人用于汽车装配线。
－ShaKey机器人具备了自然移动与解决问题的能力。
－指出感知机缺陷的论文引发了人们对这个概念的质疑。

20世纪70年代
－BKG程序赢得双陆棋(凭借运气)。
－进化算法开始流行。
－Freddy机器人能够进行视觉感知。
－Prolog编程语言被发明。

20世纪80年代
－用于专家系统的LISP机器出现。
－反向传播的引入给神经网络带来希望。
－群体智能开始流行。

20世纪90年代
－TD-Gammon程序展现了强化学习的能力。
－自动驾驶汽车实验。
－IBM的深蓝(Deep Blue)成为国际象棋冠军。
－网络机器人与搜索兴起。

21世纪第一个10年
－跳棋问题被彻底解决。
－使用神经网络的人脸识别趋于成熟。
－IBM的沃森(Watson)赢得智力竞赛。
－Xbox Kinect能够感知高级动作。
－科技巨头纷纷推出智能语音助手。
－Google的Alpha Go成为围棋冠军。
－面向AI的硬件和物联网设备开始涌现。
－出现比医生更好的肿瘤检测算法。
－自动驾驶汽车问世。

图 1.5　AI 的演进

1.3　问题类型与问题解决范式

人工智能算法很强大，但它们并不是能解决任何问题的灵丹妙药。人工智能擅长解决的问题是什么呢？本节将讨论我们在计算机科学中经常碰到的不同类型的问题，并阐明我们是如何对这些问题产生直觉的。这种直觉可帮助我们在现实世界中识别这些问题，并指导我们选择解决方案所适用的算法。

我们引入计算机科学与人工智能领域的若干术语来描述问题，并根据场景(上下文)与目标对问题进行分类。

1. 搜索问题：寻找通往解决方案的路径

搜索问题涉及这样一种情况：它具有多种可能的解决方案，每一种解决方案表示一条通往目标的步骤序列(路径)。一部分解决方案的路径有相互重叠的子集；一部分解决方案比另外一部分更理想；一部分解决方案的实现成本比另一部分更低。通常，一个解决方案是否更"理想"取决于被处理的具体问题，而一个解决方案"成本更低"意味着它在计算上执行代价更小。举一个例子，假设要确定地图上的两个城市之间的最短路径，我们会找到许多可行的路径，它们具备不同的距离和交通条件，但是有一部分路径比其他的更好。许多 AI 算法是基于搜索解空间的概念而设计的。

2. 优化问题：寻找好的解决方案

优化问题涉及这样一种情况：它有大量的可行解，而最优解很难求得。优化问题通常有极多的可行解，每一种解的质量有所不同。例如往汽车后备箱里装行李，要尽可能地最大化空间使用率。这里可采用许多种组合；如果后备箱能被更有效地使用，就可装下更多的行李。

局部最优与全局最优

因为优化问题有许多解，且这些解位于搜索空间的不同位置，这就牵涉到局部最优与全局最优的概念。局部最优是搜索空间的特定区域内的最优解，而全局最优是整个搜索空间内的最优解。通常情况下，存在许多局部最优解与一个全局最优解。例如，考虑搜索一家最好的餐厅。你可能在你所在的地方找到最好的餐厅，但它不一定是全国最好的餐厅，或者全世界最好的餐厅。

3. 预测与分类问题：从数据的模式中学习

预测问题是这样一类问题：我们有关于某一事物的数据并希望能够从中发现某种模式。例如，我们可能获取了不同车型的相关数据，包括它们的引擎尺寸以及每种车型的燃油消耗。我们能否根据一个新车型的引擎尺寸来预测它的燃油消耗呢？如果引擎尺寸与燃油消耗的数据之间存在相关性，那么预测应该是可能的。

分类问题与预测问题类似，只不过我们不需要找到确切的预测结果，如燃油消耗，而只需要根据某物的特征找到它所属的分类。譬如，根据车辆的尺寸、引擎尺寸、座位数量，我们能否预测它是一辆摩托车、轿车还是越野车？分类问题要求你在数据中找出对样本进行分类的模式。在尝试挖掘数据中的模式时，插值是一个重要的概念，因为我们需要根据已知数据来估计新的数据点。

4. 聚类问题：找出数据中的模式

在聚类问题的一些场景中，可从数据中找到趋势和关系。数据的不同特性用于把样本以不同方式分组。例如，给定餐厅的消费价格与位置数据，我们可能会发现年轻人更倾向于去食物更便宜的地方。

聚类旨在发现数据之中的关系。即使我们并没有精确的问题要解答，这种方式也有利于更好地理解数据，让你知道可从数据中知道什么。

5. 确定性模型：每次都会得出相同结果

确定性模型在给定具体的输入时，会返回一致的输出。例如，指定具体城市的时间为正午，我们总是可以预计此时此地是白天；而给定午夜时间，我们总是可以预计那个时间点是黑夜。显然，这个简单的例子并没有考虑两极地区的特殊日照时间。

6. 随机/概率模型：每次可能得出不同结果

概率模型在给定具体的输入时，返回一组可能输出中的一种。概率模型通常有一个受控的随机因素影响可能的输出。例如，给定正午的时间，我们可预测当时的天气是晴天、阴天或雨天；此时并没有固定的天气。

1.4　人工智能概念的直观印象

人工智能与机器学习、深度学习一样，都是热点话题。理解这些既相似又不同的概念可能很不容易。而且，在人工智能领域，不同智能程度之间也存在差别。

本节将澄清部分概念。这一节也是本书所有主题的路线图。

下面将如图 1.6 所示，深入探讨不同级别的人工智能。

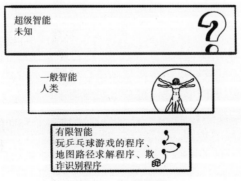

图 1.6　AI 的级别

1. 有限智能：特定用途的解决方案

有限智能系统能在一个特定的场景或领域中解决问题。在一个场景中解决问题之后，这些系统通常不能把所获得的解决方案应用在另一个场景中。例如，一个用于理解消费者互动与消费行为的系统不能用于识别图像中的猫。通常来说，要让一个方法在解决一种问题时有效，它就必须专门考虑那个问题领域，因此很难把它适配到其他问题上。

不同的有限智能系统能以合理的方式组合出更具一般性的智能系统。以语音助手为例。这个系统能够理解自然语言，单独而言这是一个小领域的问题，但是通过与其他有限智能系统(例如网络搜索、音乐推荐)相结合，它可展现出一般智能的特性。

2. 一般智能：类人的解决方案

一般智能是类人的智能。作为人类，我们可从不同的经验与互动中学习，并把我们对一个问题的理解应用到另一个问题上。例如，如果你小时候因为碰到烫手的东西而觉得疼痛，你可以由此推断其他烫的东西可能会伤到你。不过人类的一般智能并不止于得出"烫手的东西可能有危害"这样的推论。一般智能包括记忆、通过视觉输入的空间推理、知识的应用等。在机器上实现一般智能从短期来看也许是一件不太可能的事情，不过量子计算、数据处理、AI 算法的进步可能会在未来使它成为现实。

3. 超级智能：巨大的未知数

有些关于超级智能的想法出现于以人类文明毁灭之后的世界为背景的科幻小说中，在那里，所有的机器连接在一起，能对事物作出超出我们理解的推理并且统治人类。人类是否能创造比人类自身更智能的事物？并且，如果可以，那么我们是否可以知道这一点？对此，有许多存在分歧的哲学观点。超级智能是一个巨大的未知数，而且在很长时间内，任何定义都只会是猜想。

4. 旧智能与新智能

有时候，我们会用旧智能与新智能描述 AI 算法。旧智能通常是指人们根据自身对问题的深入理解，或者通过试错对规则进行编码，从而使算法表现出智能行为的系统。比如手动创建决策树，并设置整个决策树中的规则与选项，这种方法即旧智能。新智能旨在创造算法和模型，使之能够从数据中学习，并且创建与人类设定的规则一样准确或更好的规则。旧智能与新智能的区别在于后者能自行在数据中发现重要的模式——人类永远也发现不了或要花长得多的时间来寻找的模式。搜索算法经常被当作旧智能的一个代表，不过，如能扎实地理解它们，将有助于学习更复杂的方法。本书旨在介绍应用最广泛的智能算法，并在每个概念之上逐步推进。图 1.7 介绍了人工智能领域内部分概念之间的关系。

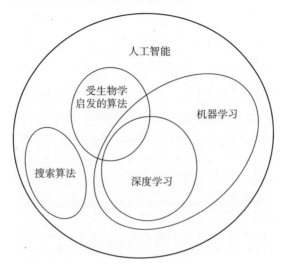

图 1.7　AI 领域内概念的分类

5. 搜索算法

搜索算法可用于解决需要若干行动来达成目标的问题，例如寻找通向迷宫出口的路径或者确定一个游戏中的最佳行动。搜索算法能评估未来的状态，并尝试找到通往最有价值目标的最佳路径。通常情况下，总有太多的可行解等待我们去进行暴力搜索。即使是很小的搜索空间，也需要数千小时的计算才能找到最优解。搜索算法提供了评估搜索空间的智能方法。搜索算法经常用于在线搜索引擎、地图导航应用，甚至游戏机器人的设计。

6. 受生物学启发的算法

环顾周围的世界，我们会注意到动物、植物和其他有机体中发生的各种不可思议的事情。例如，搬运食物的蚂蚁之间的合作、迁徙的鸟类形成的群、大脑中神经细胞的工作方式，还有不同有机体通过进化产生更强后代的模式。通过观察和研究不同的现象，我们了解了这些有机系统的工作方式，以及简单规则如何导致智能行为。其中有些现象已经激励人们开发出了在人工智能领域行之有效的算法，如进化算法和群体智能算法。

进化算法的灵感来自查尔斯·达尔文(Charles Darwin)[1]的进化论。该理论认为,种群能够繁衍出新的个体;在这个过程中,基因的混合与变异能产生比祖先更优的个体。群体智能是指一群看起来"蠢笨"的个体以群体的形式表现出智能的行为。蚁群优化算法与粒子群优化算法是两种被广泛使用的算法,我们将在本书中介绍。

7. 机器学习算法

机器学习采用统计学方法来训练模型从数据中学习。在机器学习的范畴中,有很多不同的算法可增进模型对数据之中存在的关系的理解,并让模型根据该数据作出决策或进行预测。

机器学习中主要有以下三类方法。

- 监督学习。当训练数据对所给问题有已知的答案时,例如,假设数据集包含每个样本的重量、颜色、纹理和水果类型的标签,要求确定水果的类型,用算法训练模型的方法即监督学习。
- 无监督学习。无监督学习揭示隐含在数据中的关系和结构,指导我们提出与数据集相关的问题。该方法可发现相似的水果在某些属性上所具有的模式,并据此把它们归为一类,使我们知道可针对这份数据提出什么问题。这些核心概念与算法能为我们未来选择更高级的算法奠定基础。
- 强化学习。强化学习的灵感来自行为心理学。简而言之,该理论说的是奖励个体的有益行为,惩罚个体的无益行为。举一个人类的例子:当小学生在考试中拿到好成绩时,他们通常会受到奖励;反之,上课交头接耳这种不良表现有时会遭致惩罚,这些来自周围的反馈能强化学生争取好结果的行为。强化学习可用于探索计算机程序或机器人是如何与动态环境互动的。例如,我们希望一个机器人能完成开门的任务:它没打开门的时候会被惩罚,但在开完门之后会被奖励。经过一段时间,在很多次尝试之后,机器人"学会"了开门所需的动作序列。

8. 深度学习算法

深度学习源自机器学习,是一类更广泛的方法与算法,用于实现有限智能并进而推广到一般智能。通常情况下,深度学习意味着尝试用一种更具一般性的方法(如空间推理)来解决问题,或者将它应用于更具一般性的问题中,如计算机视

---

1 译者注:查尔斯·达尔文,英国生物学家,进化论的奠基人。曾经乘坐贝格尔号舰作了历时 5 年的环球航行,对动植物和地质结构等进行了大量的观察和采集。出版《物种起源》,提出了生物进化论学说,从而摧毁了各种唯心的神造论以及物种不变论。除了生物学外,达尔文的理论对人类学、心理学、哲学的发展都有不容忽视的影响。

觉和语音识别。一般性问题是人类善于解决的问题。例如，我们几乎可以在任何场景下对视觉输入进行模式匹配。深度学习自身也与监督学习、非监督学习和强化学习相关。深度学习方法通常会使用许多层人工神经网络。通过利用不同层中的智能组件，使每一层解决专门的问题；然后将所有这些层综合起来，以尝试解决指向更大目标的复杂问题。例如，假设要识别一幅图像中的物体，这是一个一般性的问题，但是可将该问题分解成理解颜色、识别物体的形状、识别物体之间的关系等，从而达到目标。

1.5 人工智能算法的用途

人工智能技术的用途可以说是无穷无尽的。只要有数据和要解决的问题，就能有人工智能的用武之地。考虑到不断变动的环境、人类之间交互方式的演化、人群与行业需求的变化，人工智能可能以新颖的方式解决现实世界的问题。本节将描述不同行业中的人工智能应用场景。

1.5.1 农业：植物种植优化

维持人类生存的最重要的行业之一是农业。我们需要能够以经济的方式种植供大众消费的优质作物。许多农民以商业规模种植作物，使我们能在商店里方便地买到水果和蔬菜。作物的生长情况取决于作物类型、土壤养分、土壤水分、水中细菌、区域天气情况等。由于特定的作物通常只适合生长在特定的季节，我们的目标是在一个季节中产出尽可能多的优质农产品。

农民与其他农业组织已经收集了历年的关于农场与作物的数据。通过这些数据，我们可利用机器找出作物生长过程中各变量的模式与关系，并确定对成功的种植贡献最多的因素。此外，通过现代数字传感器，我们可实时记录天气情况、土壤属性、水质条件和作物生长情况。这些数据与智能算法结合，使我们能实时给出建议并进行调整，从而实现最优种植，如图 1.8 所示。

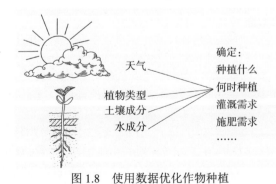

图 1.8 使用数据优化作物种植

1.5.2 银行业：欺诈检测

当我们需要用某种共同的货币来交易商品与服务时，银行业便成了一种明显的刚需。随着时间的推移，银行在存款、投资和支付方面提供的方式已经变了很多。但是，有一件事情是不随着时间而改变的：人们一直在寻找新的方式来欺骗这个系统。其中最大的问题之一是欺诈，它不仅存在于银行业，还存在于其他大部分金融机构，如保险公司。所谓欺诈，就是有人以不诚实的方式或非法的手段来为他们获取利益。通常，当某一个流程的漏洞被利用，或者诈骗分子哄骗某人泄露了信息时，欺诈即发生了。因为金融服务行业通过互联网与个人设备高度连接，在网络上进行的电子交易要远远多于人们用物理货币进行的交易。通过海量的可用交易数据，我们可实时确定某个个体支付行为的交易模式，并判断它是否有可能是不正常的。这种数据可为金融机构节省巨额的花费，并使正常客户免受侵害。

1.5.3 网络安全：攻击检测与处理

互联网兴起所产生的一个有趣的副作用是网络安全问题。我们时刻在互联网上收发敏感信息——即时消息、信用卡信息、电子邮件，还有其他的重要机密信息。这些信息如果落入不法分子手中，将可能被滥用。全世界成千上万的服务器在不断接收、处理和存储数据。攻击者试图侵害这些系统以获取数据、设备乃至设施的访问权限。

通过人工智能，我们可以确认并拦截服务器受到的潜在攻击。有些大型互联网公司会存储具体用户与其服务交互的数据，包括用户的设备编码、地理位置和使用行为；当检测到不寻常的行为时，它们会用安全措施限制访问。有些互联网公司还能在受到分布式拒绝服务攻击[1](Distributed Denial of Service, DDoS)时拦截和转发恶意流量；DDoS 攻击通过假请求向服务施加过度负载，令服务瘫痪或阻止正常用户访问。通过理解用户的使用数据、系统和网络情况，我们可找出假数据并进行转发，从而尽可能减小攻击的影响。

1.5.4 医疗：智能诊断

自古以来，医疗一直是人们关心的问题。我们需要在不同地点、不同时间窗口，针对不同疾病，在问题发展得更为严重甚至导致生命危险之前，使患者获得诊断与治疗。当我们检查病人的资料并尝试作出诊断时，我们可能会查看关于人

---

1 译者注：分布式拒绝服务攻击可使很多计算机在同一时间遭到攻击，由于攻击的发出点是分布在不同地方的，这类攻击被称为分布式拒绝服务攻击。分布式拒绝服务攻击在历史上多次出现，导致很多大型网站遇到了无法进行操作的情况——不仅会影响用户的正常使用，还会造成非常重大的经济损失。

体的海量知识记录、已知的问题、关于这些问题的处理经验，还有大量的人体扫描结果。传统上，医生必须分析扫描图像来找出肿瘤，但是这种方法只能帮他们找出最大、最严重的肿瘤。深度学习的发展改善了扫描图像的肿瘤检测效果。现在医生可在更早的阶段检测出癌症的存在，这意味着病人可及时获得必要的治疗，并有更高的治愈机会。

此外，AI 还可用于找出症状、疾病、遗传基因、地理位置等信息中的模式。我们可能发现某人患某种疾病的概率更高，从而在其发病之前预先处理该病症。图 1.9 展示了使用深度学习对脑部扫描作特征识别的样例。

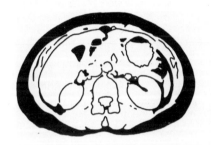
脑部扫描图

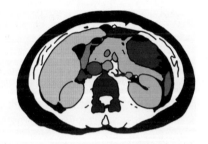
脑部扫描特征识别结果

图 1.9　使用机器学习对脑部扫描作特征识别

1.5.5　物流：路径规划与优化

物流行业是一个巨大的市场：不同的交通工具能运输不同的商品到不同的地点，满足不同的需要和时间要求。想象一下一家大型电子商务网站的快递规划的复杂程度。不管要递送的物品是终端商品、生产设备、机械部件还是燃料，系统的目标始终是以最佳的方式满足需求并尽量减少费用。

你可能听说过旅行商问题[1]：一个销售员需要访问若干地点来完成工作，算法的目标是找到最短的访问路径。物流问题是类似的，不过因为现实世界的环境不断变化，这类问题需要的算法通常会复杂得多。通过人工智能，我们可求出各个地点之间时间代价与距离代价最优的路径。而且，我们可根据交通状况、施工封锁甚至道路类型和所用交通设备来规划最佳路径。此外，我们还可计算每辆车的最佳装载方式和装载内容物，从而使每次递送都达到最优。

1　译者注：旅行商问题(Traveling Salesman Problem，常缩写为 TSP)是一个经典的组合优化问题。经典的 TSP 可被描述为：一个商品推销员要去若干城市推销商品，该推销员从一个城市出发，需要在经过所有城市后回到出发地。应如何选择行进路线以使总的行程最短？它是组合优化中的一个 NP 难问题，在运筹学和理论计算机科学中非常重要。

1.5.6　通信：网络优化

通信行业在连接世界方面发挥了巨大的作用。这些公司敷设昂贵的管线、架设铁塔和卫星设施以搭建网络，让千千万万的消费者与机构可通过互联网或私有网络通信。这项设施的运营成本极高，而网络优化工作可在其他条件不变的前提下为我们带来更多的连接，让更多的人能够访问高速网络。人工智能可用于监控网络的行为并优化路由线路。除此之外，这些网络还能记录请求和响应——人工智能算法可利用这些数据，根据具体个人、区域及局域网的已知负载对网络进行优化。通信网络所能记录的数据还包括用户所在位置和身份，人工智能算法可利用这些数据为城市规划提供帮助。

1.5.7　游戏：主体创造

自从家用与个人计算机开始被广泛使用以来，游戏已经成为计算机系统的一个卖点。游戏在个人计算机发展史的早期就已开始流行。试着回想一下，我们也许还能记起那些街机、电视游戏机还有具备游戏功能的个人计算机。国际象棋、双陆棋，还有其他游戏已经被人工智能机器所统治。如果一项游戏的复杂度足够低，那么计算机可能穷尽所有玩法，基于此，它可以比人类更快作出决策。最近，计算机已经能在策略游戏围棋中击败人类冠军。围棋有一套简单的区域控制规则，但是要达到胜局就需要非常复杂的思考。计算机不能通过穷举所有可能性来打败人类棋手，因为搜索空间实在是太大了；不过，它可使用一种更具一般性的算法，该算法能为了达到目标而进行抽象"思考"、制定策略、规划行动。这样的算法已经被发明出来，并且打败了世界冠军。经过调整，这一算法也可用于其他领域，例如玩 Atari 游戏[1]和其他现代多人游戏。这个系统叫 AlphaGo。

有些研究机构已经开发出一系列人工智能系统，这些系统玩高度复杂的游戏时表现得比人类玩家(和队伍)还好。这项工作旨在创造出可适应不同场景的一般方法。从表面上看，这些玩游戏的人工智能算法可能对现实世界无关紧要，但是这些系统的开发在一定程度上促使这种方法被有效应用于其他重要的问题空间。图 1.10 展示了强化学习算法如何学习玩"超级玛丽"这样的经典电子游戏。

1　译者注：1976 年 Atari 公司在美国推出的 Atari 2600 是史上第一部真正意义上的家用游戏主机系统。Atari 2600 游戏机基本上可被称为现代游戏机的始祖。其中经典的游戏包括打砖块、大冒险、碰碰弹子台和爆破彗星等。

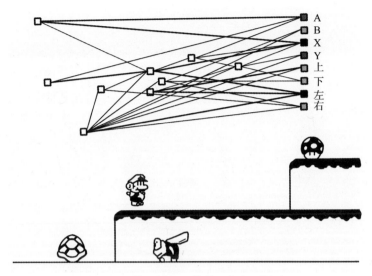

图 1.10　使用神经网络学习如何玩游戏

1.5.8　艺术：创造杰出作品

独特又有趣的艺术家们创造了大量美丽的画作。每位艺术家都以其独有的方法来表现周围的世界。另外，大众也非常欣赏那些奇妙的音乐作品。在这两种情况下，艺术的水平不是由数量来衡量的，而是由质量(人们有多欣赏一件作品)来衡量的。当中牵涉的因素难以理解和刻画——艺术的概念往往由情绪来牵引。

许多研究计划旨在设计能生成艺术作品的人工智能算法。这个概念牵涉一定程度的泛化——一个算法需要对艺术主题有广泛而一般的理解才能创造出符合相关参数的东西。例如，一个梵高 AI 需要理解梵高所有的作品并抽取出其风格和"感觉"，才能把它得到的数据应用于其他图像。同样的想法也能应用于医疗、网络安全、金融等其他领域，以提取其中的隐含模式。

在初步学习了人工智能的概念、人工智能的分类、人工智能试图解决的问题以及一系列应用案例之后，我们将深入学习一种模仿智能的最古老、最简单的形式：搜索算法。搜索算法将为本书后面介绍的其他更复杂的人工智能算法所使用的概念奠定基础。

1.6　本章小结

人工智能很难定义。目前人们对其尚不存在清晰的共识。

通常认为展现出一定智能的实现具有类智能特性。

AI 领域包含着许多学科。

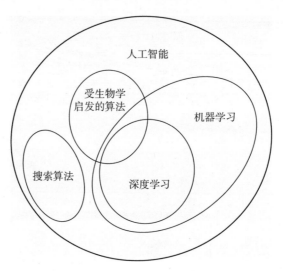

人工智能的实现几乎总有一定的出错率。要谨慎看待这一事实所带来的影响。

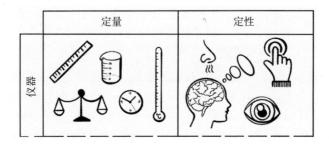

数据的质量与准备很重要。

人工智能有许多用途。想想你能用它做什么!

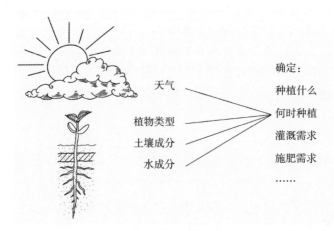

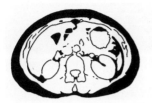
　　　　脑部扫描图

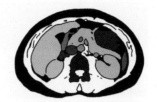
　脑部扫描特征识别结果

开发算法时，要有负责任的态度。

搜索算法基础 | 第 2 章

本章内容涵盖：
- 初步认识规划与搜索算法
- 识别适合用搜索算法解决的问题
- 把问题空间表示成适合搜索算法处理的形式
- 理解与设计能够解决问题的基本搜索算法

2.1　什么是规划与搜索？

想一想是什么让我们拥有智能，你会发现，在付诸实践之前进行规划的能力是一个显著属性。在开始一段国际旅行之前、在开展一个新项目之前、在用某种语言编写新函数之前，都要制定规划。在不同场景中，为了实现目标任务的最佳结果，需要制定详细程度不同的规划(如图 2.1 所示)。

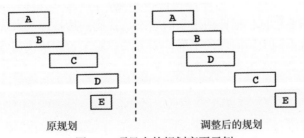

原规划　　　　　　　调整后的规划

图 2.1　项目中的规划变更示例

规划通常不会完全按我们起初预想的方式进行。我们生活在一个不断变化的世界中，因此不太可能考虑到规划执行过程中的所有变量和未知因素。不管开始时拟定的规划是怎样的，我们通常会因为问题空间中的条件变化而偏离规划。如果在执行了一系列步骤之后，遇到了需要再次进行规划以满足目标需求的意外事件，我们就需要从当前状态(再次)制定新的规划。结果就是，最终被执行的规划通常不同于一开始的规划。

搜索是通过在计划中创建步骤来指导规划的一种方法。例如，在计划一次旅行时，我们会搜索路线，评估沿途的站点和它们提供的服务，并搜索符合我们喜好和预算的住宿和活动。根据搜索的结果，我们不断对计划进行调整。

假设我们决定开启一段到海滩的旅途，这段旅程有 500km 远，中途需要两次停留：一次在宠物动物园，一次在一家披萨餐厅。到达海滩后，我们会在附近的住宿点过一夜，并参加 3 个活动。到达目的地的旅行全程预计耗时约 8 小时。路过披萨餐厅之后，我们还需要抄小路——走一条私家路，要注意它只在 2:00 前开放。

现在我们开始旅行，一切照计划进行。我们在宠物动物园停留，并看了一些有趣的动物。我们继续驾车，开始感到饿了；该去餐厅吃饭了。不过出乎意料的是，那家餐厅近期没有营业。我们需要调整计划，找其他地方吃饭。这时，我们要就近寻找一个喜欢的地点然后调整路线。

在开了一段路之后，我们找到了一家餐厅，吃了披萨，然后继续上路。在临近那条私家小路的时候，我们发现时间已经是 2:20。那条路封闭了，于是我们需要再次调整计划。我们想绕道而行，结果发现这将使我们的车程增加 120km，而且在到达海滩之前，我们还得另找一家旅馆过夜。最后，我们找到了一个睡觉的地方，然后重新规划了路径。由于浪费了时间，我们只能在目的地参加两项活动。在不断搜索新的选项以应对新情况的过程中，计划已经变了许多，但我们最终还是收获了一次游览海滩的奇妙旅途。

这个例子展示了搜索是怎样用于规划，以及如何影响规划结果的。随着环境的变化，我们的目标可能发生轻微的改变，因此我们的路径也必然需要调整(如图 2.2 所示)。规划中的调整几乎不可能被预见，而且必须根据实际需求进行。

搜索算法需要根据目标评估未来的状态，找到到达目标的最优状态路径。本章主要探讨针对不同类型问题的不同搜索方法。对于旨在解决问题的智能算法的开发而言，搜索是一项古老而强大的工具。

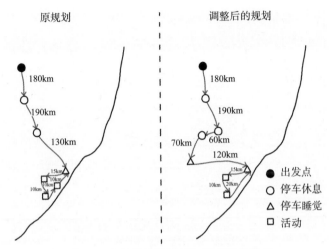

图 2.2   自驾游的原规划与调整后的规划

2.2   计算成本: 需要智能算法的原因

在编程之中, 函数由一系列操作构成; 基于传统计算机的工作方式, 不同函数需要不同长度的处理时间。一个函数需要的计算量越多, 其代价也就越昂贵。大 O 表示法用于描述函数或算法的复杂度。大 O 表示法显示了随着输入数据量(n)的增长, 所需的操作数量的变化。下面列出了一些示例及其关联的复杂度。

- *打印 Hello World 的单一操作*——这个操作是单一操作, 所以其计算代价是 $O(1)$。
- *遍历列表并打印列表中每个元素的函数*——操作数取决于列表中的元素个数。代价是 $O(n)$。
- *把一个列表中的每个元素与另一个列表中的每个元素相比较的函数*——这个操作代价是 $O(n^2)$。

图 2.3 描述了不同算法的代价。随着输入量的增长, 操作数会暴涨的算法性能是最差的; 随着输入量的增长, 所需操作数相对恒定的算法性能更好。

理解不同算法有不同的计算成本有着重要的意义, 因为只有妥善处理了计算成本的问题, 智能算法才能又好又快地解决问题。从理论上讲, 我们可通过暴力搜索所有可能的选项直至找到最优解的方法来解决几乎所有问题, 但是实际上, 这样的计算可能花费数小时乃至数年的时间, 所以不可能用于现实场景。

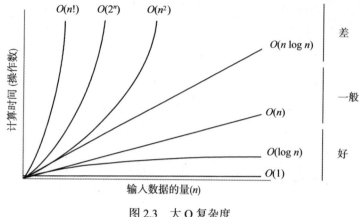

图 2.3 大 O 复杂度

2.3 适合用搜索算法的问题

几乎所有需要作出一系列决策的问题都可用搜索算法解决。根据问题和搜索空间规模的不同，可采用不同的算法来解决问题。根据选定的搜索算法和配置，我们可能求得最优解或目前可用的最优解。换句话说，我们可能找到一个好的解，但它不一定是最优的解。当我们提到"好的解"或者"最优解"时，我们是指某个解在解决相关问题上的性能。

搜索算法能派上用场的一个场景是：(我们)被困在迷宫中，试图找到通往目标点的最短路径。假设我们在一个由 10×10 的方块构成的正方形迷宫中(如图 2.4 所示)。迷宫里有一个目标点和我们不能跨越的一些障碍物。我们的目标是找到一条能到达目标点的路径，同时要避开障碍物，并使用最少的移动步骤；玩家可向东南西北四个方向移动。在这个例子中，玩家不能沿对角线方向移动。

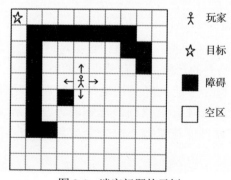

图 2.4 迷宫问题的示例

怎样才能在避开障碍物的同时找出到达目标位置的最短路径呢？以人类的方

式考虑这个问题的话，我们可尝试每种可能性，然后计算移动的步骤。通过不断地试错，我们最终会找到最短的路径，只要迷宫相对来说不算太大。

利用例子中的迷宫，图 2.5 展示了一些到达目标位置的可能路径，不过要注意，在选项①中我们并没有到达目标位置。

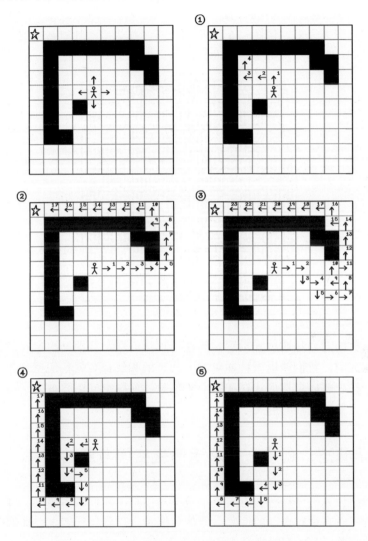

图 2.5　迷宫问题的可能路径示例

通过观察迷宫并计算不同方向的方块数，我们可得到若干可能解。在总数未知的可能解中，我们尝试了 5 次，找到了 4 个有效解。手动计算所有可能解的做法将耗费你大量精力。

● 尝试①不是有效解。它用了 4 步，没有找到目标。

- 尝试②是有效解，它用了 17 步找到目标。
- 尝试③是有效解，它用了 23 步找到目标。
- 尝试④是有效解，它用了 17 步找到目标。
- 尝试⑤是最佳有效解，它用了 15 步找到目标。虽然这次尝试得到了最优解，但它是凭运气找到的。

如果迷宫变大许多，像图 2.6 所示的一样，那么手动计算最佳路径的方法将耗费大量时间。搜索算法可提供帮助。

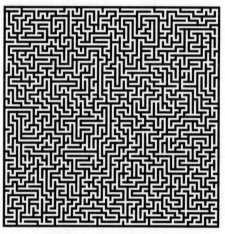

图 2.6   一个大型迷宫问题的示例

我们人类的能力是通过视觉感知问题、理解问题，并根据给定参数找出解决方案。作为人类，我们能用一种抽象的方式理解和解释数据与信息。计算机还不能像我们一样理解以自然形式存在的一般信息。问题空间需要被表示成一种可计算且可被搜索算法处理的形式。

2.4   表示状态：创建一个表示问题空间与解的框架

如果想用计算机可理解的方式表示数据与信息，我们就需要以一种在客观上可理解的方式对它进行合理的编码。即便数据将由任务执行者主观地编码，也应该存在一种简单一致的有效表示方式。

下面澄清一下数据和信息之间的区别。数据是关于事物的原始事实，而信息是关于这些事实的解释，对特定领域内的数据提供深刻的见解。信息需要给定的上下文与数据处理流程来为数据提供意义。例如，在迷宫的例子里，走过的每段距离是数据，而全部距离之和是信息。根据视角、详细程度和期望结果的不同，把一样事物划分为数据或信息的过程可能受到场景、个人或团队的影响，具有主观性(如图 2.7 所示)。

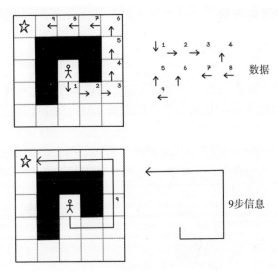

图 2.7 数据与信息

在计算机科学中，通常用数据结构来表示数据，以便算法进行高效的处理。一种数据结构就是一种抽象的数据类型，它由以特定方式组织的数据与操作构成。我们使用的数据结构受到问题情境和期望目标的影响。

关于数据结构，一个典型的例子是数组，它仅仅是一组数据。不同类型的数组有不同的性质，对应于不同目标下高效处理数据的需求。根据所用的编程语言，数组可能允许每个元素属于不同类型，或要求每个元素属于相同类型，或者不允许有重复值。这些不同类型的数组通常有不同的名称。不同数据结构的一系列特征与限制也使多种高效运算成为可能(如图 2.8 所示)。

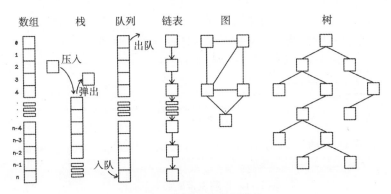

图 2.8 算法中的数据结构

其他数据结构在规划与搜索中也常常被用到。树和图是搜索算法可使用的理想的数据表示方式。

2.4.1　图：表示搜索问题与解

　　图是一种包含多个状态以及状态之间连接关系的数据结构。图中的每个状态叫作节点(或者顶点)，两个状态间的连接关系叫作边。图是从数学中的图论衍生出来的，用于模拟对象之间的关系。图是非常有用的数据结构，它便于人类理解，因为它可以方便地可视化表示，且具有很强的逻辑特性，是各种算法处理的理想对象(如图 2.9 所示)。

　　图 2.10 是本章第 1 节中讨论过的去海滩的行程图。每一个停留点对应着图上的一个节点；节点之间的边表示途经的路线；每条边上的权重表示经过的距离。

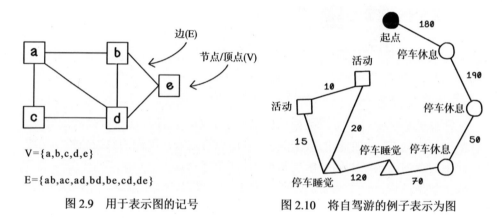

图 2.9　用于表示图的记号　　　　　图 2.10　将自驾游的例子表示为图

2.4.2　用具体的数据结构表示图

　　一个图可以有多种能被算法高效处理的表示方式。从本质上来说，可将图表示成数组的数组，以展示节点间的关系，如图 2.11 所示。数组中的每一个数组代表着两个连在一起的节点，也就是一条边。有时，把图中所有节点单独存成一个数组的做法也会有所帮助，这样我们就不用从关系中推断节点集合。

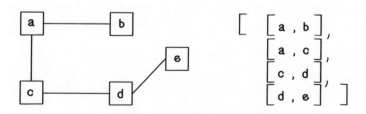

图 2.11　把图表示成数组的数组

　　图的其他表示方法包括关联矩阵、邻接矩阵和邻接表。观察一下这些表示方法的名称，你会发现图中节点间的邻接关系非常重要。邻接节点指的是与另一个节点直接相连的节点。

练习：把图表示成矩阵

你将如何使用元素为边的数组来表示下面的图？

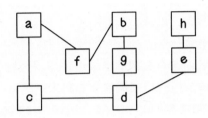

解决方案：把图表示成矩阵

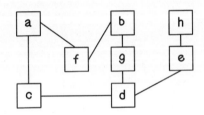

	a	b	c	d	e	f	g	h
a	0	0	1	0	0	1	0	0
b	0	0	0	0	0	1	1	0
c	1	0	0	1	0	0	0	0
d	0	0	1	0	1	0	1	0
e	0	0	0	1	0	0	0	1
f	1	1	0	0	0	0	0	0
g	0	1	0	1	0	0	0	0
h	0	0	0	0	1	0	0	0

```
[ [ a,c ],
  [ a,f ],
  [ b,g ],
  [ b,f ],
  [ c,d ],
  [ d,g ],
  [ d,e ],
  [ e,h ] ]
```

元素为边的数组

邻接矩阵

2.4.3 树：表示搜索结果的具体结构

树是一种能够对值或对象的层级关系进行模拟的常用数据结构。层级结构是一种组织事物的方式；在这种方式下，一个对象与在它之下的多个对象相关联。一棵树是一个连通无环图——每个节点都至少有一条到其他节点的边，但是不存在环。

　　在一棵树中，在某一处被表示的值或对象叫作节点。树通常有一个唯一的根节点，每个节点有 0 个或多个子节点，每个子节点包含一棵或者多棵子树。现在让我们打起精神，认真理解下面的一系列术语。当一个节点有相连的节点时，根节点被称为父节点。你可以递归地运用这种思考方式。一个子节点可能有它自己的子节点，后者也可能包含一定数量的子树。每个子节点有且只有一个父节点。一个节点如果没有任何子节点，则称之为叶节点。

　　树有一个总高度。某个具体节点的层级叫作深度。

　　描述家庭成员关系的名词在有关树的语境中使用得很频繁。要记住这种类比关系，因为它能帮助你把树结构的相关概念联系起来。注意在图 2.12 中，高度与深度是从 0(且从根节点)开始计算的。

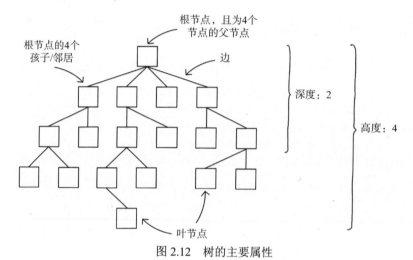

图 2.12　树的主要属性

　　树结构最顶上的节点叫作根节点。一个节点如果直接与其他的一个或多个节点相连接，则称之为父节点。与父节点相连的节点叫作子节点或者邻居节点。与同一个父节点相连的节点叫作兄弟节点。两个节点之间的连接叫作边。

　　路径是由一系列节点和边组成的序列，这些边将不直接相连的节点连接起来。从一个节点出发，沿着背离根节点的方向追溯，我们能得到它的后裔；沿着朝向根节点的方向追溯，我们能得到它的祖先。一个没有子节点的节点被称为叶节点。度用于描述一个节点有多少子节点；由此可见，叶节点的度为 0。

　　图 2.13 表示在迷宫问题中从起点到目标点的路径。这条路径包含 9 个节点，每个节点表示玩家在迷宫中的位置变动。

　　树是用于搜索算法的基本数据结构，我们接下来会深入了解这一概念。排序算法对于解决某些问题和提高求解效率也非常有用。如果你有兴趣进一步学习排序算法，可尝试阅读 *Grokking Algorithms*[1]一书。

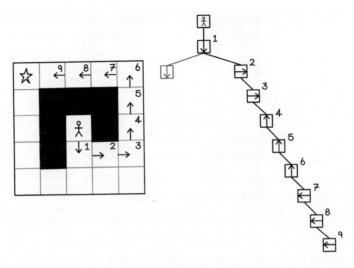

图 2.13　用树结构表示迷宫问题的解

2.5　无知搜索：盲目地找寻解

无知搜索也叫无向导搜索、盲目搜索或暴力搜索。除了通常以树的形式存在的问题的表示，无知搜索算法没有关于问题域的额外信息。

不妨想想你是如何探索你想学习的东西的。有些人可能会着眼于大范围内的不同主题并学习每个主题的基础知识，而另一些人可能会选择某一个窄范围的主题并深入探索它的子主题。这就是广度优先搜索(Breadth-first Search, BFS)与深度优先搜索(Depth-first Search, DFS)的区别。深度优先搜索从起点开始探索一条路径，直到它在最深的位置找到目标。广度优先搜索则在进入更深的深度之前，优先探索树的某一深度的所有选项。

思考一下迷宫的场景(如图 2.14 所示)。在尝试找到通往目标的最优路径的过程中，为了防止陷入无限循环，即防止在搜索树中产生环，需要设置如下的简单约束：玩家不能移动到他之前已经到过的地方。因为盲目搜索会在每一个节点尝试所有的可能，产生环将使算法出现灾难性的失败。

在我们的场景中，这个约束能防止在通往目标的路径中出现环。但是，如果在具有不同约束或规则的不同迷宫中，为了获得最优解，需要多次移到先前被占用的块中，那么这种约束将带来问题。

---

1 译者注：由 Manning 出版社出版。

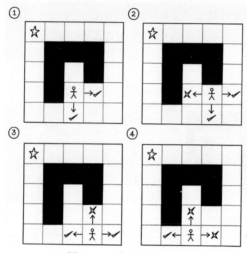

图 2.14　迷宫问题的约束

在图 2.15 中，所有可能的路径都在树中被表示出来，以展示不同的可能选项。在不移动到访问过的块的约束条件下，这棵树包含 7 条通往目标的路径和 1 条无效路径。需要注意的是，只有这种小规模的迷宫，才能以树的形式表示所有可能性。不过，搜索算法的意义在于迭代地搜索或生成这些树，因为从计算成本来看，预先生成整棵树的做法是很低效的。

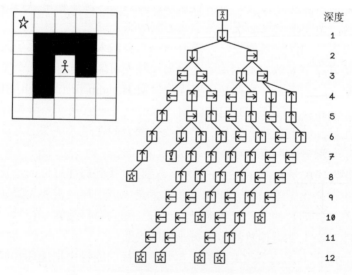

图 2.15　以树的形式表示所有可能的移动选项

另外需要重点注意的是，访问一词可用于指代不同的东西。例如，玩家需要访问迷宫中的块；算法需要访问树中的节点。选择的排列顺序会影响树中的节点被访问的顺序。在这个迷宫的例子中，移动方向的优先顺序是北、南、东，然后是西。

我们已经理解了树和迷宫例子背后的思想，接下来探索搜索算法是如何生成树来寻找通往目标的路径的。

2.6　广度优先搜索：先看广度，再看深度

广度优先搜索是一种用于遍历树或生成树的算法。这种算法从一个具体的节点，也就是根节点开始，先访问同一深度的所有节点，然后访问下一层节点。从本质上来说，它先访问了某一深度的所有子节点，然后访问下一深度的所有子节点，直至找到目标叶节点。

对于广度优先搜索算法，最好用一个先进先出(First In First Out，常简写作 FIFO)队列来实现，其中存有当前需要处理的某一深度的节点，同时其子节点被加入队列，等待后续处理。这种处理顺序正是我们实现这个算法所需要的。

图 2.16 是描述广度优先搜索算法的步骤序列的流程图。

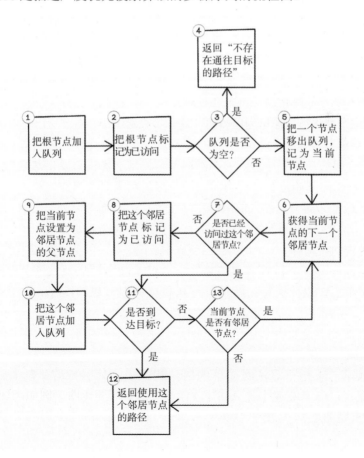

图 2.16　广度优先搜索算法的流程

关于以上过程的每一个步骤，这里将给出一些说明和注释。

(1) 把根节点加入队列。最好用队列来实现广度优先搜索算法。该算法按照对象被加入到队列的顺序来处理它们。这种处理过程叫作先进先出。算法的第(1)步是把根节点加入队列。这个节点表示玩家在地图上的起始位置。

(2) 把根节点标记为已访问。当根节点已被加入到队列中，它被标记为"已访问"，以避免被再次访问。

(3) 队列是否为空？如果队列为空(在很多次迭代之后，所有的节点都已被处理过)，并且该算法的第(12)步没有返回一条路径，那么不存在一条通往目标的路径。如果队列中仍然有节点，算法可继续搜索，直至找到目标。

(4) 返回"不存在通往目标的路径"。如果不存在通往目标的路径，这条消息是算法可能的退出点之一。

(5) 把一个节点移出队列，记为当前节点。把下一个对象从队列中移出并将它设置为当前节点之后，可探索在它之上的可能选项。在算法刚开始执行的时候，当前节点是根节点。

(6) 获得当前节点的下一个邻居节点。这一步通过查看迷宫获得从当前位置进行移动的方向选项，并确定东西南北四个方向中哪些是可能的。

(7) 是否已经访问过这个邻居节点？如果当前的邻居节点并没有被访问过，那么它本身还没有被探索过，可现在处理。

(8) 把这个邻居节点标记为已访问。这一步表示这个邻居节点已经被访问过了。

(9) 把当前节点设置为邻居节点的父节点。把原节点设为当前邻居节点的父节点。如果你想从当前邻居节点追溯回根节点，这一步很重要。从地图上看，原节点是玩家移动的起始位置，而当前邻居节点是玩家要移向的位置。

(10) 把这个邻居节点加入队列。将这个邻居节点加入队列，之后它的子节点会被访问。这种队列机制使每一层的所有节点都会依次被处理。

(11) 是否到达目标？这一步确定当前邻居节点是否包含算法搜索的目标。

(12) 返回使用这个邻居节点的路径。通过追溯该邻居节点的父节点，以及父节点的父节点，以此类推，就可得到从目标到根节点的路径。根节点没有父节点。

(13) 当前节点是否有邻居节点？如果当前节点在迷宫中有更多可能的移动方式，可为此跳到第(6)步。

下面演示一下这个算法对简单的树结构来说是什么样的。随着这一树结构逐渐被探索，节点被逐个加入 FIFO 队列中，利用队列，算法按照期望的顺序处理节点(如图 2.17 与图 2.18 所示)。

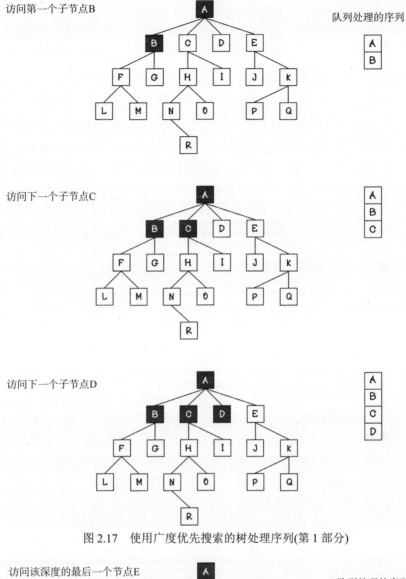

图 2.17　使用广度优先搜索的树处理序列(第 1 部分)

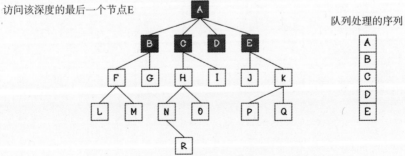

图 2.18　使用广度优先搜索的树处理序列(第 2 部分)

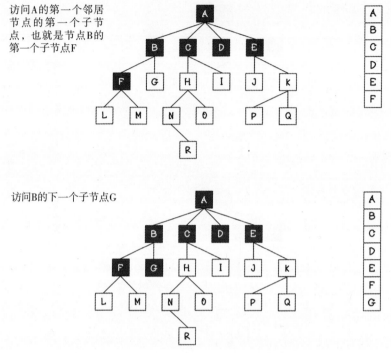

图 2.18　使用广度优先搜索的树处理序列(第 2 部分，续)

练习：确定到达目标解的路径

如果对下面的树使用广度优先搜索，访问顺序是怎样的？

在迷宫的例子中，算法需要知道玩家在迷宫中的当前位置，评估所有可能的移动选项，并对每次选定的移动重复同样的逻辑，直至到达目标点。通过这种方式，算法生成了一棵树，其中包含唯一一条到达目标的路径。

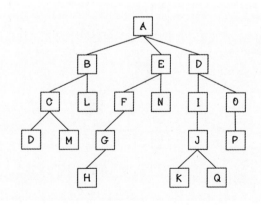

解决方案：确定到达目标解的路径

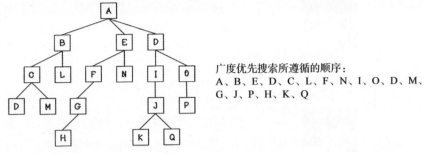

广度优先搜索所遵循的顺序：
A、B、E、D、C、L、F、N、I、O、D、M、
G、J、P、H、K、Q

要知道，在搜索树算法中，访问节点的过程被用于生成树中的节点。我们只是通过一种机制找到关联的节点。

每一条到达目标的路径由一组向着目标方向移动的序列构成。在路径中的移动次数就是这条路径到达目标需要经过的距离，我们称之为代价。移动的次数也等于路径访问过的节点数：从根节点到包含目标的叶节点。算法按深度一步一步沿着树往下移动，直至找到目标；然后，它返回第一条到达目标的路径，这条路径就是解。可能存在更优的解，但因为广度优先搜索是盲目的，它不能保证找到这条路径。

注意 在迷宫的例子中，我们见过的所有搜索算法都会在找到一个解之后终止。通过微调，这些算法也许能找出多个解，不过，对搜索算法而言，实践中最常见的求解方法是找出一个解就停止，因为通常来说，探索包含所有可能性的整棵树代价太大。

图 2.19 展示了根据玩家在迷宫中的移动生成的树。因为这棵树是用广度优先搜索生成的，算法会先生成每个深度的全部节点，然后搜索下一个深度的节点(见图 2.20)。

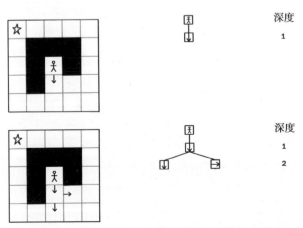

图 2.19　使用广度优先搜索生成在迷宫中移动所对应的树

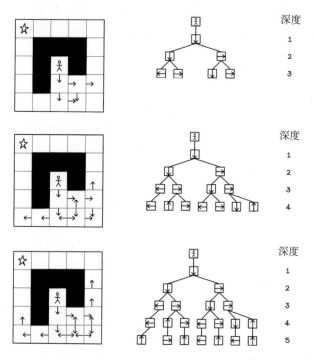

图 2.19   使用广度优先搜索生成在迷宫中移动所对应的树(续)

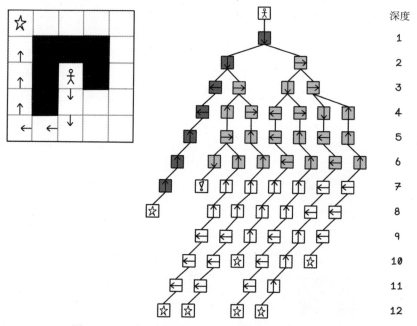

图 2.20   经过广度优先搜索之后整棵树中被访问的节点

伪代码

前面提过，广度优先搜索算法使用一个队列，以每次遍历一个深度的方式生成一棵树。为了防止程序陷入死循环，必须建立一个能存储已访问过的节点的结构；同时，必须设置每个节点的父节点，以便确定从起点到目标的路径。

```
run_bfs(maze, current_point, visited_points):
    let q equal a new queue
    push current_point to q
    mark current_point as visited
    while q is not empty:
        pop q and let current_point equal the returned point
        add available cells north, east, south, and west to a list neighbors
        for each neighbor in neighbors:
            if neighbor is not visited:
                set neighbor parent as current_point
                mark neighbor as visited
                push neighbor to q
                if value at neighbor is the goal:
                    return path using neighbor
    return "No path to goal"
```

2.7　深度优先搜索：先看深度，再看广度

深度优先搜索是遍历树或者生成树(的节点与路径)的另一种算法。这个算法从一个特定的节点出发，探索其第一个子节点的相连节点，然后递归下去，直至到达最远的叶节点，然后回溯，经过已访问的其他子节点，探索其他到达叶节点的路径。图 2.21 展示了深度优先搜索算法的一般流程。

接下来这里将详细介绍深度优先搜索算法的流程。

(1) 把根节点压入栈。 深度优先搜索算法可用栈来实现，最后加入的元素会最先被处理。这个过程被称为后进先出(Last In First Out，通常简写作 LIFO)。算法的第一步是把根节点加入栈。

(2) 栈是否为空？ 如果栈为空，且该算法的第(8)步没有返回任何路径，那么可以肯定不存在通往目标的路径。如果栈里还有节点，算法可继续搜索，直至找到目标。

(3) 返回"不存在通往目标的路径"。 如果不存在通往目标的路径，这个返回

语句就会是算法可能的退出点之一。

　　(4) 从栈中弹出元素，记为当前节点。 从栈中抽出下一个元素并把它设置为当前节点，就可探索从它出发的可能性。

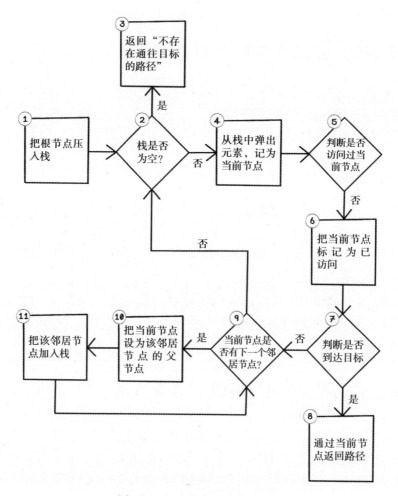

图 2.21　深度优先搜索算法的流程

　　(5) 判断是否访问过当前节点。 如果当前节点还没有被访问过，那么它还没有被探索过，可现在处理。

　　(6) 把当前节点标记为已访问。 这一步把当前节点标记为已访问，以免不必要的重复处理。

　　(7) 判断是否到达目标。 这一步确定当前的邻居节点是否包含算法要搜索的目标。

　　(8) 通过当前节点返回路径。 通过访问当前节点的父节点，以及父节点的父节点，以此类推，可得到从目标到根节点的路径。根节点是没有父节点的节点。

　　(9) 当前节点是否有下一个邻居节点？ 如果当前节点有其他的可能移动方

向，则将那个移动方向加入栈。否则，算法将跳到第(2)步，如果栈不为空，栈中的下一个节点会被处理。栈的后进先出特性使算法可在回溯到根节点的其他子节点之前，先处理完通向某个叶节点的所有节点。

(10) 把当前节点设为该邻居节点的父节点。 把原节点设为当前邻居节点的父节点。如果你想从当前邻居节点追溯到根节点，这一步很重要。从地图的角度看，原节点是玩家移出的位置，而当前邻居节点是玩家移向的位置。

(11) 把该邻居节点加入栈。 将邻居节点加入栈，之后它的子节点会被探索。同样，这种栈机制使得最深的节点先于较浅的节点被处理。

图 2.22 与图 2.23 探究了如何使用后进先出的堆栈按照深度优先搜索所需的顺序访问节点。注意，随着已访问的节点的深度发生变化，节点被压入和弹出栈。压入(push)一词表示向栈添加元素，而弹出(pop)一词表示从栈的顶端移出元素。

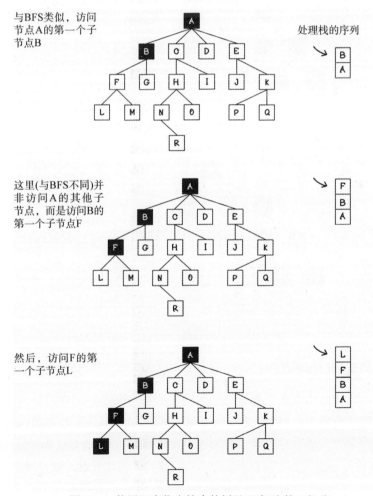

图 2.22　使用深度优先搜索的树处理序列(第 1 部分)

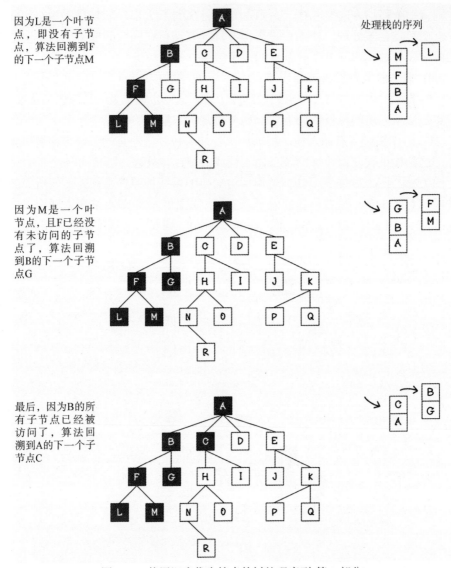

因为L是一个叶节点，即没有子节点，算法回溯到F的下一个子节点M

处理栈的序列

因为M是一个叶节点，且F已经没有未访问的子节点了，算法回溯到B的下一个子节点G

最后，因为B的所有子节点已经被访问了，算法回溯到A的下一个子节点C

图2.23　使用深度优先搜索的树处理序列(第2部分)

练习：确定到目标解的路径

对于下面的树，深度优先搜索算法所遵循的访问顺序是怎样的？

使用深度优先搜索的时候，要知道，子节点的访问顺序非常重要，记住，这个算法将访问第一个子节点，直至碰到叶节点才回溯。

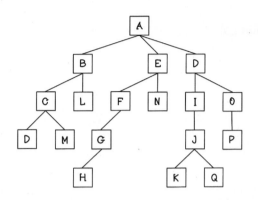

解决方案：确定到目标解的路径

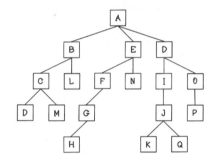

深度优先搜索所遵循的顺序：
A、B、C、D、M、L、E、F、G、H、N、D、
I、J、K、Q、O、P

在迷宫的例子中，移动顺序(北、南、东、西)影响了算法寻找路径的优先级。顺序的变化会导致解的变化。图 2.24 与图 2.25 中展示的分叉并不重要；重要的是在迷宫的例子中对移动顺序的选择。

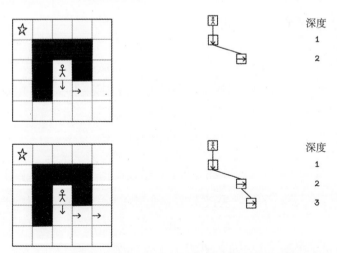

图 2.24　使用深度优先搜索生成迷宫中的移动路径

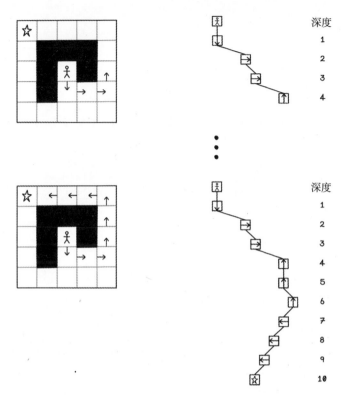

图 2.24　使用深度优先搜索生成迷宫中的移动路径(续)

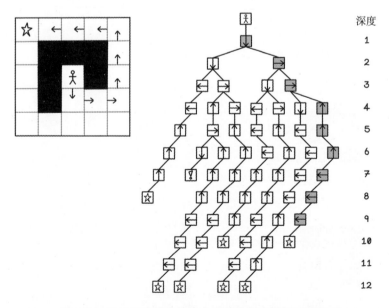

图 2.25　经过深度优先搜索之后整棵树中被访问的节点

伪代码

　　虽然深度优先搜索算法可用递归函数实现,但我们选择使用栈实现这个算法,它可更好地表示节点被访问与处理的顺序。要注意记录已访问过的节点,以免相同的节点被不必要地重复访问而造成死循环。

```
run_dfs(maze, root_point, visited_points):
  let s equal a new stack
  add root_point to s
  while s is not empty
    pop s and let current_point equal the returned point
    if current_point is not visited:
      mark current_point as visited
      if value at current_node is the goal:
        return path using current_point
      else:
        add available cells north, east, south, and west to a list neighbors
        for each neighbor in neighbors:
          set neighbor parent as current_point
          push neighbor to s
  return "No path to goal"
```

2.8　盲目搜索算法的用例

盲目搜索算法形态多样,常被应用于各种现实场景,下面列举一些例子。

- *寻找网络中节点间的路径*——当两台计算机需要经过网络进行通信时,它们之间的连接需要经过许多相连的计算机与设备。搜索算法可用于在网络中建立两个设备之间的路径。
- *爬取网页*——搜索引擎让我们可以在互联网的海量网页上搜索信息。为了给这些页面编索引,我们通常会利用爬虫读取每个网页上的信息,并递归地访问页面上的每个链接。搜索算法可用于创建爬虫、元信息结构和内容之间的关系。
- *寻找社交网络连接*——社交媒体应用包含着大量用户以及他们之间的关系。例如,Bob 可能是 Alice 的朋友,但不是 John 的朋友,所以 Bob 可通过 Alice 间接地与 John 关联起来。一个社交媒体应用可能会提示 Bob 和 John 成为朋友,因为他们也许会通过共同的朋友 Alice 相互认识。

2.9 可选: 关于图的类别

图对于许多计算机科学和数学问题而言很有用，由于不同类型的图性质不一样，不同的原理和算法可能适用于特定类别的图。图是根据其整体结构、节点数量、边数量和节点之间的连通性进行分类的。

这些图的分类是值得了解的，因为它们很常见，有时会在搜索算法或其他 AI 算法中被提及。

- *无向图*——所有的边都是无方向的。两个节点之间的关系是双向的。例如城市之间的道路，通行线路是双向的。
- *有向图*——边具有方向性。两个节点间的关系是显式的。例如在表示父子关系的图中，一个孩子不可能是其父亲的父亲。
- *不连通图*——图中的一个或多个节点不被任何边连接。例如表示大洲物理连接的图，有些节点是不相连的。就像各大洲一样，有些被陆地连接，有些被大洋分隔。
- *无环图*——不包含环的图。就像我们所知的时间一样，这类图永远不会绕回过去的点。
- *完全图*——每个节点都通过各条边与其他节点相连。就像小组里的交流一样，每个人都需要与其他人对话。
- *完全二分图*——顶点分区是对顶点的分组。给定一个顶点分区，一个分区的每个节点都通过各条边与另一个分区的每个节点相连。例如在品尝芝士的活动中，一般来说，每个人都会品尝每一种芝士。
- *加权图*——在这类图中，节点间的每一条边都有一个权重。例如城市之间的距离，有些城市间的距离比其他城市间的距离要远。这些连接的权重更大。

适用于描述特定问题的图类型是值得了解的，以便我们选择最高效的处理算法(见图 2.26)。下面的章节将介绍一部分类型的图，如第 6 章中关于蚁群优化算法的图，还有第 9 章中关于神经网络算法的图。

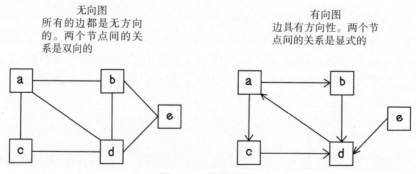

图 2.26　图的类型

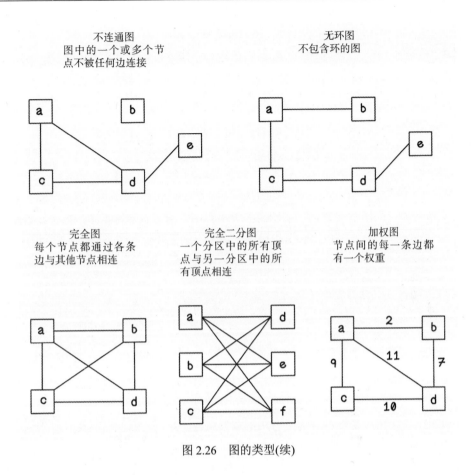

图 2.26 图的类型(续)

2.10 可选: 其他表示图的方法

根据不同的场景以及你使用的编程语言和工具,其他编码方式的图可能更有利于高效处理或者更方便使用。

2.10.1 关联矩阵

关联矩阵的高度等于图中节点的数目,宽度等于图中边的数目。每一行表示对应的节点与特定边的关系。如果一个节点不与特定的边相连,则对应元素取值为 0。如果一个节点与特定的边相连,且是这条边的接收节点(在有向图中,接收节点为边指向的节点),则对应元素取值为−1。如果一个节点与特定的边相连,且是这条边的出发节点(在有向图中,出发节点为边起始节点)或者是无向图中的相连节点,则对应元素取值为 1。关联矩阵可用于表示有向图和无向图(如图 2.27 所示)。

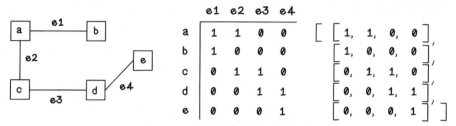

图 2.27　将无向图表示为关联矩阵

2.10.2　邻接表

邻接表使用一组链表表示。初始表的大小跟图中的节点数目相同，每个元素表示与对应节点相连的所有节点。邻接表可用于表示有向图和无向图(如图 2.28 所示)。

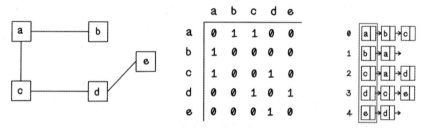

图 2.28　将无向图表示为邻接表

此外，图之所以是一种有趣且有用的数据结构，是因为它们很容易表示为数学方程——我们使用的所有算法的基础。本书将提供关于这个话题的更多信息。

2.11　本章小结

为了更好地解决问题，数据结构非常重要。
在不断变化的环境中，搜索算法可用于规划和搜索解。

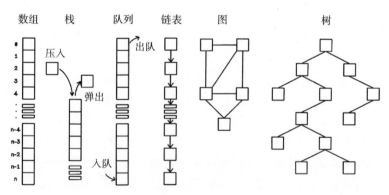

图与树结构在人工智能中行之有效。

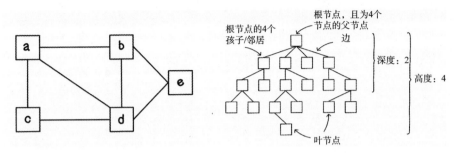

盲目搜索是不带有任何已知信息的，它的计算成本往往很高。使用正确的数据结构有助于降低计算成本。

深度优先搜索(DFS)先看深度，再看广度。广度优先搜索(BFS)先看广度，再看深度。

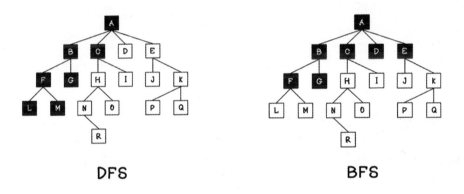

智能搜索 第3章

本章内容涵盖:
- 理解并设计针对引导搜索的启发式方法
- 确定适合用引导搜索方法解决的问题
- 理解并设计引导搜索算法
- 设计一个搜索算法来玩双人游戏

3.1　定义启发式方法:设计有根据的猜测

通过第 2 章的描述,我们已经了解了盲目搜索算法的实现方式,现在可以进一步研究关于问题空间的信息,来探索如何改进算法。为此,本章将引入知情搜索算法的概念。知情搜索算法意味着该算法具有需要解决的特定问题的一部分上下文。启发式方法是表示这种上下文的一种方式。一个启发式方法是用来评估某种状态的一条规则或一组规则,通常被描述为经验法则。它可用来定义某种状态必须满足的标准,或者用于衡量某个特定状态的表现。当无法使用寻找最优解的清晰方法时,我们通常选择使用启发式方法。从社会学角度看,启发式方法可被解释为一种有根据的猜测;它更应该被视为一种解决问题的指导方针,而不是关于需要解决的问题的科学真理。

例如,当你在餐馆点披萨时,衡量一款披萨是否好吃的启发式方法可能是由其所用的原料和披萨基底的类型决定的。如果你喜欢多加番茄酱、奶酪、蘑菇和菠萝,以及拥有松脆外壳的厚基底,那么一个包含更多属性的披萨会对你更有吸引力，而且会在你的启发式方法下获得更好的分数。含有较少属性的披萨对你的吸引力会更小，得分也会更低。

再如编写解决 GPS(全球定位系统)路由问题的算法。在这一场景中，启发式方法可能是"好的路线能最大限度地减少交通时间，并最大限度地减少行驶距离"或"好的路线能最大限度地减少高速费用，并选择最好的道路条件"。而一个糟糕的 GPS 路线规划启发式方法则会将出发点和目标点之间的直线距离最小化。这种启发式方法可能更适用于鸟类或飞机的路径规划，但现实中，我们需要步行或开车；这些交通方式把我们束缚在建筑物与障碍物之间的道路上。启发式方法必须在使用的上下文中有意义。

下面，我们来看一个案例：检查上传的音频剪辑是否存在于版权内容库中。因为音频剪辑记录的是声音的频率，实现这个目标的一种方法是针对上传音频的每个时间片，对音频库中的所有剪辑进行搜索匹配，这项工作需要极大的计算量。如果想要设计一个更好的搜索模式，可先简单地定义一个启发式方法来使两段剪辑之间频率分布的差异最小化，如图 3.1 所示。注意，这里如果不考虑时间轴上的位移，两段剪辑的频率谱看起来是相同的；可认为它们的频率分布没有差异。这个解决方案可能并不完美，但它是一个朝着代价更小的算法发展的良好开端。

图 3.1　使用频率分布比较两个音频剪辑

启发式方法是与特定的上下文背景息息相关的，好的启发式方法可极大地帮助优化解决方案。下面我们将调整第 2 章中的迷宫场景，并引入一个有趣的影响因素来演示创建启发式方法的概念。之前，对于每个方向来说，移动成本是相同的，我们纯粹将具有更少动作的路径(搜索树的深度较浅)当作更好的解决方案，现在假设往不同方向移动需要花费不同的执行成本。如此一来，这个迷宫的重力场发生了一些奇怪的变化——现在向北或向南移动的成本是向东或向西移动的 5 倍(如图 3.2 所示)。

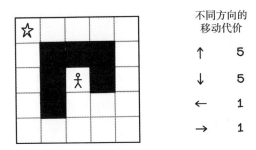

不同方向的
移动代价

↑　　5

↓　　5

←　　1

→　　1

图 3.2　调整后的迷宫示例：重力场

在调整后的迷宫场景中，影响通向目标的最佳可能路径的因素包括在这条路径中需要移动的总步数，以及所有移动的成本之和。

在图 3.3 中，搜索树中所有可能的路径都已被表示出来，以突出显示可用的选项，并给出了相应移动所对应的成本。同样，这个例子只展示了这个小小的迷宫场景中的搜索空间，通常不适用于现实生活场景。算法会把生成树当作搜索的一部分。

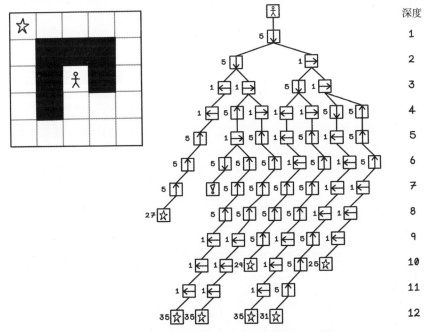

图 3.3　将所有可能的移动选项表示为一棵树

迷宫问题的一个典型的启发式方法可定义如下："好的路径可使移动成本最小化，同时使达到目标的总移动量最小。"这个简单的启发式方法有助于指引我们确定哪些节点应该被访问，因为我们现在可应用一些领域知识来解决问题。

思想实验：给定以下场景，你能想出什么样的启发式方法？

一群矿工专门开采不同类型的矿石，包括钻石、黄金和铂金。所有矿工都可在任何一个矿场进行开采，但在与自己专长相匹配的矿场里他们会开采得更快。现在，一个地区内分布着一定数量的钻石、黄金和铂金的矿场，并且它们与仓库之间的距离各不相同。现在需要解决的问题是：如何分配矿工来最大化开采效率并减少运输时间？对应的启发式方法应该是什么样子的？

思想实验：可能的解决方案

一个合理的启发式方法可能是：给每个矿工分配一个与其专长吻合的矿，并让他们把矿物运输到离那个矿最近的仓库。这也可以解释为最大限度地避免矿工被分配到不符合其专长的矿井的情况，并(在此前提下)最大限度地减少运输到仓库的距离。

3.2 知情搜索：在指导下寻求解决方案

知情搜索，也被称为启发式搜索，是一种结合一定智能，使用广度优先搜索或深度优先搜索方法寻求最优解决方案的算法。给定当前问题的某些预先定义的知识后，我们可利用启发式方法来指引搜索。

根据问题的性质，我们有一系列不同的知情搜索算法可以选择，其中包括贪婪搜索(也被称为最佳优先搜索)。然而，最流行和最有用的知情搜索算法当属 A*。

3.2.1 A*搜索

A*搜索读作"A 星搜索"。A*算法通常通过估算启发式来最小化下一个节点的访问成本，从而提高搜索算法的性能。

总成本通过两个指标来计算：一是从起始节点到当前节点的成本，二是节点 n 的启发式成本。当我们的目标是最小化总成本时，较低的值表示性能更好的解决方案(如图 3.4 所示)。

$$f(n)=g(n)+h(n)$$

$g(n)$：从开始节点到当前节点n的成本

$h(n)$：节点n的启发式成本

$f(n)$：开始节点到当前节点n的成本加上节点n的启发式成本

图 3.4 A*搜索算法的相关函数

下面的处理案例仅是一个抽象示例，意在说明如何在启发式的指导下访问搜索树。案例的重点是树中不同节点的启发式计算。

　　广度优先搜索在移动到下一个深度之前，会完成对当前深度上的所有节点的访问。深度优先搜索在返回根节点并访问下一个路径之前，会访问当前路径上的所有节点(直到最深的那个节点)。而 A*搜索有所不同，因为它没有一个预定义的模式可遵循；启发式成本将决定访问节点的顺序。注意，A*算法并非在一开始就知道所有节点的成本。各个节点的成本是在探索或生成树时计算的，每个访问过的节点都被添加到一个堆栈中，这意味着比已经访问的节点成本更高的节点将被忽略，以节省计算时间(见图 3.5、图 3.6 和图 3.7)。

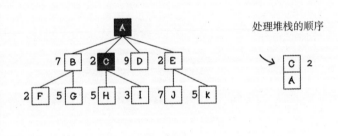

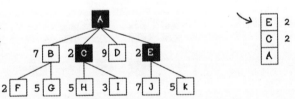

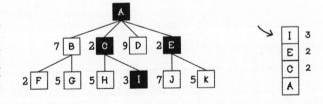

图 3.5　使用 A*搜索的树的处理顺序(第 1 部分)

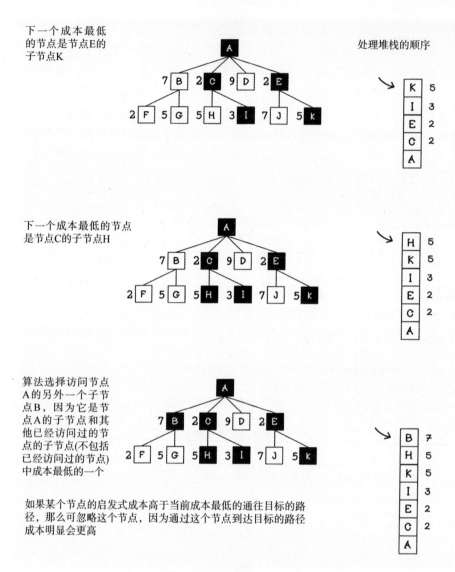

图 3.6　使用 A*搜索的树的处理顺序(第 2 部分)

让我们来看看 A*搜索算法的整体流程。

(1) 将根节点压入堆栈中。 A*搜索算法可通过堆栈来实现,在堆栈中,最后添加的对象首先被处理(后进先出,缩写为 LIFO)。第(1)步是将根节点压入堆栈中。

(2) 栈是空的吗? 如果堆栈为空,并且算法的第(8)步没有返回有效的解决方案路径,则表示不存在通往目标节点的路径。如果队列中还有节点存在,算法可继续搜索。

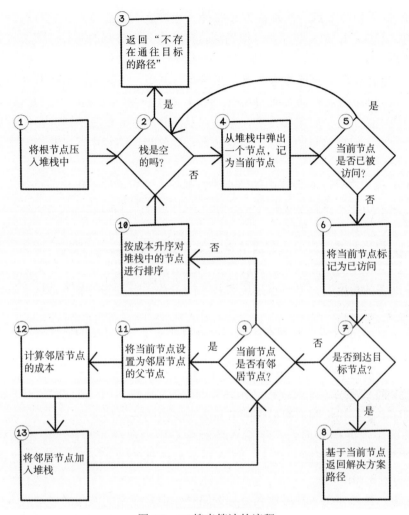

图 3.7　A*搜索算法的流程

(3) 返回"不存在通往目标的路径"。 如果不存在通往目标节点的路径，算法可在这一步终止。

(4) 从堆栈中弹出一个节点，记为当前节点。 通过从堆栈中弹出下一个对象，并将其设置为当前感兴趣的节点，我们可探索其可能性。

(5) 当前节点是否已被访问？ 如果当前节点没有被访问过，那么它还没有被探索过，可现在处理。

(6) 将当前节点标记为已访问。 此步骤表明此节点已被访问，以防止不必要的重复处理。

(7) 是否到达目标节点？ 此步骤确定当前邻居节点是否包含算法正在搜索的目标。

(8) 基于当前节点返回解决方案路径。通过追溯当前节点的父节点，以及父节点的父节点，以此类推，就可得到从目标节点到根节点的路径。根节点是没有父节点的节点。

(9) 当前节点是否有邻居节点？在迷宫示例中，如果当前节点有其他的可能移动方向，则可将该移动方向加入栈。否则，算法可跳转到第(2)步。在该步骤中，如果堆栈中的下一个对象不为空，则可对其进行处理。堆栈后进先出的性质允许算法在回溯访问根节点的其他子节点之前，先将当前路径中通向某个叶节点的所有节点处理完。

(10) 按成本升序对堆栈中的节点进行排序。计算堆栈中每个节点的成本，据此对堆栈中的节点进行升序排序，接下来处理成本最低的节点——这样做使得算法始终可访问成本最低的节点。

(11) 将当前节点设置为邻居节点的父节点。将原节点设置为当前邻居节点的父节点，这一步对于跟踪当前邻居节点到根节点的路径很重要。如果回到迷宫游戏，从地图的角度看，原节点是玩家移出的位置，当前邻居节点是玩家移动的目标位置。

(12) 计算邻居节点的成本。成本计算方法对于 A*算法的设计至关重要。将邻居节点到根节点的距离与下一步的启发式得分相加即可计算出成本。更智能的启发式将直接影响 A*算法以获得更好的性能。

(13) 将邻居节点加入堆栈。邻居节点被添加到堆栈中，其子节点稍后将被探索。同样，这种栈机制使得最深的节点先于较浅的节点被处理。

类似于深度优先搜索，子节点的顺序会影响选择的路径，但影响较小。如果两个节点具有相同的成本，则第一个被计算的节点会先被访问(见图 3.8、图 3.9 和图 3.10)。

注意，虽然存在多种可达到目标的路径，但是在南北方向的移动成本更高的前提下，A*算法可在找到通往目标路径的同时将实现目标的成本降至最低，这意味着移动次数更少，平均移动成本也更低。

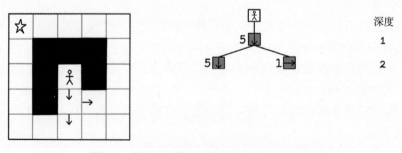

图 3.8　使用 A*搜索的树的处理顺序(第 1 部分)

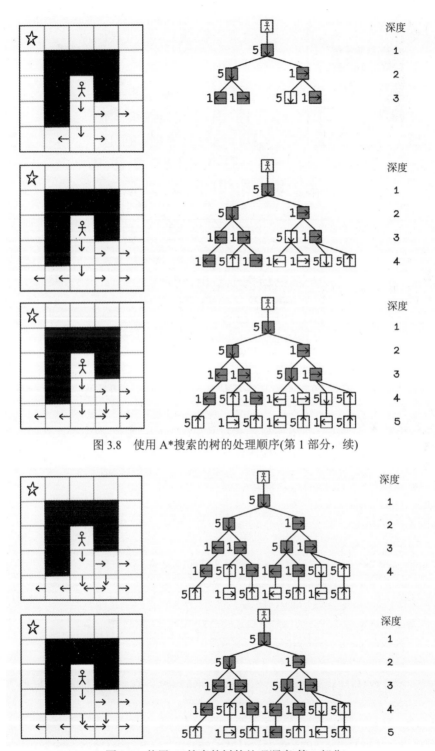

图 3.8　使用 A*搜索的树的处理顺序(第 1 部分，续)

图 3.9　使用 A*搜索的树的处理顺序(第 2 部分)

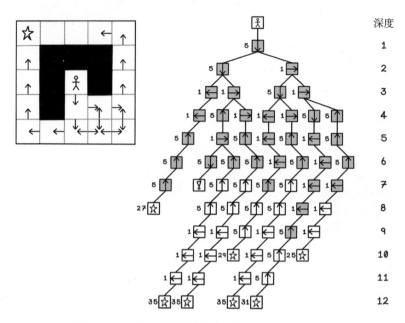

图 3.10 经过 A*搜索算法后，整棵树中被访问过的节点

A*算法使用与深度优先搜索算法类似的方法，但其访问策略是优先访问成本较低的节点。算法使用堆栈来处理节点，每次进行新的计算时，堆栈中的节点都会按成本升序排序。这一顺序可确保从堆栈中弹出的对象总是成本最低的，因为成本最低的对象在排序后会处于栈顶位置。

```
run_astar(maze, root_point, visited_points):
  let s equal a new stack
  add root_point to s
  while s is not empty
    pop s and let current_point equal the returned point
    if current_point is not visited:
      mark current_point as visited
      if value at current_node is the goal:
        return path using current_point
      else:
        add available cells north, east, south, and west to a list neighbors
        for each neighbor in neighbors:
          set neighbor parent as current_point
          set neighbor cost as calculate_cost(current_point, neighbor)
```

```
        push neighbor to s
    sort s by cost ascending
return "No path to goal"
```

计算成本的函数对于 A*搜索的操作至关重要。成本评估函数为算法寻找成本最优路径提供了信息。在我们调整过的迷宫案例中，向上或向下移动对应着更高的成本。如果成本评估函数出现问题，算法可能会无法运行。

以下两个函数描述了成本的计算方法。首先，当前节点到根节点的距离需要添加到下一次移动的成本中。基于我们假设的案例，向北或向南移动的成本会影响访问该节点的总成本。

```
calculate_cost(origin, target):
    let distance_to_root equal length of path from origin to target
    let cost_to_move equal get_move_cost(origin, target)
    return distance_to_root + cost_to_move


move_cost(origin, target):
    if target is north or south of origin:
        return 5
    else:
        return 1
```

盲目搜索算法(如广度优先搜索和深度优先搜索)会彻底探索每一种可能性，并尝试产生最优解。如果我们可创建一个合理的启发式来指导搜索，A*搜索会是一个很好的方法。它比盲目搜索算法的计算效率更高，因为它忽略了比已经访问的节点成本更高的那些节点。然而，如果启发式的定义存在缺陷，或对当前需要解决的问题和上下文没有意义，那么 A*算法将找出一个相对糟糕的解决方案，而不是最优解决方案。

3.2.2　知情搜索算法的用例

知情搜索算法具有很强的通用性，并对那些可定义启发式的实际用例非常有用，例如：

- *电子游戏中自主游戏角色的路径查找*——游戏开发者经常使用这种算法来控制游戏中敌方人员的移动，目标是在某个预先定义好的环境中找到人类玩家。
- *在自然语言处理(NLP)中解析段落含义*——可将段落分解为短语的组合，而将短语分解为不同类型的单词(如名词和动词)的组合，从而创建一个可被评估的树形结构。知情搜索算法在语义解析领域大有用武之地。

- *电信网络路由选择*——引导搜索算法可用于为电信网络中的网络流量找到最短路径，以提高性能。服务器/网络节点和网络连接可表示为节点和边的图，以供搜索。
- *单人游戏和智力游戏*——知情搜索算法可用于解决单人游戏或智力游戏，如魔方。因为在找到目标状态之前，可将每一步都视作搜索树中的一个决策。

3.3 对抗性搜索：在不断变化的环境中寻找解决方案

迷宫游戏的搜索例子只涉及一个角色——玩家。问题场景只受单个玩家的影响，因此，我们可以认为那个玩家创造了所有的可能性。到目前为止，我们的目标都是让玩家的利益最大化：选择距离最短与成本最低的路径以到达目标。

对抗性搜索的特点是对立或冲突。对抗性问题的解决方案要求我们预测、理解和抵制对手为达到目标而采取的行动。关于对抗性问题，最典型的例子就是双人回合制游戏——如井字棋游戏[1]和四子棋游戏。两个玩家轮流抓住机会来改变游戏场景的状态，使之对自己有利。预先设定的游戏规则规定了可用哪些可能的方式改变环境，以及何为获胜和最终状态。

3.3.1 一个简单的对抗性问题

本节以四子棋游戏为例来探索对抗性问题。四子棋(如图 3.11 所示)是一种在网格棋盘上举行的游戏，玩家轮流将(代表自己的)棋子下到棋盘上的某一列中。网格棋盘上位于特定行或者列的棋子能组成相应的模式，率先成功创建出由四个相邻棋子构成的序列(垂直、水平或对角)的玩家将获胜。如果整个棋盘已被放满棋子却仍没有出现赢家，则游戏结果被视作平局。

---

1 译者注：井字棋，英文名为 Tic-Tac-Toe，是一种在 3×3 格子上进行的连珠游戏，和五子棋类似，由于棋盘一般不画边框，格线排成井字而得名。游戏需要的工具仅为纸和笔，然后由分别代表 O 和 X 的两个游戏者轮流在格子里留下标记(一般来说先手者为 X)，任意三个标记形成一条直线，则为获胜。

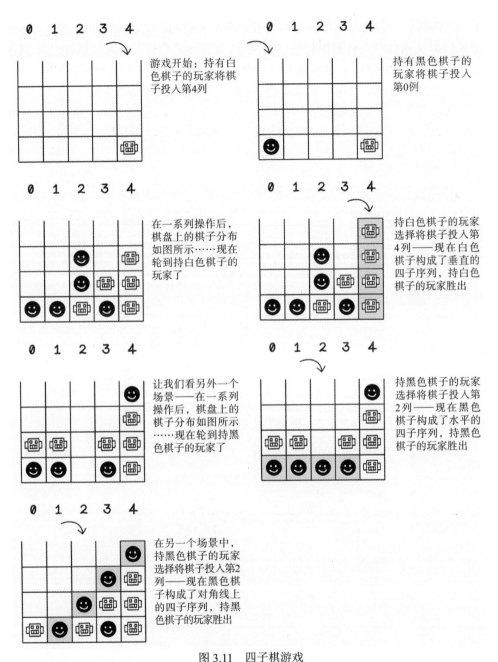

图 3.11　四子棋游戏

3.3.2　最小-最大搜索：模拟行动并选择最好的未来

　　基于游戏中每个玩家可能采取的行动，最小-最大搜索(Min-max Search)算法旨在建立一棵由可能的结果构成的树，并选择对玩家有利的路径，同时避免对对手有利的路径。为此，这种类型的搜索会模拟可能的移动，并在进行相应的移动后根据启发式对游戏状态进行评分。最小-最大搜索尝试发现尽可能多的未来状态；但是由于内存空间和计算效率的限制，遍历整个游戏的状态树可能不太现实，所以它会搜索到指定的深度为止。最小-最大搜索尝试模拟每个玩家的游戏回合，所以指定的搜索深度直接和两个玩家之间的移动回合数相关。例如，深度为 4 意味着每个玩家有 2 个回合：A 玩家移动，B 玩家移动，A 玩家再移动，B 玩家再移动。

3.3.3　启发式

　　最小-最大算法利用启发式评分来作出决策。这个分数是由精心设计的启发式定义的，而不是由算法学习得出的。如果给定某一个特定的游戏状态，那么从该状态移动所产生的每一个可能的有效结果都将是博弈树中的一个子节点。

　　假设我们有一个启发式，它提供了一个正数优于负数的得分衡量标准。通过模拟每一个可能的有效移动，最小-最大搜索算法试图把那些会使对手具有优势或获胜的走法减到最少，并最大限度地增加能给玩家带来优势或使之获胜的走法。

　　图 3.12 展示了一棵最小-最大搜索树。在此图中，我们只计算了叶节点的启发式得分，因为这些状态能代表获胜或平局的结果。搜索树中的其他节点表示正在进行的游戏状态。从计算启发式得分的深度开始向上移动，要么选择得分最低的子节点，要么选择得分最高的子节点，这取决于在未来的模拟状态中谁走下一步。从顶部开始，玩家会尝试最大化其分数；在每一个交替回合之后，玩家的意图都会发生变化，因为最终目标是最大化自己的得分，最小化对手的得分。

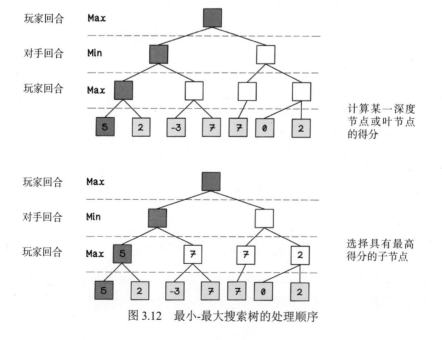

图 3.12　最小-最大搜索树的处理顺序

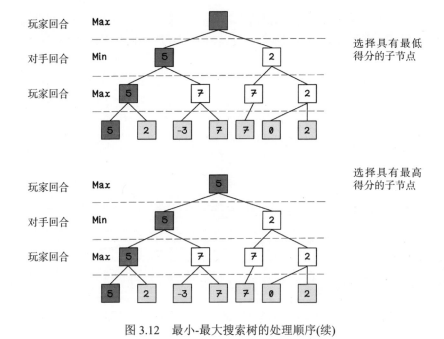

图 3.12 最小-最大搜索树的处理顺序(续)

练习：在下面的最小-最大算法树中，每一层传播的值是什么？

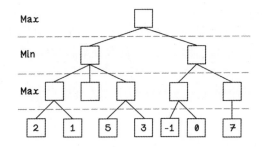

解决方案：在下面的最小最大算法树中，每一层传播的值是什么？

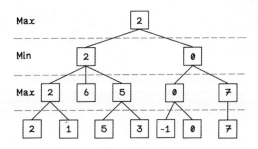

因为最小-最大搜索算法会模拟所有可能的结果，在提供多种选择的游戏中，博弈树会爆炸式增长。由于计算量太大，我们无法完成对整棵树的探索。在上面展示的简单例子中，四子棋在一个 5×4 的矩形棋盘上完成操作——这个棋盘看起来不大，但其包含的可能性的数量已经使在每一回合探索整个博弈树的做法变得低效(见图 3.13)。

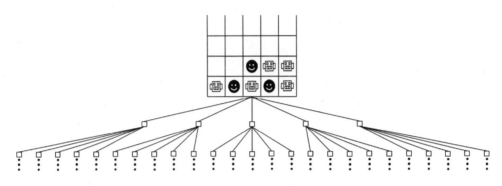

图 3.13　搜索博弈树时的可能性爆炸

现在，让我们看一下在四子棋的例子中如何使用最小-最大搜索。从本质上来说，算法从当前游戏状态开始，对所有可能移动状态进行探索；然后，从其中的每一个状态开始，探索对手所有的可能移动状态；如此迭代，直到它找到最有利的路径。导致玩家获胜的游戏状态返回 10 分，导致对手获胜的游戏状态返回-10分。最小-最大搜索算法试图使玩家的正数得分最大化(如图 3.14 和图 3.15 所示)。

虽然最小-最大搜索算法的流程图看起来很复杂，但实际上并非如此。检查当前游戏状态是最大化模式还是最小化模式的判定节点和流程让图表看起来比较繁杂。

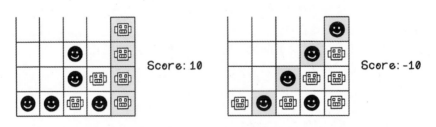

图 3.14　玩家得分与对手得分示意图

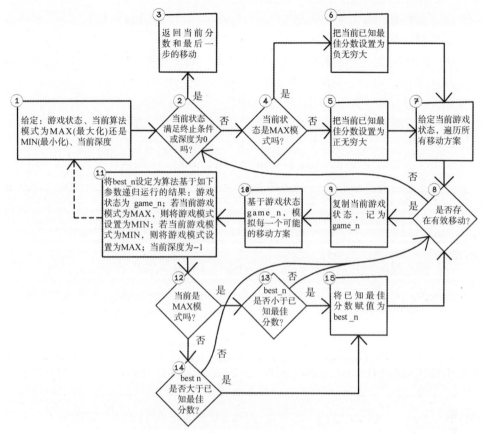

图 3.15　最小-最大搜索算法流程

让我们来看看最小-最大搜索算法的整体流程。

(1) 给定：游戏状态、当前模式是 MAX(最大化)还是 MIN(最小化)、当前深度。算法可以开始了。理解算法的输入很重要，因为最小-最大搜索算法是递归的。递归算法会在其中一个或多个步骤中调用自己。递归算法必须有一个退出条件，以免陷入永远调用自己的死循环。

(2) 当前状态满足终止条件或深度为 0 吗？这个条件决定了游戏的当前状态是否属于终止状态，或是否已经达到了期望的深度。终止状态指的是其中一名玩家获胜或者游戏达成平局的状态。10 分代表玩家获胜，−10 分代表对手获胜，0 分代表平局。算法也需要指定一个深度，因为从始至终地遍历树中的所有移动可能性会带来极其昂贵的计算成本，如果运行环境是普通计算机，那么所花费的时间是不可接受的。通过指定一个深度，该算法可以仅观察未来一定回合数，并在此基础上确定终止状态是否存在。

(3) 返回当前分数和最后一步的移动。如果当前状态满足游戏终止条件或者已经达到指定深度，则返回对应得分。

(4) 当前状态是 MAX 模式吗？ 如果算法的当前迭代处于 MAX 模式，它会尝试最大化当前玩家的得分。

(5) 把当前已知最佳分数设置为正无穷大。 如果当前迭代属于 MIN 模式，那么需要将当前已知最佳分数设置为正无穷大，此时游戏状态返回的得分总是会小于正无穷大。在实际实现中，常常会使用一个非常大的正数来代替正无穷大。

(6) 把当前已知最佳分数设置为负无穷大。 如果当前迭代属于 MAX 模式，那么需要将当前已知最佳分数设置为负无穷大，此时游戏状态返回的得分总是会大于负无穷大。在实际实现中，常常会使用一个绝对值非常大的负数来代替负无穷大。

(7) 给定当前游戏状态，遍历所有移动方案。 这一步将给出当前游戏状态下可能进行的移动的列表。随着游戏的进行，在开始时可采取的移动方法并非一直都可用。在四子棋的示例中，如果游戏棋盘上有一列已经被棋子填满了，则选择该列的移动将被视为无效。

(8) 是否存在有效移动？ 如果当前的模拟状态中不存在任何可能的移动，也没有等待进行的有效移动，则算法返回当前函数调用实例中所得到的最佳移动。

(9) 复制当前游戏状态，记为game_n。 现在需要复制当前游戏状态，以便在其上模拟未来的可能移动。

(10) 基于游戏状态 game_n，模拟每一个可能的移动方案。 此步骤将当前感兴趣的移动应用到复制的游戏状态上，对接续状态进行推算。

(11) 将 best_n 设定为算法递归运行的结果。 注意，这里是递归方法发挥作用的关键。best_n 是用来存储下一个最佳移动的变量，我们尝试让算法基于这个移动探索未来的可能性。

(12) 当前模式是否为 MAX？ 当递归调用返回最佳候选移动时，这一条件用于确定当前模式下的优化目标是否为最大化得分。

(13) best_n 是否小于已知最佳分数？ 如果当前模式的优化目标为最大化得分，则此步骤用于确定算法是否找到了比之前找到的最优解更好的解。

(14) best_n 是否大于已知最佳分数？ 如果当前模式的优化目标为最小化得分，则此步骤用于确定算法是否找到了比之前找到的最优解更好的解。

(15) 将已知最佳分数赋值为 best_n。 如果找到了新的最佳分数，则将已知最佳分数赋值为 best_n。

在四子棋示例中，给定特定状态，最小-最大搜索算法将生成由可能的状态构成的树，如图 3.16 所示。从起始状态开始，算法尝试探索每一步可能的移动所导致的状态，然后从那个状态开始，对每一步移动所导致的状态展开迭代探索，直至找到某个终止状态——要么棋盘满了，要么某个玩家赢了。

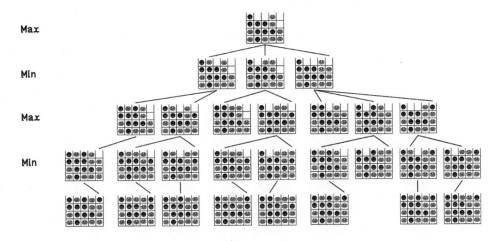

图 3.16　四子棋游戏中由可能的状态构成的树

图 3.17 以灰色背景突出显示终止状态所对应的节点，其中平局得分为 0，败局得分为−10，胜局得分为 10。因为该算法旨在最大化玩家得分，所以其启发式的目标需要用一个正数来表示，而对手的胜利则用负数得分来表示。

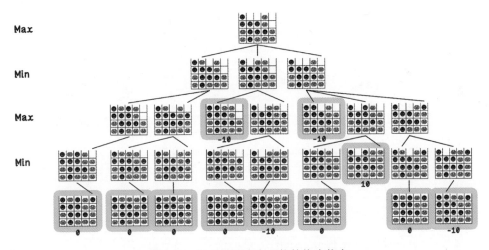

图 3.17　四子棋游戏中可能的终止状态

当这些分数为已知时，最小-最大算法从最大深度开始，首先选择分数最低的节点(如图 3.18 所示)。

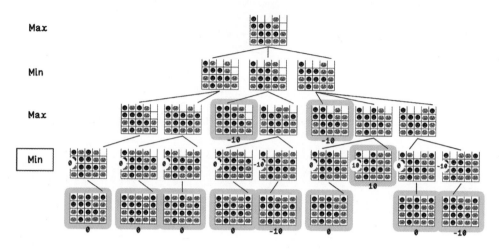

图 3.18　四子棋游戏中终止状态的可能得分(第 1 部分)

　　然后，在下一深度，算法选择得分最高的节点(如图 3.19 所示)。

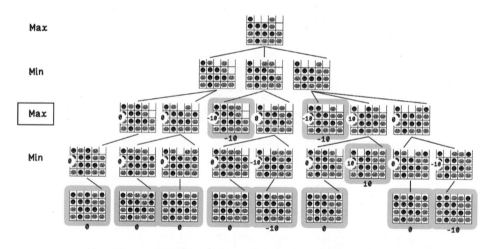

图 3.19　四子棋游戏中终止状态的可能得分(第 2 部分)

　　在下一个深度，选择得分最低的节点；最后，根节点选择所有选项中的最大值。通过跟踪所选的节点和分数，并直观地将玩家角色代入问题中，我们发现该算法选择了一条通向平局的路径来避免损失。如果算法在当前回合选择了一条通向胜利的路径，那么下一回合将很有可能会失败。该算法假设对手总是会以最聪明的举动来最大化他们获胜的机会(如图 3.20 所示)。

　　基于给定的游戏状态示例,图 3.21 用一棵简化了的博弈树来表示最小-最大搜索算法得分的结果。

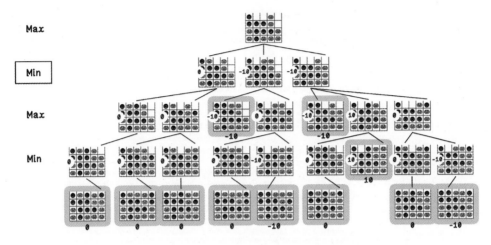

图 3.20 四子棋游戏中终止状态的可能得分(第 3 部分)

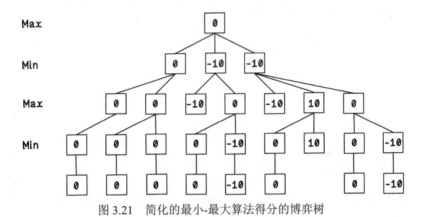

图 3.21 简化的最小-最大算法得分的博弈树

伪代码

最小-最大搜索算法常用递归函数实现。这一函数需要我们提供以下参数：当前状态、所需搜索深度、最小化或最大化模式以及最后一步移动。完成了树中每一深度的所有子节点对应的最佳移动和分数的计算后，算法终止。将代码与图 3.15 中的流程图进行比较，可以发现，检查当前模式是最大化还是最小化的条件虽然在流程图看起来相当繁杂，但是在代码实现中并非如此。在伪代码中，1 或-1 分别代表当前回合模式为最大化或最小化。借助一些巧妙的逻辑，我们可通过负数乘法的原理来实现最佳分数、条件设置和状态切换；根据负数乘法原理，一个负数乘以另一个负数会得到一个正数。所以，如果-1 表示对手的回合，则-1 乘以-1 得到 1，表示本轮回合为玩家的回合。然后，对于下一轮，当前回合状态 1 乘以-1 的结果是-1，表示我们又一次回到了对手的回合。

```
minmax(state, depth, min_or_max, last_move):
  let current score equal state.get_score
  if current_score is not equal to 0 or state.is_full or depth is equal to 0:
    return new Move(last_move, current_score)
  let best_score equal to min_or_max multiplied by -∞
  let best_move = -1
  for each possible choice (0 to 4 in a 5x4 board) as move:
    let neighbor equal to a copy of state
    execute current move on neighbor
    let best_neighbor equal minmax(neighbor, depth -1, min_or_max * -1, move)
    if (best_neighbor.score is greater than best_score and min_or_max is MAX)
    or (best_neighbor.score is less than best_score and min_or_max is MIN):
      let best_score = best_neighbor.score
      let best_move = best_neighbor.move
  return new Move(best_move, best_score)
```

3.3.4　阿尔法-贝塔剪枝：仅探索合理的路径

　　开发人员常将阿尔法-贝塔剪枝这一技术与最小-最大搜索算法结合起来使用，以裁剪掉博弈树中已知会产生不良解的区域。这一技术对最小-最大搜索算法进行优化，裁剪掉无关紧要的路径，能有效节省计算量。因为我们知道四子棋游戏例子中的博弈树规模是如何激增的，所以我们能清楚地看到，对路径的裁剪将显著提高性能(如图 3.22 所示)。

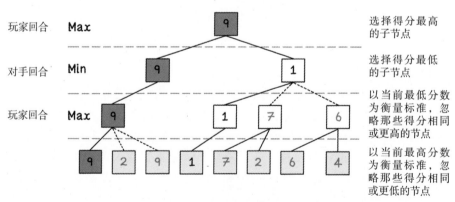

图 3.22　阿尔法-贝塔剪枝示例

　　下面来看一下阿尔法-贝塔剪枝算法的工作原理：将最大化得分玩家的最佳分数存储为 α(alpha，念作阿尔法)，将最小化得分玩家的最佳分数存储为 β(beta，念作贝塔)。算法开始时，将 α 初始化为负无穷大，β 初始化为正无穷大——每个玩家当前的分数都是最差的。如果最小化得分玩家的最佳分数小于最大化得分玩家的最佳分数，那么已访问节点的其他子路径将不会影响最佳分数。

　　图 3.23 说明了在最小-最大搜索流程中，阿尔法-贝塔剪枝算法所带来的改变。阿尔法-贝塔剪枝算法使最小-最大搜索算法流程增加的步骤已突出显示。

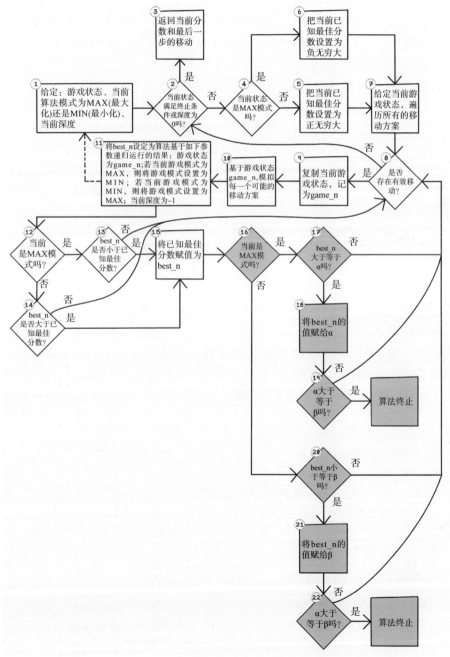

图 3.23　引入阿尔法-贝塔剪枝算法后最小-最大搜索算法的流程图

下列步骤是对最小-最大搜索算法的补充。设置了这些条件后，当新发现的最佳分数不会改变结果时，路径探索将终止。

(16) 当前是 MAX 模式吗？ 确定当前回合算法的目标是最大化还是最小化得分。

(17) best_n 大于等于 α 吗？ 如果当前回合的目标为最大化得分，并且当前最佳分数大于等于 α，则可推断当前节点的子节点中不包含更好的解，故允许算法忽略当前节点。

(18) 将 best_n 的值赋给 α。 将变量 alpha 的值更新为 best_n 的值。

(19) α 大于等于 β 吗？ 如前所述，若在当前节点所能找到的最优解并没有比其他路径的得分更好，则不必对当前节点的其余子节点进行探索，不妨终止当前探索，进入下一个循环。

(20) best_n 小于等于 β 吗？ 如果当前模式的目标为最小化得分，并且当前最佳分数小于等于 β，则可推断当前节点的子节点中不包含更好的解，故允许算法忽略当前节点。

(21) 将 best_n 的值赋给 β。 将变量 beta 的值更新为 best_n 的值。

(22) α 大于等于 β 吗？ 如前所述，若在当前节点所能找到的最优解并没有比其他路径的得分更好，则不必对当前节点的其余子节点进行探索，不妨终止当前探索，进入下一个循环。

伪代码

在很大程度上，融合了阿尔法-贝塔剪枝算法的伪代码与最小-最大搜索算法的代码相同；最关键的不同在于算法需要跟踪 α 和 β 的值，并在遍历树时维护这些值。注意，如果当前模式的优化目标为最小化得分(MIN)，变量 min_or_max 的值为 −1；如果当前模式的优化目标为最大化得分(MAX)，变量 min_or_max 的值为 1。

```
minmax_ab_pruning(state, depth, min_or_max, last_move, alpha, beta):
  let current score equal state.get_score
  if current_score is not equal to 0 or state.is_full or depth is equal to 0:
    return new Move(last_move, current_score)
  let best_score equal to min_or_max multiplied by -∞
  let best_move = -1
  for each possible choice (0 to 4 in a 5x4 board) as move:
    let neighbor equal to a copy of state
    execute current move on neighbor
    let best_neighbor equal
      minmax(neighbor, depth -1, min_or_max * -1, move, alpha, beta)
    if (best_neighbor.score is greater than best_score and min_or_max is MAX)
```

```
or (best_neighbor.score is less than best_score and min_or_max is MIN):
    let best_score = best_neighbor.score
    let best_move = best_neighbor.move
    if best_score >= alpha:
        alpha = best_score
    if best_score <= beta:
        beta = best_score
if alpha >= beta:
    break
return new Move(best_move, best_score)
```

3.3.5　对抗搜索算法的典型案例

现实世界中，知情搜索算法具有较强的通用性，广泛应用于各种场景，例如：

- *在具备完全信息的回合制游戏中创建智能玩家*——某些游戏中有两个以上的玩家在同一环境中行动，可利用对抗搜索算法来创建智能玩家。具备完全信息的游戏指的是不存在隐藏信息或随机概率的游戏。在国际象棋、跳棋和其他经典棋类游戏等完全信息游戏中，人工智能算法已成功与人类分庭抗礼。

- *在不具备完全信息的回合制游戏中创建智能玩家*——这些游戏包含一定隐藏信息或随机概率，随机性的存在会对未来游戏的局面发展造成影响。这类游戏包括扑克和拼字游戏等。

- *针对路线优化的对抗性搜索和蚁群优化算法(ACO)*——可将对抗性搜索算法与蚁群优化算法(将在第 6 章中讨论)结合起来使用，以优化给定城市中的包裹递送路线。

3.4　本章小结

知情搜索算法引入了更多智能。

尽管启发式往往难以设计，但是一个好的启发式有助于更高效地找到解。

A*搜索利用启发式与节点深度信息来寻找最优解。

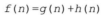

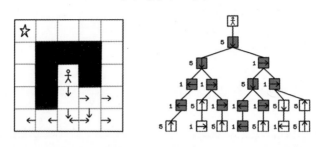

如果存在影响环境变化的因素，不妨试一试对抗搜索算法(如最小-最大算法)。

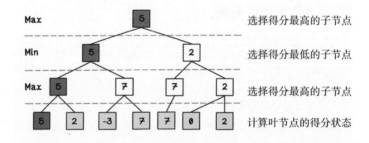

通过裁剪次优路径，阿尔法-贝塔剪枝算法能对最小-最大搜索算法进行有效优化。

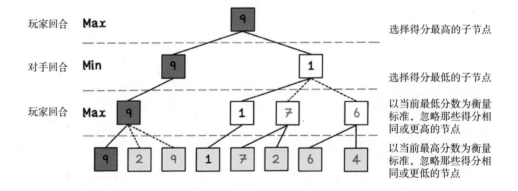

进化算法 | 第 **4** 章

本章内容涵盖：
- 进化算法的灵感来源
- 用进化算法解决问题
- 了解遗传算法的生命周期
- 设计和开发遗传算法以解决优化问题

4.1 什么是进化？

当我们观察周围的世界时，有时会想知道我们所看到的和与我们相互作用的一切是如何形成的。进化论是解释这一切的一种方法。进化论认为，我们今天看到的生物体并不是突然以这种方式存在的，而是经过数百万年的微妙变化，不断进化而来的，每一代都在适应其环境。这意味着，每一个生物的物理特征与认知特征都是最适合其生存环境的进化结果。进化论还告诉我们，通过繁殖活动，生物体生出混合基因(从亲本那里获得的基因)的后代，进而产生进化。考虑到这些个体在环境中的适应性，更强壮的个体有更高的生存可能性。

我们经常会犯这样的错误：以为进化是一个线性过程，且每一代会发生明显的变化。事实上，进化在不同的阶段会有不同的结果，整个过程要比我们想象的混乱得多。通过基因的繁殖与融合，一个物种会产生许多变种。需要注意的是，进化这一过程可能需要数千年之久，通过观察和比对每个时间帧内物种种群中的大量个体，我们才能认识到物种进化带来的显著差异。图 4.1 对比了我们眼中的人类进化过程(某个常见的错误版本)与实际的进化过程。

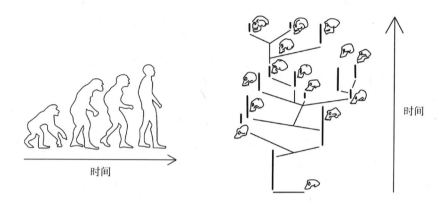

图 4.1　以人类的进化为例对比线性进化与实际进化

查尔斯·达尔文提出了以自然选择为中心的进化论。自然选择是这样一个概念：种群中更强壮的成员更有可能生存下来，因为它们更适应自己所生存的环境，这也意味着它们能繁殖更多的后代，并把有利于生存的特征传给后代——这些后代可能会比它们的祖先表现得更好。

适者生存这一理论的经典案例是胡椒蛾[1]。胡椒蛾最初的颜色很浅，这是其抵御捕食者的良好伪装——因为浅色的胡椒蛾可在环境中与浅色表面融为一体，很难被捕食者发现。在工业污染以前，树林中的树干被地衣所覆盖，树干呈浅色，浅色的胡椒蛾在树干上易于隐蔽，不易被鸟吃掉，所以那时候只有约2%的胡椒蛾是深色的。工业革命后，人们发现大约有95%的胡椒蛾是深色的。一种可能的原因是，工业革命所产生的污染使地衣死去，乌黑的树干露了出来，颜色较浅的蛾子不能再与深色的树干表面融为一体，因而更容易被捕食者发现。因此，颜色更深的蛾子在深色表面存活时间更长，也就能繁殖更多的后代，使它们的遗传信息更广泛地传播下来。

在胡椒蛾的案例中，变化较为显著的生物属性是蛾的颜色。然而，这个属性并没有在某一时刻发生神奇的改变。为了使这种变化发生，那些颜色较深的蛾子的基因必须能传给后代。

在自然进化的其他例子中，我们可能会发现，不同个体之间的差异不仅在于颜色，还涉及其他方面的巨大变化，但实际上，这些变化是低级遗传差异通过许多代不断积累而形成的(如图4.2所示)。

1　译者注：胡椒蛾(Biston betularia)身呈灰白色，其上散布一些黑点，就像撒了"胡椒粉"一般，故名胡椒蛾(peppered moth)。

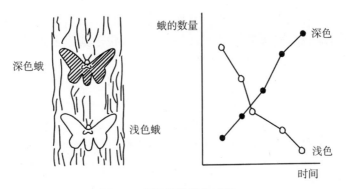

图 4.2　胡椒蛾的进化过程

进化论包括这样一种观点：在一个物种的种群中，成对的生物体能够繁殖。繁殖所产生的后代基因来自亲本基因的组合，但通过一个名为突变的过程，后代的基因能发生微小的变化。然后，后代成为种群的一部分。然而，并不是种群中所有个体都能将自己的基因传递下来。众所周知，疾病、伤痛或其他因素都会导致个体死亡。那些对周围环境适应性强的个体更有可能生存下去，这就产生了"适者生存"的说法。基于达尔文进化论，种群具有以下属性：

- *多样性*——群体中的个体具有不同的遗传特征。
- *遗传性*——后代能从亲本那里继承基因特性。
- *选择性*——一种衡量个体适应性的机制。较强壮的个体生存的可能性更高(适者生存)。

这些属性意味着在进化过程中会发生下列事情(如图 4.3 所示)：

- *繁殖*——通常，种群中的两个个体通过繁殖产生后代。
- *交叉与突变*——通过繁殖产生的后代基因来自亲本基因的组合，同时，其遗传密码会发生细微的随机变化。

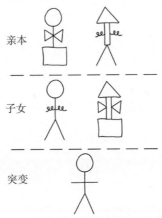

图 4.3　繁殖与突变的简单示例

　　总而言之，进化是一个奇妙而混乱的系统，它产生了各种各样的生命形式，对于特定环境下的特定事物而言，某些生命形式优于其他生命形式。这个理论也适用于进化算法，科学家们借助生物进化涉及的知识来寻找实际问题的最佳解决方案：进化算法生成各式各样的解决方案，经过多次融合和迭代，最终尝试着收敛到某个表现更好的解决方案上。

　　本章和第 5 章致力于探索进化算法，这是一种适用于解决困难问题的强大方法，但它常常被低估。进化算法可单独使用，也可与神经网络等结构结合使用。深刻理解这一概念能使你拓宽思路，为你解决各个领域的新问题提供更多可能。

4.2　适合用进化算法的问题

　　进化算法并不适用于所有问题，但它们在解决由大量排列或选择组成的优化问题时非常有效。这些问题通常有许多有效的解决方案，但是其中一部分方案比另一部分更优。

　　不妨先来考虑一下背包问题——计算机科学领域中用于研究算法的运行方式和执行效率的一个经典问题。在背包问题中，首先要给定某个背包所能承受的最大重量。此外，要给定一系列能装进背包里的物品，每样物品都具有不同的重量和价值。算法的目标是将尽可能多的物品放入背包以使总价值最大化，但放进背包的物品总重量不能超过背包的负重限制。在背包问题的最简单的设定中，我们暂且忽略物品的大小、形状和尺寸(如图 4.4 所示)。

图 4.4　背包问题的一个简单示例

举个简单的例子，按照表 4.1 中给定的问题描述，结合图 4.4 所示信息，我们现在有一个可承受 9kg 重量的背包,还有 8 个具备不同重量和价值的物品可供挑选。

表 4.1　背包负重限制：9kg

物品编号	物品名称	重量/kg	价值/美元
1	珍珠项链	3	4
2	金条	7	7
3	皇冠	4	5
4	金币	1	1
5	斧子	5	4
6	宝剑	4	3
7	戒指	2	5
8	杯子	3	1

这个问题有 255 种可能的解决方案，下面给出了几个典型的例子(如图 4.5 所示):

- 解决方案 1——包括物品 1、物品 4 和物品 6。总重量 8kg，总值 8 美元。
- 解决方案 2——包括物品 1、物品 3 和物品 7。总重量 9 kg，总值 14 美元。
- 解决方案 3——包括物品 2、物品 3 和物品 6。总重量 15 kg，超出背包负重限制。

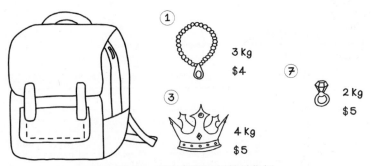

图 4.5　背包问题示例的最优解

显然，总价值最高的解决方案是方案 2。现在不用太计较上面提到的可能的解决方案的数量是如何计算出来的，但要明白，随着物品数量的增加，潜在解决方案的数量会爆炸式增长。

虽然这个简单的例子可通过手算来解决，但背包问题可能有不同的负重约束，不同的物品数量，并且每个物品可能具有不同的重量和价值……随着背包问题涉及的变量数目增加，问题的复杂度将会超出手算的能力范围。当变量数目增长到一定程度时，遍历每一种物品组合的计算成本也会变得很高；因此，我们需要一种能高效地找到理想解决方案的算法。

注意，这里把能找到的最佳解决方案定性为理想解决方案，而不是最优解决方案。虽然有些算法试图找到背包问题真正的最优解，但是对进化算法而言，尽管它试图找到最优解，但不一定能找到。然而，这一算法将找到一个对当前问题来说可接受的解决方案——从主观上来说，何为可接受的解决方案，取决于问题本身。例如，对于尝试检测某个致命疾病的健康评估系统来说，一个"足够好"的解决方案可能是不够的；但是对于某个音乐推荐系统而言，一个"理想解决方案"是可接受的。

现在，我们来看一下表 4.2 中展示的更大的数据集(是的，一个巨大的背包)，这一问题涉及的物品数量及其对应的重量和价值使我们很难通过手算来解决该问题。了解了这个数据集的复杂性之后，你可以很容易地理解，为什么许多计算机科学领域的算法是根据它们解决此类问题时的性能来衡量其优劣的。对于某一个算法来说，它的性能被定义为解决某个问题的能力和程度，而不一定是计算效率。在背包问题中，能产生更高总价值的解决方案表现得更好。进化算法为我们提供了一种解决背包问题的方法。

表 4.2　背包容量：6 404 180kg

物品编号	物品名称	重量/kg	价值/美元
1	斧子	32 252	68 674
2	铜币	225 790	471 010
3	皇冠	468 164	944 620
4	钻石雕像	489 494	962 094
5	翡翠腰带	35 384	78 344
6	化石	265 590	579 152
7	金币	497 911	902 698
8	头盔	800 493	1 686 515
9	墨水	823 576	1 688 691
10	珠宝盒	552 202	1 056 157
11	小刀	323 618	677 562
12	长剑	382 846	833 132
13	面具	44 676	99 192
14	项链	169 738	376 418
15	欧泊[1]胸针	610 876	1 253 986
16	珍珠项链	854 190	1 853 562

---

1 译者注：欧泊，一种宝石，其英文为 Opal，源于拉丁文 Opalus，意思是"集宝石之美于一身"。

（续表）

物品编号	物品名称	重量/kg	价值/美元
17	箭囊	671 123	1 320 297
18	红宝石戒指	698 180	1 301 637
19	银手镯	446 517	859 835
20	钟表	909 620	1 677 534
21	校服	904 818	1 910 501
22	毒液	730 061	1 528 646
23	羊毛围巾	931 932	1 827 477
24	十字弓	952 360	2 068 204
25	绝版书	926 023	1 746 556
26	奖杯	978 724	2 100 851

　　直观上，可使用暴力搜索算法来解决这个问题。这种算法需要计算所有可能的物品组合，并确定其中能满足背包重量约束的各个组合的总价值，直到找出最佳解决方案为止。

　　图 4.6 显示了暴力搜索算法的一部分基准分析数据。注意，这里的计算时间是基于普通个人电脑测出的。

组合	2^26 = 67 108 864
迭代数目	2^26 = 67 108 864
精度	100%
计算时间	约7分钟

图 4.6　用于解决上述背包问题的暴力搜索算法性能分析

　　请记住上述背包问题的设定，本章中将反复使用这一案例；我们也将尝试理解、设计并开发一种遗传算法，以找出这个问题的某种可接受的解决方案。

注意　关于"性能"(performance)这一术语的注释：从单一解决方案的角度来看，性能是指该解决方案解决问题的能力和效果。从算法的角度来看，性能则是指在给定条件下某个算法寻找解决方案的能力。最后，性能也可能指计算复杂度。请记住，"性能"这一术语的含义因上下文而异。

　　使用遗传算法来解决背包问题背后的思想可应用于一系列的实际问题。例如，如果物流公司希望根据不同目的地来优化卡车运送策略，遗传算法将会很有效。如果该公司想找出一系列给定目的地之间的最短路线，遗传算法也可发挥作用。如果工厂通过传送带系统将物品精炼成原材料，并且物品的传送顺序会影响生产效率，那么遗传算法将有助于确定物品顺序。

当深入研究遗传算法的思想、方法和生命周期时，我们将明白这种强大的算法可应用在什么地方，也许你会将其用到你的工作中。要记住，遗传算法具有随机性，这意味着在每次运行时，算法都可能带来不同的输出。

4.3　遗传算法的生命周期

遗传算法是进化算法簇中的一种特殊算法。进化算法簇中的每种算法都在进化理论给出的相同前提下运行，但会在其生命周期的不同阶段作出一些微调，以适应不同的问题。在第 5 章中，我们将进一步探讨进化算法的参数设定。

遗传算法用于评估大的搜索空间，以寻求好的解决方案。值得注意的是，遗传算法并不能保证找到绝对意义上的最优解；当然，它试图寻找全局最优解，同时避免局部最优解。

全局最优解是所有可能的解决方案中最好的那个，而局部最优解是次优的选择。图 4.7 展示了全局最优解和局部最优解的一种分布，这里的算法目标是最小化解决方案，也就是说，解决方案的值越小越好。如果算法的目标是最大化解决方案，就意味着值越大越好。像遗传算法这样的优化算法旨在逐步寻找局部最优解，并迭代收敛到全局最优。

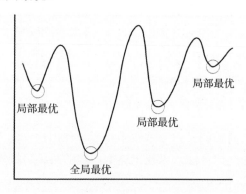

图 4.7　局部最优解与全局最优解

在配置算法的参数时，需要格外谨慎；我们希望算法在开始时先尽可能获取多样化的解决方案，然后，通过每一代迭代逐渐向更好的解决方案靠拢。在算法开始阶段，备选解决方案在个体遗传属性上应该有很大差异。如果初始的解决方案缺乏多样性，那么陷入局部最优的风险就会增大(如图 4.8 所示)。

遗传算法的配置是基于问题空间的。每个问题都有其独特的上下文和表示数据的领域，评估其解决方案的方法也不同。

一般来说，遗传算法的生命周期如下：

- *创建一个种群*——随机创建一个种群,其中每个个体表示一种潜在的解决方案。

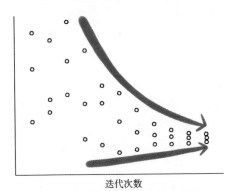

迭代次数

图 4.8　多样化解决方案逐渐收敛

- *衡量种群中个体的适应度*——尝试衡量给定解决方案的优劣。可通过一个适应度函数来完成这项任务,适应度函数对给定的解决方案进行评分,以确定它们的优劣。
- *根据适应度来选择亲本*——选择更适合繁殖后代的亲本。
- *由亲本繁殖个体*——通过混合来自亲本的遗传信息,并对其后代施加轻微突变,就可由给定亲本繁殖后代个体。
- *繁衍下一代*——从种群中筛选能存活到下一代的个体与后代。

遗传算法的实现需要一系列步骤。这些步骤构成了遗传算法生命周期的各个阶段(如图 4.9 所示)。

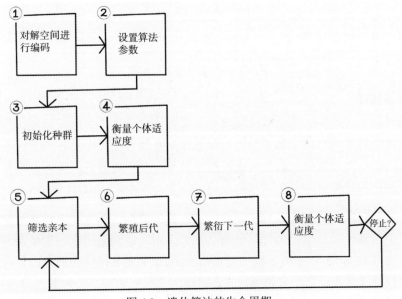

图 4.9　遗传算法的生命周期

现在回顾一下背包问题，应该如何使用遗传算法来找到问题的解决方案呢？下一节将深入探讨这个过程。

4.4　对解空间进行编码

当我们使用遗传算法时，最重要的是正确地完成编码步骤，这需要我们仔细设计各种可能的状态表达。这里提到的状态是一种符合特定规则的数据结构，代表着问题的潜在解决方案。此外，状态的集合形成种群(如图 4.10 所示)。

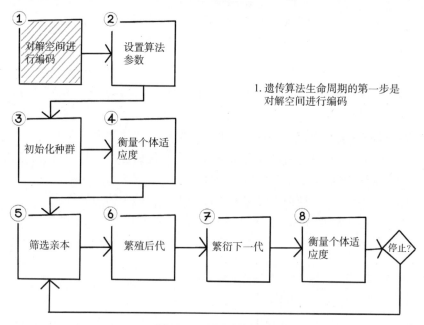

图 4.10　对解空间进行编码

术语解释

就进化算法而言，单个候选解被称为染色体。染色体由基因组成。基因是构成染色体的特征单元的逻辑类型，等位基因是存储在对应单元中的实际值。基因型是某一类解决方案的代表，而表现型特指某一个解决方案。染色体的集合形成一个种群，而种群中的染色体总是有相同数量的基因(如图 4.11 所示)。

在背包问题中，有一系列不同的物品可装入背包。如果一个潜在的解决方案包含其中一部分物品但不包含其他物品，可采用二进制编码这一简单的方法来描述该解决方案(如图 4.12 所示)。二进制编码用 0 来表示排除，即该位置对应的物品不会被装入背包；用 1 来表示包含，即该位置对应的物品会被装入背包。例如，如果基因第 3 位对应的值为 1，则该项被标记为包含。完整描述背包问题解决方案的二进制字符串总是具有相同的长度，也就是说可供选择的物品数量始终不变。
当然，还存在其他几种编码方案，第 5 章将详细描述。

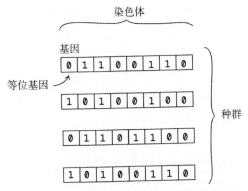

图 4.11 用于表达解决方案种群的数据结构术语示意

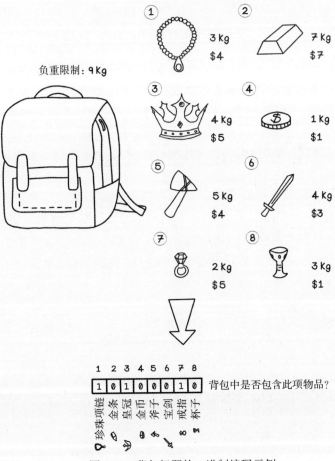

图 4.12 背包问题的二进制编码示例

二进制编码：用 0 和 1 表示可能的解决方案

二进制编码用 0 或 1 来表示一个基因，所以染色体是由一串二进制位来表示的。二进制编码可用多种方式来表示某个特定元素的存在，甚至可将给定的任意数值编码为二进制数。二进制编码的优点是，由于使用了基础计算单元类型，它通常具有更好的性能。使用二进制编码的解决方案对工作内存的需求更低；如能使用合适的编程语言，二进制运算能达到更快的计算速度。但我们必须审慎思考，以确保设计的二进制编码对于给定的问题是有意义的，能很好地代表潜在的解决方案；否则，算法可能表现不佳(如图 4.13 所示)。

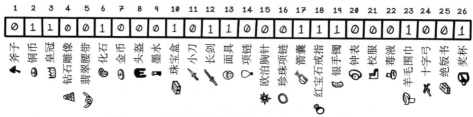

图 4.13　对背包问题的较大数据集进行二进制编码

给定背包问题的数据集，其中包含 26 种具有不同重量和价值的物品，可使用二进制字符串来表示每种物品是否被包含在背包中。结果是一个 26 位的字符串，对于字符串中的每个位置，0 表示排除对应位代表的物品，1 表示包含对应位代表的物品。

其他编码方案(包括实值编码、顺序编码和树编码)将在第 5 章中讨论。

练习：请设计适合下列问题的编码方式

假设我们有一个句子(如下所示)，希望利用遗传算法来确定其中哪些单词可被删除或保留，同时不影响这句话在语法上的正确性。

```
THE QUICK BROWN FOX JUMPS OVER THE LAZY DOG
```

错误的语法：

```
THE         BROWN     JUMPS OVER
    QUICK         FOX           OVER THE
THE               FOX           THE LAZY
```

正确的语法：

```
THE QUICK         FOX
    QUICK         FOX JUMPS
THE       BROWN FOX                       DOG
THE       BROWN                 LAZY DOG
THE QUICK                               DOG
    QUICK               OVER THE         DOG
THE QUICK                       LAZY DOG
```

*此处省略标点符号

解决方案：请设计适合下列问题的编码方式

因为可供选择的词汇总是相同的，词汇在句中所处的位置也不变，所以可用二进制编码来表示句中对应词汇的去留。这里的染色体包含 9 个基因，每个基因代表句中的一个单词。

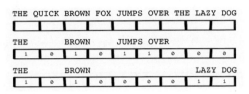

4.5 创建解决方案种群

首先，创建解决方案种群。遗传算法的第一步是对该问题的随机潜在解进行初始化。在初始化种群的过程中，虽然染色体是随机生成的，但仍须考虑问题的约束条件；如果潜在解违反约束条件，那么它们将被赋予一个极低的适应度，否则，我们会认为潜在解是有效的。种群中并非每个个体都能很好地解决问题，但它们仍然是有效的。在前面提到的将物品装入背包的例子中，指定把同一物品多次装入背包的解决方案应该是无效的，不应成为潜在解决方案种群的一部分(如图 4.14 所示)。

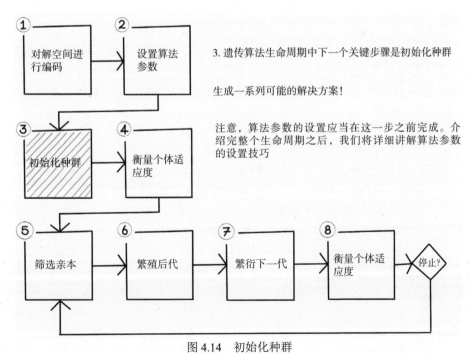

图 4.14 初始化种群

　　确定如何表示背包问题的解决方案状态之后，该算法随机决定每种物品是否应该包含在背包中。也就是说，这里只考虑满足背包重量限制的解决方案。如果简单地从左向右遍历物品列表，并随机选择是否包含该物品，那么会出现如下问题：它偏向于选择位于染色体左侧的物品。同样，如果从右边开始遍历物品列表，算法就会偏向选择位于染色体右侧的物品。为了避免这一问题，可先生成一个具有随机基因的完整解，然后检查它是否违反某个约束，以确定该解是否有效。若发现无效解，则为其分配一个极低的适应度，以解决这个问题(如图 4.15 所示)。

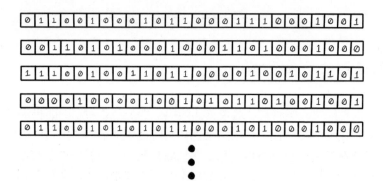

种群规模

图 4.15　解决方案种群示例

伪代码

　　为了生成可能解的初始种群，需要创建一个空数组来保存种群中的个体。然后，对于种群中的每个个体，我们需要创建一个空数组来保存该个体的基因。每个基因被随机设置为 1 或 0，以表示该基因所对应的物品是否包括在背包内。

```
generate_initial_population (population_size, individual_size)
    let population be an empty array
    for individual in range 0 to population_size
        let current_individual be an empty array
        for gene in range 0 to individual_size
            let random_gene be 0 or 1 randomly
            append random_gene to current_individual
        append current_individual to population
    return population
```

4.6　衡量种群中个体的适应度

完成种群的创建之后，需要确定种群中每个个体的适应度。适应度定义了个体所对应的解决方案的性能。适应度函数对遗传算法的生命周期至关重要。如果衡量个体适应度的方法是错误的，或者不能向最优解收拢，那么新个体的亲本和新后代的筛选过程将受到影响；也就是说，遗传算法将会出现缺陷，无法收敛到潜在的最佳解决方案。

适应度函数类似于我们在第 3 章中探索的启发式。如果想找到好的解决方案，就需要以适应度函数作为指南(如图 4.16 所示)。

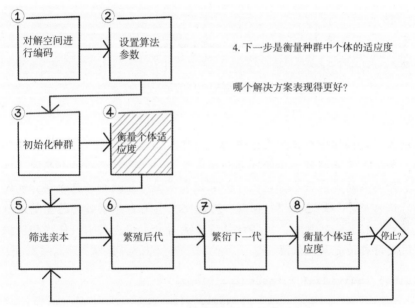

图 4.16　衡量种群中个体的适应度

在本示例中，解决方案尝试最大化背包中物品的价值，同时需要遵守背包总负重限制的约束。适应度函数能衡量个体解决方案所对应的背包中物品的总价值。结果是，较高的总价值对应的个体解决方案更"适应"这一环境。注意，图 4.17展示了一个无效的个体解决方案，需要强调的是，它的适应度分数将被设定为 0。这是一个糟糕的分数，因为这一解决方案对应的物品总重量超过了问题中设定的背包负重限制，即 6 404 180。

根据要解决的问题，算法的目标可能是最小化或最大化适应度函数的得分。在背包问题中，我们希望背包内物品的价值可在约束条件下最大化，或者背包中的空余容量可最小化。具体的算法取决于我们对问题的解释。

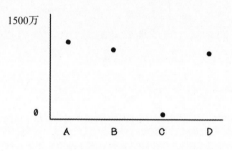

图 4.17　衡量种群中个体的适应度

为了计算背包问题中个体解决方案的适应度，必须确定每个个体所含物品的价值总和。为此，可先将背包中的物品总值设置为 0，然后遍历每个基因，以确定它所代表的物品是否包含在背包内。如果该项基因对应的物品包含在背包内，则该物品价值将被添加到总值中。同样，可通过计算背包中物品的总重量来确保解决方案有效。在算法实现中，可将计算适应度得分和检查约束条件这两项操作分开，以便更清楚地分离关注点。

```
calculate_individual_fitness (individual,
                              knapsack_items,
                              knapsack_max_weight)
  let total_weight equal 0
  let total_value equal 0
  for gene_index in range 0 to length of individual
    let current_bit equal individual[gene_index]
    if current_bit equals 1
      add weight of knapsack_items[gene_index] to total_weight
      add value of knapsack_items[gene_index] to total_value
  if total_weight is greater than knapsack_max_weight
    return value as 0 since it exceeds the weight constraint
  return total_value as individual fitness
```

4.7 根据适应度得分筛选亲本

遗传算法的下一步是选择能产生新个体的亲本。在达尔文的进化理论中，更健康(适应度更高)的个体比其他个体更可能繁殖，因为它们通常寿命更长。此外，由于这些个体在其环境中的卓越表现，这些个体具有理想的遗传属性。与此同时，即使一些个体在整个种群中并非适应度最高的那些，它们也可能会进行繁殖，这些个体虽然从整体上来看并不强壮，但它们具备的某些特征可能带来很好的表现。

每个个体都有一个计算得出的适应度，用于确定它被选为新个体亲本的概率。这个属性使得遗传算法在本质上具有随机性(如图 4.18 所示)。

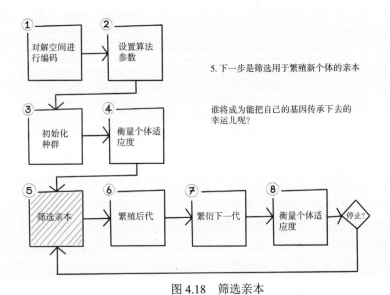

图 4.18 筛选亲本

根据适应度来选择亲本的常用方法是"轮盘赌"。这种策略根据不同个体的适应度，在给定的轮盘上为其分配不同份额。然后"旋转"轮盘，根据指针所指的位置，选择一个个体。更高的适应度能让个体在轮盘上获得更大的份额。不断重复这一过程，直到所选出的亲本数量达到期望。

通过计算 16 个具有不同适应度的个体的概率，在轮盘上为每个个体分配一个扇形区域。因为很多个体表现相似，所以轮盘上出现了很多大小相近的扇形(如图 4.19 所示)。

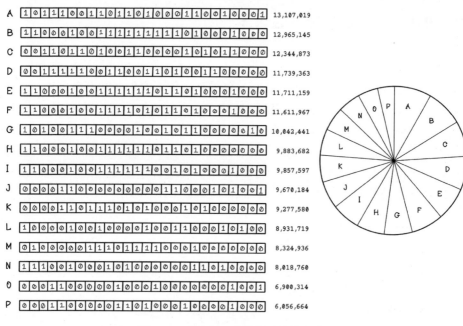

图 4.19 确定每个个体被选中的概率

用于繁殖新后代的亲本的数量由预期的后代总数决定，也就是由每一代所需的种群规模决定。在每一次繁殖过程中，选择两个个体作为亲本，然后基于它们的基因创造后代。选择不同的亲本繁殖后代(同一个个体可能会不止一次地成为亲本)，这个过程重复进行，直到产生所需数量的后代。根据算法设定，一对亲本可通过混合基因来繁殖一个个体，也可产生两个个体。本章后面将进一步阐明这一概念。在背包问题的例子中，适应度更高的个体是那些在遵守重量限制的前提下能给出最大的物品总价值的组合。

种群模型是用于控制种群中个体基因多样性的方法。稳态模型和世代模型是两种各有利弊的种群模型。

1. 稳态模型：每一代替换部分个体

这种高层次的种群管理方法并非其他筛选策略的替代方案，而是关于如何使用具体筛选策略的方案。稳态模型的思想是保留种群中原有的大部分个体，只去掉一小部分较弱(适应度较低)的个体，代之以新的后代。这个过程模拟了生物群体出生和死亡的循环：种群中弱的个体死亡，新的个体通过繁殖产生。如果种群中有 100 个个体，那么其中一大部分是现有个体，一小部分将是通过繁殖产生的新个体。譬如说，在种群中，可能有 80 个个体来自当前这一代，另外有 20个个体是新产生的。

2. 世代模型：每一代都替换全部个体

和稳态模型类似，这种高层次的种群管理方法也是一种关于如何使用具体筛选策略的方案，而非其他筛选策略的替代方法。世代模型在繁殖过程中创造与种群规模相等的后代个体，并用新产生的后代来替换整个种群。如果种群中有 100 个个体，那么每一代将通过繁殖产生 100 个新个体。稳态模型和世代模型是遗传算法配置的首选。

3. 轮盘赌：筛选亲本和幸存个体

适应度得分更高的染色体显然更容易被选中，但那些适应度分数较低的染色体仍有一定概率(尽管很小)幸存下来。术语"轮盘赌"来自一种在赌场中很常见的博彩游戏，在这一游戏中，轮盘会被分成一个个小格子，玩家选定格子进行投注。一种典型的玩法是，庄家在轮盘转动时丢一颗弹珠到轮盘中；当轮盘停止转动时，弹珠所落入的格子对应的玩家获胜。

在这个类比中，染色体会被分配到轮盘的格子上。适应度得分较高的染色体对应的格子大一些，而适应度分数较低的染色体对应较小的格子。染色体是被随机选择的，就像弹珠随机落在轮盘上的某个格子中一样。

这个类比也是概率选择(基于给定的概率分布作出选择)的一个例子。种群中的每个个体都有被选中的机会，不管这个机会是小还是大。某个个体被选中的概率将影响本章前面提到的种群多样性和解决方案收敛速度，如前面的图4.19所示。

伪代码

首先，需要确定每个个体被选中的概率。以给定个体的适应度除以种群中所有个体的总适应度，即可计算出给定个体被选中的概率。基于此，可使用轮盘赌来选择。"轮子"会不断被"旋转"，直到选出期望数量的个体。对于每次"旋转"，程序将随机生成一个介于 0 和 1 之间的浮点数。如果这个浮点数落在了某个个体的适应度得分所对应的格子之内，这一个体就被选中了。其他的概率方法也可用来确定每个个体的概率，包括标准差——将个体的值与种群平均值进行比较。

```
set_probabilities_of_population (population)
  let total_fitness equal the sum of fitness of the population
  for individual in population
    let the probability_of_selection of individual...
        ...equal it's fitness/total_fitness


roulette_wheel_selection(population, number_of_selections):
  let possible_probabilities equal
      set_probabilities_of_population (population)
```

```
let slices equal empty array
let total equal 0
for i in range(0, number_of_selections):
    append [i, total, total + possible_probabilities[i]]
        to slices
    total += possible_probabilities[i]
let spin equal random(0, 1)
let result equal [slice for slice in slices if slice[1] < spin <= slice[2]]
return result
```

4.8　由亲本繁殖个体

完成了亲本的选择之后,需要通过亲本的繁殖行为产生新的后代。一般而言,由亲本双方创造后代有两个步骤。第一个概念是交叉,即把来自第一个亲本的一部分染色体和来自第二个亲本的一部分染色体混合,反之亦然。这个过程能产生两个后代,二者分别包含来自两个亲本的不同基因部分。第二个概念是突变,这意味着随机对后代的基因进行微调,从而在种群中产生基因型的突变(如图4.20所示)。

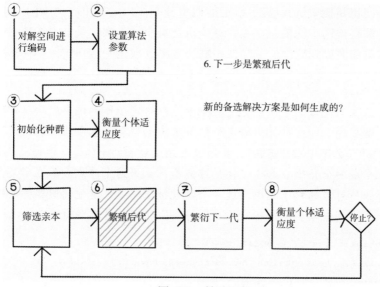

图 4.20　繁殖后代

交叉

交叉是指混合来自两个个体的基因,以产生一个或多个后代个体。交叉这一词汇的灵感来源于生物繁衍的概念。后代个体的基因来自其亲本的染色体,具体取决于所使用的交叉策略。交叉策略在很大程度上受到所用编码方式的影响。

4.8.1　单点交叉：从每个亲本继承一部分

在单点交叉策略中，首先选中染色体结构中的一个点作为染色体第一部分和第二部分的分界点；然后，按照前文所述的策略选出两个亲本，取第一个亲本染色体的第一部分，取第二个亲本染色体的第二部分。将这两个部分结合在一起，就可产生一个新的后代。与此类似，通过选取第二个亲本的第一部分染色体和第一个亲本的第二部分染色体，将其混合，可产生第二个后代。

单点交叉策略适用于二进制编码、顺序/置换编码和实值编码(如图 4.21 所示)。第 5 章将详细讨论这些编码方案。

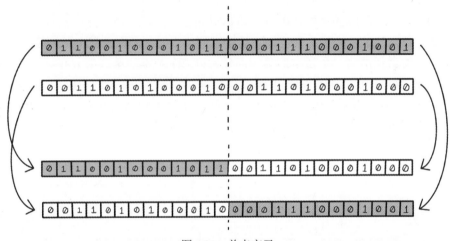

图 4.21　单点交叉

> **伪代码**

如果我们希望繁殖两个新的后代个体，不妨先创建一个空数组来保存新的个体。然后，我们取出亲本 A 染色体上从下标 0 到给定下标(xover_point)的所有基因，将其与亲本 B 染色体上从给定下标到染色体末端的所有基因串联，产生一个后代个体。与此类似，我们取亲本 B 染色体的前半部分和亲本 A 染色体的后半部分，产生第二个后代个体。

```
one_point_crossover (parent_a, parent_b, xover_point)

    let children equal empty array


    let child_1 equal genes 0 to xover_point from parent_a plus...
    ...genes xover_point to parent_b length from parent_b
    append child_1 to children
```

```
let child_2 equal genes 0 to xover_point from parent_b plus...
...genes xover_point to parent_a length from parent_a
append child_2 to children

return children
```

4.8.2　两点交叉：从每个亲本继承多个部分

　　选择染色体结构中的两个点；然后，根据前述问题中的两个亲本染色体，以交替的方式选择对应的染色体部分，以形成完整的后代个体。这个过程类似于前面讨论的单点交叉。为了完整地描述这个过程，不妨参考图 4.22 所示的案例。交叉所产生的后代由第一个亲本的第一部分、第二个亲本的第二部分和第一个亲本的第三部分组成。可将两点交叉想象成对不同数组进行拼接来创造新数组的过程。同样，可通过拼接亲代染色体的相反部分(第二个亲本的第一部分、第一个亲本的第二部分和第二个亲本的第三部分)来产生第二个后代个体。两点交叉适用于二进制编码和实值编码。

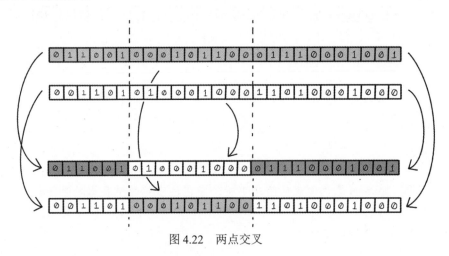

图 4.22　两点交叉

4.8.3　均匀交叉：从每个亲本继承多个部分

　　均匀交叉比两点交叉的繁衍策略更科学、合理。在均匀交叉中，需要创建一个掩码，并且它代表每个亲本的哪些基因将用于产生后代，同理，这一过程的对称操作可用来制造第二个后代。每次创建子代时，不妨随机生成掩码，以最大化种群多样性。一般而言，均匀交叉能创造更多样化的个体，因为后代的基因与他们的任何亲本相比都有很大的不同。均匀交叉适用于二进制编码和实值编码(如图 4.23 所示)。

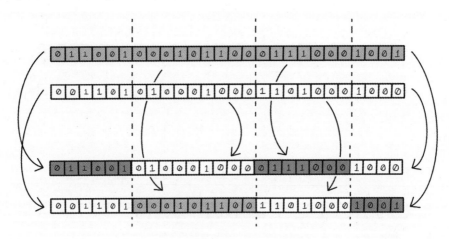

图 4.23　均匀交叉

突变

突变是指对后代个体进行微调,以促进种群多样性的算法。根据问题的性质和编码方法,可选择一种合适的突变算法。

突变算法的一个重要参数是突变率——后代染色体上基因发生突变的可能性。与真实世界中的生物类似,一部分染色体比其他染色体更易突变;后代也并非其亲本染色体的精确组合,而会包含微小的遗传差异。基因突变对于促进种群多样性和防止算法陷入局部最优解至关重要。

更高的突变率意味着个体发生突变的概率更高,或者说个体染色体中的基因发生突变的概率更高,这取决于突变策略。更多的突变意味着更高的种群多样性,但是过高的多样性可能会导致好的解决方案发生退化。

练习:采取均匀交叉策略,下图中的染色体会产生什么样的后代?

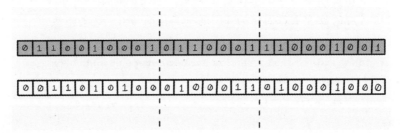

解决方案：采取均匀交叉策略，下图中的染色体会产生什么样的后代？

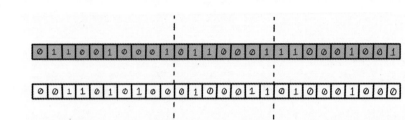

4.8.4 二进制编码的位串突变

在位串突变中，随机选择二进制编码染色体中的一个基因，并将其改为另一个有效值(如图 4.24 所示)。当使用非二进制编码时，可考虑使用其他突变机制。第 5 章将进一步讨论突变机制的细节。

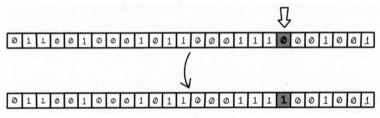

图 4.24 位串突变

伪代码

为了使个体染色体的单个基因发生突变，需要随机选择一个基因的下标。如果该下标所对应的位置上基因值为 1，则将其值改为 0，反之亦然。

```
mutate_individual (individual, chromosome_length)
    let random_index equal a random number between 0 and chromosome_length
    if gene at index random_index of individual is equal to 1:
        let gene at index random_index of individual equal 0
    else:
        let gene at index random_index of individual equal 1
    return individual
```

4.8.5　二进制编码的翻转位突变

　　翻转位突变方法将二进制编码染色体中的所有基因都翻转为相反的值。原本值为 1 的地方将变成 0，而原本值为 0 的地方变为 1。这种类型的突变可能会显著降低那些性能良好的解决方案的质量，通常在需要持续将多样性引入种群时使用(如图 4.25 所示)。

图 4.25　翻转位突变

4.9　繁衍下一代

　　衡量了个体在群体中的适应度，并成功繁殖出后代以后，下一步是决定哪些个体继续生存到下一代。种群的规模通常是固定的，因为算法通过繁殖引入了更多的个体，所以种群中的一部分个体必须凋亡并从种群中移除。

　　有人提出留下符合种群规模限制的最优秀的那部分个体，并淘汰其他个体，这看上去似乎是个好主意。然而，如果存活下来的个体在基因组成上相似，这种策略可能会造成基因多样性的停滞(如图 4.26 所示)。

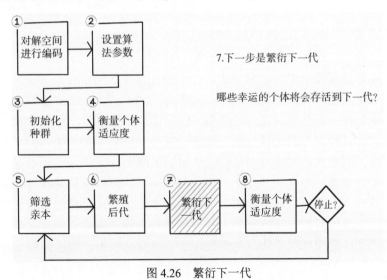

图 4.26　繁衍下一代

　　本节中提到的筛选策略可用来确定组成下一代种群的个体。

4.9.1　探索与挖掘

遗传算法的执行总是需要在探索和挖掘之间取得平衡。理想的情况是,种群中的个体基因具有较高的多样性,而且整个群体能在搜索空间中寻找完全不同的潜在解决方案,然后利用更强的局部解空间来找到最理想的解。这种情况的美妙之处在于,算法探索了尽可能多的搜索空间,同时随着个体的进化,利用其中更强的那部分解决方案来寻找更好的解(如图 4.27 所示)。

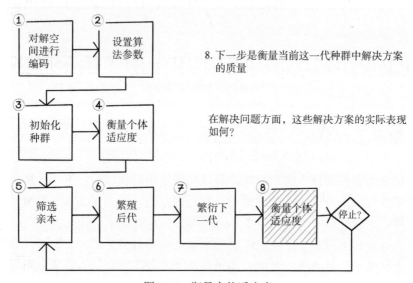

图 4.27　衡量个体适应度

4.9.2　停止条件

因为遗传算法通过不断迭代来寻找更好的解,所以我们需要为其设置停止条件;否则,算法可能会永远运行下去。停止条件是算法结束时需要满足的条件;当算法结束时,当代种群中最强的个体(适应度最高的个体)被选为最优解。

最简单的停止条件可以是一个常数——一个用于控制算法迭代次数的整数。另一种方法是在种群中的个体达到一定的适应度时停止运行。当我们已知所需的最小适应度,但是并不知道这一适应度所对应的解决方案时,可采用这种方法。

停滞是进化算法中存在的一个不可忽略的问题。停滞指的是在进化算法中,种群连续几代产生适应度相似的解。如果种群中个体的进化停滞不前,那么在未来几代产生表现更好的解决方案的可能性将很低。停止条件的设定也可着眼于每一代中最佳个体适应度的变化,如果发现适应度变化很小,则选择停止算法。

伪代码

现在,我们把遗传算法的各个步骤整合在一个主函数(run_ga)中,该函数可概括表达遗传算法的整个生命周期。除了交叉和突变步骤需要设置的交叉位置下标和突变率之外，其他需要设置的参数包括种群规模、算法的迭代次数、适应度函数以及背包容量限制。

```
run_ga (population_size, number_of_generations, knapsack_capacity):
  let best_global_fitness equal 0
  let global_population equal...
  ...generate_initial_population(population_size)
  for generation in range(number_of_generations):
    let current_best_fitness equal...
    ...calculate_population_fitness(global_population, knapsack_capacity)
    if current_best_fitness is greater than best_global_fitness:
      let best_global_fitness equal current_best_fitness
    let the_chosen equal...
    ...roulette_wheel_selection(global_population, population_size)
    let the_children equal...
    ...reproduce_children(the_chosen)
    let the_children equal...
    ...mutate_children(the_children)
    let global_population equal...
    ...merge_population_and_children(global_population, the_children)
```

正如本章开头所提到的，如果使用暴力方法来解决背包问题，就需要生成并分析 6 000 多万个组合。当我们对比该方法与旨在解决相同问题的遗传算法时，如果探索和挖掘的参数配置正确，遗传算法将实现高出许多的计算效率。请记住，在某些情况下，遗传算法会产生一个"足够好"的解——虽然这个解不一定是最好的解，但它是可被接受的。我们需要再次申明，遗传算法的选用取决于要解决的问题的具体情况(如图 4.28 所示)。

	暴力方法	遗传算法
迭代数目	2^26 = 67 108 864	10 000~100 000
精度	100%	100%
计算时间	约7分钟	约3秒钟
最佳解决方案总价值	13 692 887	13 692 887

图 4.28 暴力方法与遗传算法的性能对比

4.10 遗传算法的参数配置

在设计遗传算法并配置其参数时，需要作出几个对算法性能产生影响的决定。性能方面的关注点主要有两个：从精度的角度来看，算法应该致力于寻找当前问题的最佳解决方案；从计算效率的角度来看，算法应该能被高效地执行。如果遗传算法的计算成本比其他传统方法(如暴力搜索)更高，那就没必要选用遗传算法来解决当前问题。我们所采用的编码方法、适应度函数以及在算法中设定的其他参数，都会对算法的精度和效率产生影响。为了在寻求良好的解决方案的同时保证计算效率，我们需要考虑下列参数。

- *染色体编码方法*——我们需要对染色体编码方法再三斟酌，以确保它适用于当前问题，并确保潜在的解决方案能获取全局最大值。编码方法是遗传算法成功的核心。

- *种群规模*——种群规模是可被配置的另一个重要参数。种群规模越大，可选的解决方案就越多样化。然而，种群规模越大，每次迭代的计算量也越大。有时，过大的种群规模抵消了突变的需求，导致开始时种群多样性良好，但随着算法迭代，多样性逐渐消失。一个有效的方法是从某个较小的种群规模开始，并根据每代种群的表现逐步增大种群规模。

- *种群初始化*——虽然种群中的个体是随机初始化的，但为了确保解决方案的有效性，也为了优化遗传算法的计算效率，必须在合适的约束条件下对个体进行初始化。

- *后代数量*——每一代所需要繁衍的后代数量也是可配置的。在每一次繁殖后，种群中的一部分个体会消亡，以确保种群规模固定不变。更多的后代意味着更高的种群多样性，但是存在一种风险——为了腾出空间来容纳新的后代，原本种群中好的解决方案可能会被扼杀。如果种群规模被设置为动态的，那么种群中的个体数量可能在每一次繁殖后发生变化，但是这种方法需要更多的参数来控制。

- *亲本筛选方法*——用于选择亲本的筛选方法是可配置的。亲本筛选策略的定义必须基于问题的上下文和算法需要平衡的可探索性与可挖掘性。

- *交叉方法*——交叉方法与使用的编码方法相关，但通过配置这一参数，我们可将算法设计为鼓励或阻止种群多样性。无论如何设计交叉方法，我们都需要保证后代个体能产生有效的解。

- *突变率*——突变率是另一个可配置的参数，它会导致所繁衍的后代(或者说潜在解决方案)更加多样化。更高的突变率意味着更高的多样性，但是引入过高的多样性可能会使表现良好的个体恶化。突变率可随着时间的推移而变化，我们可使算法在早期引入更高的多样性，并在晚期逐渐减少多样性。这种设计也可描述为在开始时偏重于探索，在后期偏重于挖掘。

- *突变方法*——突变方法类似于交叉方法，因为它也取决于所使用的编码方法。突变方法需要具备一个重要的属性——突变后产生的新解决方案仍然是有效的；否则，我们需要为该个体分配一个极低的适应度分数。
- *世代筛选方法*——与亲本筛选方法非常相似，世代筛选方法需要选出能幸存到下一代的个体。如果选用了不合适的筛选方法，算法可能发生收敛过快、陷入停滞或过度探索等不利状况。
- *停止条件*——算法的停止条件必须基于问题的上下文设计，并能保证所获取的结果有意义。计算复杂度和时间是停止条件的主要考虑因素。

4.11　进化算法的用例

遗传算法有多种用途。一部分人选择用遗传算法独立解决问题；也有一部分人将进化算法与其他技术相结合，创造出解决难题的新方法，下面列出了几个例子。

- *预测投资者在股市中的行为*——投资者每天都要作出决定：是购买更多股票，还是持有现有的股票，还是卖出股票。这些动作的序列可以演变，并映射到投资者的投资结果上。金融机构可借助遗传算法对这些行为进行洞察，主动为客户提供有价值的服务和指导。
- *机器学习中的特征选择*——第 8 章将进一步讨论机器学习这一概念。但不妨先看一下机器学习的关键概念：给定关于某事物的一系列特征，然后尝试利用某种算法来确定它的分类标签。以房产价值预测为例，我们能获取与某处房产相关的各种属性，包括年代、建筑材料、大小、颜色和位置。但如果要预测某处房产的市场价值，那么可能年代、面积和位置三个因素才是最重要的。遗传算法可帮助我们确定最重要的特征。
- *密码破解和密文*——密文是以某种方式编码的信息。它看起来和原有信息毫无关联，通常用于隐藏信息。如果接收者不知道如何破译密文，就无法理解密文背后所包含的信息。进化算法可生成大量可能的解密方法，以揭示原始信息。

第 5 章将深入探讨遗传算法的高级概念，并讨论如何使其适用于不同的问题空间。我们将探索不同的编码、交叉、突变和筛选技巧，尝试发现各种有效的替代方案。

4.12　本章小结

遗传算法巧妙利用随机性以快速收敛到好的解决方案。

对遗传算法来说，编码方法是一切的核心。

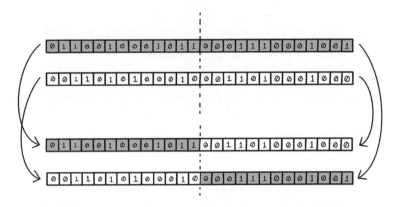

给定当前问题，适应度函数对于找到最优解而言至关重要。

交叉方法试图基于每一次迭代生成更好的解决方案。

为了最终获得表现更好的解决方案，筛选策略会给那些适应度得分更高的个体更多机会，同时会给那些适应度得分较低的个体一定的存活概率。

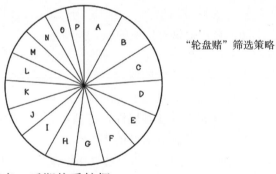

"轮盘赌"筛选策略

开始时偏重探索，后期偏重挖掘。

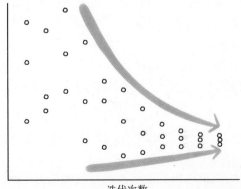

迭代次数

进化算法(高级篇) | 第 **5** 章

本章内容涵盖：

- 思考遗传算法生命周期中各个步骤的可选方案
- 调整遗传算法以解决不同的问题
- 基于不同的场景、问题和数据集，配置遗传算法生命周期中的高级参数

注意 阅读本章前，请先完成第 4 章的学习。

5.1 进化算法的生命周期

第 4 章以背包问题为例概述了遗传算法的生命周期。本章将探讨其他可能适合用遗传算法解决的问题，尝试解释为什么此前介绍的一些方法不能很好地解决问题，并介绍其他的一些方法。

不妨先回顾一下，一般来说，遗传算法的生命周期如下。

- *创建一个种群*——随机创建一个种群，其中每个个体表示一种潜在的解决方案。
- *衡量种群中个体的适应度*——确定一个特定解决方案的优劣。这项任务能通过某个适应度函数来完成：适应度函数对给定的解决方案进行评分，以确定其优劣。
- *根据适应度筛选亲本*——选择将用于繁殖后代的亲本。
- *由亲本繁殖个体*——通过混合遗传信息并对后代施加轻微突变，由亲本繁殖出后代。

- *繁衍下一代*——从种群中筛选出能存活到下一代的个体与后代。

学习本章内容时，请务必将生命周期的流程(如图5.1所示)铭记于心。

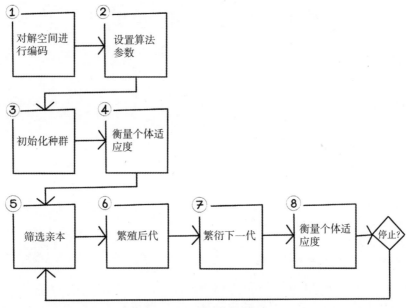

图 5.1　遗传算法生命周期

本章从探索其他筛选策略开始；对于任何遗传算法来说，这些独立的筛选策略一般都可互相替换。接下来的三个场景属于背包问题(如第 4 章所述)的变种，分别着重体现其他编码策略、交叉策略和突变策略所带来的影响(如图5.2所示)。

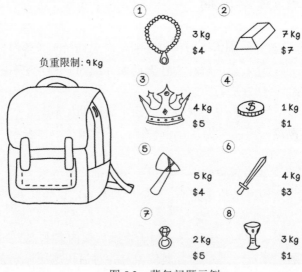

图 5.2　背包问题示例

5.2　其他筛选策略

第 4 章探讨了一种筛选策略：轮盘赌筛选法——从种群中筛选个体的最简单的方法之一。以下三种筛选策略有助于减轻轮盘赌筛选法所存在的问题；每一种筛选策略都有其优点和缺点，它们会对种群的多样性产生不同程度的影响，最终影响算法对最优解的查找。

5.2.1　排序筛选法：均分赛场

轮盘赌筛选法的一个问题是染色体之间适应度的大小存在巨大差异。这使得算法严重偏向于选择适应度更高的个体，或者给予表现不佳的个体过大的存活率。这个问题影响了种群多样性。更高的多样性意味着算法可对搜索空间进行更多的探索，但它也会使算法需要更多次的迭代来寻找最优解。

排序筛选法先基于个体的适应度对种群中的所有个体进行排序，然后根据个体在种群中所排的位置来计算其在轮盘上的切片大小，最后根据轮盘的概率分布解决问题。在前文给出的背包问题案例中，个体所排的位置对应 1~16 之间的一个数字，因为我们需要在 16 个个体中进行选择。虽然在排序筛选法下，那些更强壮(适应度更高)的个体仍然更有可能被选中，而较弱的个体被选中的可能性更小，但是如果我们根据排序(也就是个体所排的位置)而不是精确的适应度得分对轮盘进行划分的话，每个个体被选中的机会将变得更公平。对 16 个个体进行排序后，最终的轮盘划分看起来与轮盘赌方法略有不同(如图 5.3 所示)。

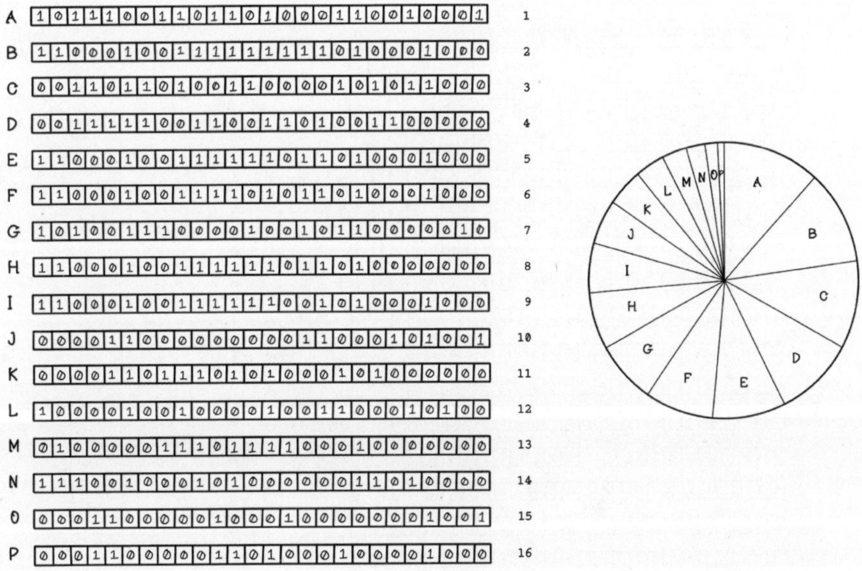

图 5.3　排序筛选法示例

图 5.4 比较了轮盘赌筛选法和排序筛选法。显然，排序筛选法为性能更好的解决方案提供了更大的选中概率。

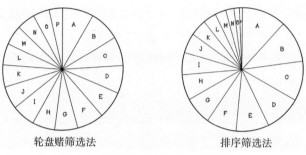

轮盘赌筛选法　　　　　　　　排序筛选法

图 5.4　轮盘赌筛选法和排序筛选法

5.2.2　联赛筛选法：分组对抗

联赛筛选法让染色体相互对抗。联赛筛选法通常先从种群中随机选择一定数量的个体，并将它们放入一个小组中，然后对给定数量的小组执行以下过程：选出每个小组中具有最高适应度得分的个体。小组规模越大，多样性水平就越低，因为每个小组中只有一个个体被选中。与排序筛选法一样，从全局来看，每个个体的实际适应度得分并非其被选中的最关键因素。

譬如，将 16 个个体分为 4 个小组，从每个小组中选出 1 个个体，这样，我们可从整个种群中选出 4 个最强壮的个体。然后，将这 4 个获胜的个体配对繁殖(如图 5.5 所示)。

	二进制	适应度	小组
A	1 0 1 1 1 0 0 1 1 0 1 1 0 1 0 0 0 1 1 0 0 1 0 0 0 1	13,107,019	♠
B	1 1 0 0 0 1 0 0 0 1 1 1 1 1 1 1 1 0 1 0 0 0 1 0 0 0	12,965,145	♠
C	0 0 1 1 0 1 1 0 1 0 0 1 1 0 0 0 1 0 1 0 1 1 1 0 0 0	12,344,873	♣
D	0 0 1 1 1 1 1 0 1 1 0 0 1 1 0 1 0 0 1 1 0 0 0 0 0 0	11,739,363	♠
E	1 1 0 0 0 0 1 0 1 1 1 1 1 0 1 1 1 0 1 1 1 0 0 0 0 0	11,711,159	♣
F	1 1 0 0 0 1 0 0 1 1 1 1 0 1 0 1 1 0 1 0 0 1 0 0 0	11,611,967	♣
G	1 0 1 0 0 1 0 1 1 0 0 0 0 1 0 1 0 1 1 0 0 0 1 0	10,042,441	♠
H	1 1 0 0 0 1 0 1 0 0 0 1 0 1 1 1 0 1 0 0 0 0	9,883,682	♣
I	1 1 0 0 0 1 0 0 1 0 1 1 1 1 1 0 1 0 0 1 0 0 0	9,857,597	♥
J	0 0 0 0 1 1 0 0 0 0 1 1 0 0 1 1 0 0 1 0 1 0 0 1	9,670,184	♥
K	0 0 0 0 1 1 0 1 0 1 1 1 0 1 0 0 1 0 1 0 0 0 0	9,277,580	♥
L	1 0 0 0 0 1 0 1 0 0 0 1 0 1 1 0 0 1 0 1 0 0	8,931,719	♥
M	0 1 0 0 0 0 0 1 1 1 1 0 1 1 1 0 0 1 0 0 0 0	8,324,936	♦
N	1 1 1 0 1 0 0 1 0 0 0 1 0 1 0 0 1 1 0 0 0 0	8,018,760	♦
O	0 0 0 1 1 0 0 0 1 0 0 1 0 0 0 1 0 0 1 0 0 1	6,900,314	♦
P	0 0 0 1 1 0 0 1 0 0 1 0 1 0 0 1 0 0 1 0 0 0	6,056,664	♦

获胜者

♠	A
♣	E
♥	I
♦	M

图 5.5　联赛筛选法示例

5.2.3　精英筛选法：只选最好的

精英筛选的理念是选择种群中表现最好的个体。显然，精英主义有助于留住表现优秀的个体，相比于其他筛选方法，它能减小错失理想解决方案的风险。但是，精英主义的缺点是种群可能会陷入局部最优解空间；并且，随着迭代的进行，种群将逐渐丧失其多样性，也许永远找不到全局最优解。

人们常将精英筛选法与轮盘赌筛选法、排序筛选法和联赛筛选法结合起来使用。其理念是，从种群中选择几个精英个体进行繁殖，同时，通过其他筛选策略生成下一代种群的其他个体(如图 5.6 所示)。

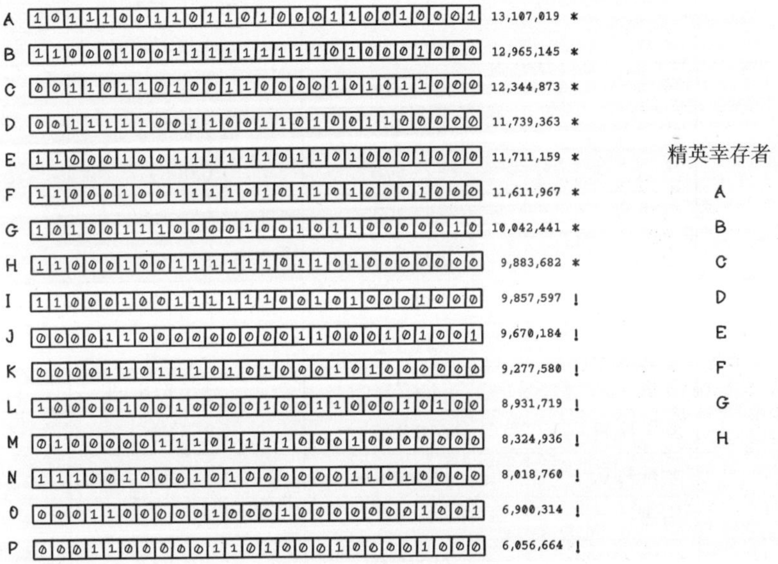

图 5.6　精英筛选法示例

在第 4 章探讨过的背包问题中，我们必须决定是否将物品装进背包中(包含或排除)。针对不同的问题空间，我们需要不同的编码方式，在有些场景下，二进制编码没有意义。下面三个小节描述了这样的场景。

5.3　实值编码：处理真实数值

下面来看一个略有变化的背包问题。问题仍然是在背包总重量受限的情况下，选择物品装入背包中，使背包中物品的总价值最高。但是，该问题所涉及的每种备选物品都可能不少于一个单位。如表 5.1 所示，物品的重量和价值都与原来的数据集相同，但这里多了一列，标出了每种物品的数量。通过这种轻微的调整，我们将引入大量新的解决方案，且在新引入的解决方案中可能存在一个或多个更优的全局解决方案——因为特定的物品可多次被选中。在这种情况下，二进制编码将是一个糟糕的选择。实值编码更适合表示潜在解决方案的状态。

表 5.1 背包负重限制：6 404 180 kg

物品编号	物品名称	重量/kg	价值/美元	数量
1	斧子	32 252	68 674	19
2	铜币	225 790	471 010	14
3	皇冠	468 164	944 620	2
4	钻石雕像	489 494	962 094	9
5	翡翠腰带	35 384	78 344	11
6	化石	265 590	579 152	6
7	金币	497 911	902 698	4
8	头盔	800 493	1 686 515	10
9	墨水	823 576	1 688 691	7
10	珠宝盒	552 202	1 056 157	3
11	小刀	323 618	677 562	5
12	长剑	382 846	833 132	13
13	面具	44 676	99 192	15
14	项链	169 738	376 418	8
15	欧泊胸针	610 876	1 253 986	4
16	珍珠项链	854 190	1 853 562	9
17	箭囊	671 123	1 320 297	12
18	红宝石戒指	698 180	1 301 637	17
19	银手镯	446 517	859 835	16
20	钟表	909 620	1 677 534	7
21	校服	904 818	1 910 501	6
22	毒液	730 061	1 528 646	9
23	羊毛围巾	931 932	1 827 477	3
24	十字弓	952 360	2 068 204	1
25	绝版书	926 023	1 746 556	7
26	奖杯	978 724	2 100 851	2

5.3.1 实值编码的核心概念

实值编码采用数值、字符串或符号来表示基因，并基于给定问题的上下文，自然地根据相关实值的概念来表达潜在解决方案。当潜在解决方案包含无法简单地用二进制编码表示的连续数值时，不妨尝试使用实值编码。例如，由于背包中可携带的每种物品不止一个，每种物品对应的索引值不能仅指示该物品是否包括在背包内；它还必须表明背包中该物品的数量(如图 5.7 所示)。

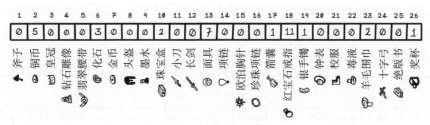

图 5.7　实值编码示例

因为我们改变了编码方法，所以现在可使用新的交叉和突变策略了。前面讨论过的针对二进制编码的交叉策略对实值编码来说仍然有效，但此处应以不同的方式处理突变。

5.3.2　算术交叉：数学化繁殖

算术交叉的设计理念是使用算术运算来指导繁衍——将亲本的基因组用作表达式中的变量来进行计算。使用亲本进行算术运算所产生的结果是新的后代。如将这种策略用于二进制编码场景，则需要确保计算结果仍然属于有效解决方案。算术交叉适用于二进制编码和实值编码(如图 5.8 所示)。

注意　这种方法会产生极其多样化的后代，这可能会引入额外的风险。

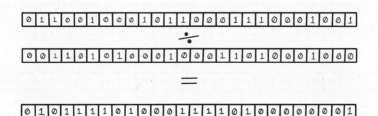

图 5.8　算术交叉示例

5.3.3　边界突变

在边界突变中，从实值编码的染色体中随机选择的基因会被随机设置为下界值或上界值。给定一条染色体的 26 个基因，算法会随机选择一个下标，并将其对应的值设置为某个预先设定的最小值或最大值。在图 5.9 中，原始值恰好为 0，而算法会将这个值重新设置为 6，也就是该物品所能取到的最大数量。对于染色体上的所有基因而言，我们可为其设置相同的最小值和最大值，不过，如果我们对问题的上下文有更深刻的了解，则可为每个基因设置专属的最大值和最小值。边界突变策略尝试评估单个基因对染色体的影响。

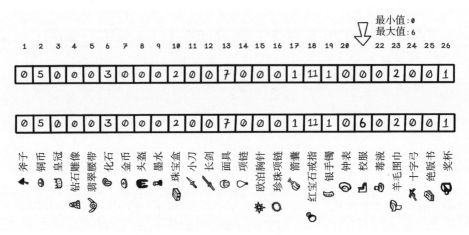

图 5.9   边界突变示例

5.3.4 算术突变

在算术突变中，我们会从实值编码的染色体中随机选择一个基因，使其增加或减少一个很小的数值。注意，虽然图 5.10 展示的例子中基因的值为整数，但图中所有的数字(包括基因的值和增加的值)都可以是小数甚至分数。

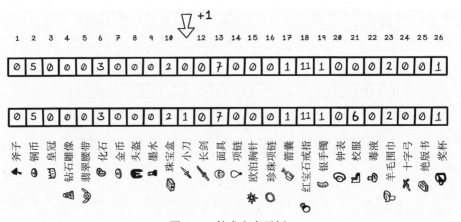

图 5.10   算术突变示例

5.4 顺序编码：处理序列

现在，我们重新来看一下背包问题中提供的物品序列。这一次，我们不必决定将哪些物品装进背包，但是需要将所有的物品送到一个精炼厂进行加工。在这个精炼厂中，每件物品都会被分解，以提取原材料。金币、银手镯之类的物品经过冶炼之后，将变成金、银等原始成分。在这种情况下，我们不必决定是否包含某种物品，我们的选择会包含所有物品。

为了让该问题变得有趣，在给定每件物品的精炼时间和价值的前提下，精炼厂需要达到一个稳定的精炼效率。假设物品经过精炼后，其材料的价值与物品原本的价值大致相同。现在，该问题变成了排序问题。为了使精炼效率保持恒定，精炼厂应该按什么顺序处理这些物品？表 5.2 描述了每种物品的重量、价值以及所需的精炼时间。

表 5.2　精炼效率(每小时所能精炼的物品价值)：600 000 美元/小时

物品编号	物品名称	重量/kg	价值/美元	所需精炼时间/小时
1	斧子	32 252	68 674	60
2	铜币	225 790	471 010	30
3	皇冠	468 164	944 620	45
4	钻石雕像	489 494	962 094	90
5	翡翠腰带	35 384	78 344	70
6	化石	265 590	579 152	20
7	金币	497 911	902 698	15
8	头盔	800 493	1 686 515	20
9	墨水	823 576	1 688 691	10
10	珠宝盒	552 202	1 056 157	40
11	小刀	323 618	677 562	15
12	长剑	382 846	833 132	60
13	面具	44 676	99 192	10
14	项链	169 738	376 418	20
15	欧泊胸针	610 876	1 253 986	60
16	珍珠项链	854 190	1 853 562	25
17	箭囊	671 123	1 320 297	30
18	红宝石戒指	698 180	1 301 637	70
19	银手镯	446 517	859 835	50
20	钟表	909 620	1 677 534	45
21	校服	904 818	1 910 501	5
22	毒液	730 061	1 528 646	5
23	羊毛围巾	931 932	1 827 477	5

(续表)

物品编号	物品名称	重量/kg	价值/美元	所需精炼时间/小时
24	十字弓	952 360	2 068 204	25
25	绝版书	926 023	1 746 556	5
26	奖杯	978 724	2 100 851	10

5.4.1　适应度函数的重要性

背包问题转变成精炼问题以后，一个关键的区别是度量解决方案是否成功的方法。因为工厂要求达到某个给定的最小精炼效率(每小时所能精炼的物品价值)，所以，设计一个准确的适应度函数对于找到最佳解决方案至关重要。在背包问题中，解决方案适应度的计算是一个微不足道的问题，因为它只涉及两件事：遵守背包的重量限制，对所选物品的价值求和。在精炼问题中，给定每种物品的价值和所需的精炼时间，适应度函数必须能计算当前解决方案所能满足的精炼效率。此计算比较复杂，如果适应度函数的逻辑出现错误，将直接影响解的质量。

5.4.2　顺序编码的核心概念

顺序编码，也被称为排列编码，将染色体表示为元素序列。顺序编码通常要求所有元素都存在于染色体中，这意味着在执行交叉和突变操作时，可能需要对新生成的染色体进行纠正，以确保没有元素丢失或重复。图 5.11 描述了染色体如何表示给定物品的处理顺序。

图 5.11　顺序编码示例

此外，在路线优化问题中，也可用顺序编码表示潜在解决方案。给定一定数量的目的地，要求每个目的地必须至少被访问一次，算法的目标是最小化总行程；此时，可按照目的地被访问的顺序将行进路线表示为目的地的排列。在讨论群体智能(见第 6 章)时，我们将深入讲解这个案例。

5.4.3　顺序突变：适用于顺序编码

在顺序编码的染色体中，随机选择两个基因并交换它们的位置，这种行为被称为顺序突变。这一突变策略可确保所有元素都保留在染色体中，同时引入多样性(如图 5.12 所示)。

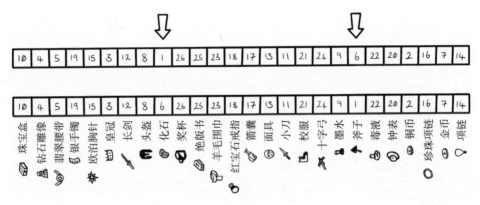

图 5.12 顺序突变示例

5.5 树编码：处理层次结构

前面的章节告诉我们，如果要从集合中选择元素，那么二进制编码更有效；如果解决方案需要处理真实数值，那么实值编码更有效；而如果需要确定元素在集合中的优先级和顺序，那么顺序编码更有效。现在，假设背包问题中的物品已经打包好，需要通过货车运往镇上的家庭，每辆货车可容纳特定体积的物品。现在，我们需要确定物品包裹的最佳摆放方法，以最大限度地利用每辆货车的空间(如表 5.3 所示)。

表 5.3　货车容量：1000 单位宽×1000 单位高

物品编号	物品名称	重量/kg	价值/美元	宽	高
1	斧子	32 252	68 674	20	60
2	铜币	225 790	471 010	10	10
3	皇冠	468 164	944 620	20	20
4	钻石雕像	489 494	962 094	30	70
5	翡翠腰带	35 384	78 344	30	20
6	化石	265 590	579 152	15	15
7	金币	497 911	902 698	10	10
8	头盔	800 493	1 686 515	40	50
9	墨水	823 576	1 688 691	5	10
10	珠宝盒	552 202	1 056 157	40	30

(续表)

物品编号	物品名称	重量/kg	价值/美元	宽	高
11	小刀	323 618	677 562	10	30
12	长剑	382 846	833 132	15	50
13	面具	44 676	99 192	20	30
14	项链	169 738	376 418	15	20
15	欧泊胸针	610 876	1 253 986	5	5
16	珍珠项链	854 190	1 853 562	10	5
17	箭囊	671 123	1 320 297	30	70
18	红宝石戒指	698 180	1 301 637	5	10
19	银手镯	446 517	859 835	10	20
20	钟表	909 620	1 677 534	15	20
21	校服	904 818	1 910 501	30	40
22	毒液	730 061	1 528 646	15	15
23	羊毛围巾	931 932	1 827 477	20	30
24	十字弓	952 360	2 068 204	50	70
25	绝版书	926 023	1 746 556	25	30
26	奖杯	978 724	2 100 851	15	25

为了简单起见，我们将现实世界中的三维问题简化成二维问题：假设货车的体积是二维平面上的一个矩形，并且包裹也用二维矩形来描述(只考虑其宽和高)，而非实际世界中的三维盒子。

5.5.1 树编码的核心概念

树编码将染色体表示为由元素构成的一棵树。对于那些以元素的层次结构为核心的潜在解决方案来说，树编码是较为通用的。树编码甚至可表示由表达式树组成的函数。因此，树编码可用来演化程序函数，其中，函数可解决特定的问题；该解决方案虽然看起来有些奇怪，但可能会有效。

树编码适用于下面的这个例子：给定一辆具有特定高度和宽度的货车，需要将一定数量的包裹装在货车里。算法的目标是将包裹装入货车，并最大限度地避免空间浪费。树编码方法可很好地表达该问题的潜在解决方案。

在图 5.13 中，根节点为节点 A，代表货车从上到下的装载顺序。节点 B 表示同一水平线上的所有包裹，节点 C 和节点 D 与节点 B 类似。节点 E 表示在节点 D 所在的水平层下，垂直放置在这一区域中的包裹。

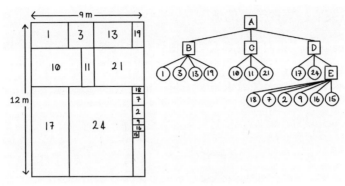

图 5.13　表示装车问题的树编码示例

5.5.2　树交叉：继承树的分支

树交叉与单点交叉(见第 4 章)类似，即选择树结构中的单个点，然后交换这个点之下的分支，并与亲本个体的副本相结合，创建后代个体。将这一过程反过来运用，可生成第二个后代个体。交叉过程所产生的后代必须经过验证——确保其为满足约束条件的有效解。如果使用多个点有助于解决问题，那么可使用多个点进行交叉(如图 5.14 所示)。

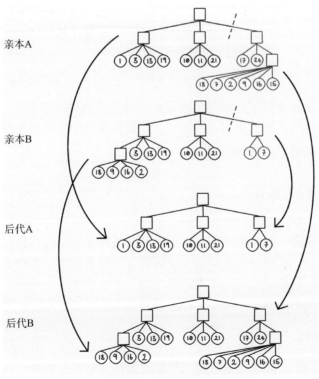

图 5.14　树交叉示例

5.5.3 节点突变：更改节点的值

在节点突变中，我们从树编码的染色体中随机选择一个节点，将其改为某个随机选择的有效对象。在上面的案例中，给定一棵表示解决方案结构的树，我们可将其中一个节点所代表的包裹更改为另一个有效的包裹(如图 5.15 所示)。

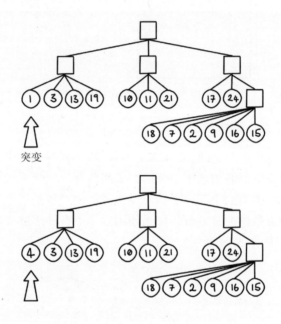

图 5.15　节点突变(树编码)示例

本章和第 4 章介绍了一系列编码方案、交叉方案和筛选策略。当然，也可基于当前正在解决的问题，用自己的方法代替遗传算法中的这些步骤，不断地探索和修正，使算法取得更理想的表现。

5.6　常见进化算法

本章着重介绍了遗传算法的生命周期及其关键步骤的可选替代方法。为了解决不同的问题，我们往往需要对同一算法进行改进和调整，可将更改后的算法称为算法的变体。既然我们已经基本了解了遗传算法的工作原理，接下来看看这些变体和它们的使用案例。

5.6.1 遗传编程

遗传编程的整个流程与遗传算法的流程大体相似，主要用于生成能解决特定问题的计算机程序。上一节中描述的算法流程也适用于这一问题。在遗传编程算法中，备选解决方案的适应度可以是解决方案所生成的程序解决特定计算问题的能力——解决得越好，得分就越高。考虑到这一点，树编码对于解决这类问题会很有效，因为大多数计算机程序都是由表示操作和流程的各个节点所构成的图。程序设计的语法逻辑树是可以进化的，所以，计算机程序能通过进化来解决一个特定的问题。需要注意的一点是：这些计算机程序通常会演变成一堆让人难以理解和调试的代码。

5.6.2　进化编程

进化编程类似于遗传编程，但这一问题的备选解决方案是预先定义好的计算机程序的固定参数，而非生成的计算机程序。如果一个程序需要对输入参数进行精细调整，并且很难确定这些参数的理想组合，那么可使用遗传算法来使这些输入参数逐步进化。在进化编程算法中，备选解决方案的适应度取决于某个预先给定的计算机程序基于该解决方案所提供的输入参数的运行表现。也许，进化编程算法可用来为人工神经网络寻找好的参数，第 9 章将详细讨论这一策略。

5.7　进化算法术语表

下面给出了进化算法常用术语表，供未来研究和学习。

- *等位基因*——染色体中特定基因的值
- *染色体*——一组基因的集合，用于表达某个备选解决方案
- *个体*——种群中的单一染色体
- *种群*——个体的集合
- *基因型*——计算空间中，备选解决方案种群的称谓
- *表现型*——现实世界中，备选解决方案种群的实际表达
- *世代*——算法的单次迭代
- *探索*——寻找各种可能的解决方案的过程：其中一部分可能是好方案，一部分是不好的方案
- *挖掘*——磨砺出理想解决方案并反复完善它们的过程
- *适应度函数*——特定类型的目标函数
- *目标函数*——试图最大化或最小化的函数

5.8　进化算法的其他用例

第 4 章给出了进化算法的一系列用例，但毫无疑问，现实世界中存在着更多适合使用进化算法的场景。以下用例特别有趣——也许是因为它们用到了本章中

讨论的一些概念。

- *调整人工神经网络中的权重*——人工神经网络将在本书的第 9 章中讨论，其中的一个关键理念是不断调整网络中的权重，以学习数据中的模式和关系。多种数学方法都可用于调整权重，但是在某些合适的情况下，进化算法是更有效的选择。
- *电子电路设计*——具有相同元件的电子电路可按不同的配置方式设计。有些配置比其他配置更高效。通常情况下，如果两个一起工作的组件能靠得更近，则这种配置可能会提高电路效率。进化算法可用于不同电路配置的进化，以找到最佳设计。
- *分子结构仿真和设计*——与电子电路设计一样，不同的分子具有不同的行为，它们各有利弊。进化算法可用于生成不同的分子结构，我们在此基础上进行模拟并开展研究，从而确定它们的行为特性。

现在，我们已经大致了解了第 4 章中提到的遗传算法生命周期，并掌握了本章中介绍的一系列常见的高级策略。在后续的工作和学习中，希望进化算法能帮你找到更理想的解决方案。

5.9　本章小结

遗传算法能用于解决大量实际问题。

不同的筛选策略各有利弊。

实值编码适用于许多问题空间。

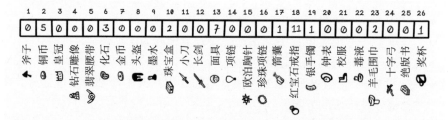

顺序编码适用于需要运用元素顺序来解决问题的场景。

树编码适用于需要根据元素之间的关系和结构来解决问题的场景。

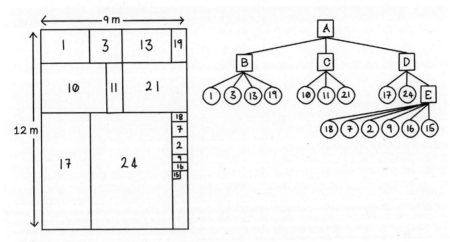

调整算法的各个参数对于寻找理想的解决方案很重要，并且有助于提高计算效率。

群体智能：蚁群优化 | 第 **6** 章

本章内容涵盖：

- 理解群体智能算法的来龙去脉
- 用群体智能算法解决问题
- 蚁群优化算法的设计与实现

6.1 什么是群体智能？

群体智能算法是第 5 章中讨论的进化算法的一个子集，也被称为自然启发算法。和进化论一样，群体智能这一概念的灵感来自人们对自然界中各种生命形式行为的观察。当我们观察周围的世界时，我们看到许多生命形式。作为个体，它们看起来很原始且不太聪明，但在群体活动中，它们却可表现出令人惊异的智能行为。

蚂蚁就是这种生命形式的一个例子。一只蚂蚁可背负 10～50 倍于自身体重的重量，每分钟移动 700 倍于它体长的距离。尽管这些数字已经给人类留下了深刻印象，但是在群体中行动时，一只蚂蚁可完成更多的事情。在一个群体中，蚂蚁能建立族群，能找到并搬回食物；甚至能警告其他蚂蚁，且能对其他蚂蚁表示认可，并利用同伴的压力来影响族群中的其他蚂蚁。它们通过信息素来完成这些任务。从本质上说，信息素就是蚂蚁在所到之处留下的气味。其他蚂蚁可感知这些气味，并据此来调整自己的行为。一般来说，蚂蚁拥有 10～20 种信息素，这些信息素可用来传达不同的意图。因为每一只蚂蚁都可使用信息素来表明其意图和需求，所以我们可在蚂蚁群体中观察到那些突发的智能行为。

　　图 6.1 展示了蚂蚁的团队协作：它们用自己的身体在两点之间搭起了一座桥梁，使其他蚂蚁能执行任务。这些任务可能是为它们的族群搬回食物或材料。

图 6.1　一群蚂蚁一起努力跨越鸿沟

　　一项针对现实中工蚁(采集食物的蚂蚁)的实验表明，它们的行动轨迹总能收敛到巢穴和食物来源之间的最短路径。图 6.2 展示了从开始到后期蚁群移动路径的变化——蚂蚁们走过脚下的路，并改变了这些路径上的信息素强度。这个结果是在一个用真实蚂蚁完成的经典非对称桥实验中观察到的。注意，蚂蚁只用了 8 分钟就收敛到了最短路径。

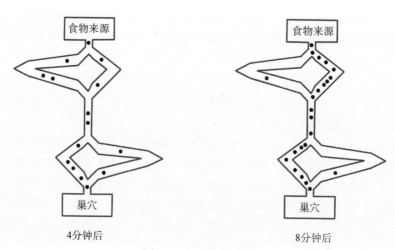

图 6.2　非对称桥实验

　　蚁群优化(Ant Colony Optimization，ACO)算法模拟了这一实验中出现的突发行为。就寻找最短路径而言，算法能收敛到类似的状态，正如我们在真实蚁群中所观察到的那样。

在特定的问题空间中，当我们需要同时满足几个约束条件，并且由于存在大量可能的解(有些更好，有些更差)而难以找到绝对意义上的最优解时，群体智能算法非常适合用来解决这些优化问题。遗传算法同样适用于这类问题。算法的选择取决于问题的表达和推理方式。第 7 章将深入研究粒子群优化中关于优化问题的技术细节。群体智能在一些现实场景中是很有用的，图 6.3 展示了其中几个案例。

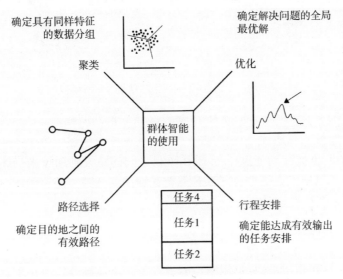

图 6.3 群体优化适合解决的问题

通过蚂蚁，我们对群体智能有了一定的了解，接下来我们将探讨以这些概念为灵感来源的群体智能算法的具体实现。蚁群优化算法的灵感来自蚂蚁在目的地之间移动的行为，它们沿路留下信息素，并根据它们遇到的信息素采取行动。蚂蚁自然而然地聚集到阻力最小的路径上，即突发的智能行为。

6.2 适合用蚁群优化算法的问题

假设我们正在参观一个有许多游乐项目可体验的游乐场，每个项目位于不同的区域，而各个项目之间的距离各不相同。没有人希望浪费太多时间在路上，所以我们尝试找出所有娱乐项目之间的最短路径。

图 6.4 展示了一个小型游乐场的游乐项目以及它们之间的路径。注意，走不同的路线游览各个项目，需要行走的总距离是不一样的。

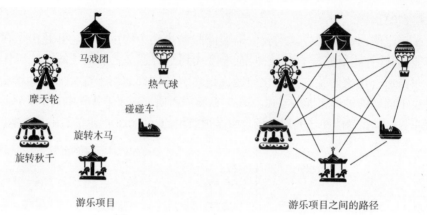

图 6.4　游乐项目以及它们之间的路径

　　上图展示了 6 个游乐项目，有 15 条路径将它们两两相连。这个例子看起来应该很眼熟。如第 2 章所述，这个问题可用全连通图来描述。每个游乐项目就是图中的一个顶点(也被称为节点)，而游乐项目之间的路径则用边来描述。假设图中有 n 个节点，可用下面这个公式来计算全连通图的边数。随着游乐项目数量的增长，边的数量会快速增长：

$$\frac{(n-1)n}{2}$$

　　游乐项目之间的距离并不相同。图 6.5 显示了任意两个游乐项目之间路径的长度；它还展示了一条可完成所有游乐项目的路线。注意，图 6.5 中表示游乐项目之间距离的线段并非按比例绘制。

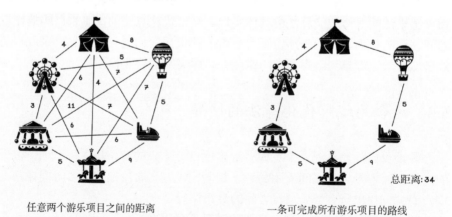

任意两个游乐项目之间的距离　　　　　　　一条可完成所有游乐项目的路线

图 6.5　任意两个游乐项目之间的距离和一条可完成所有游乐项目的路线

　　如果花一点时间分析所有游乐项目之间的距离，我们将发现图 6.6 展示了一条可完成所有游乐项目的最佳路线。参观游乐项目的理想顺序如下：旋转秋千、摩天轮、马戏团、旋转木马、热气球和碰碰车。

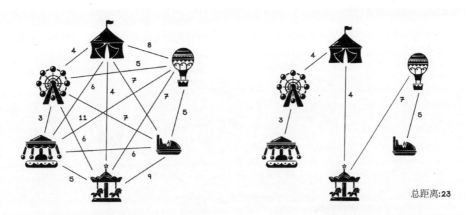

任意两个游乐项目之间的距离　　　　　能完成所有游乐项目的最佳路线

图 6.6　任意两个游乐项目之间的距离以及能完成所有游乐项目的最佳路线

对于只有 6 个游乐项目的小数据集来说，手工求解也没有什么问题，但是如果将项目的数量增加到 15 个，备选路径的数量就会急剧增长(如图 6.7 所示)。假设游乐项目代表着服务器节点，而路径代表着(服务器之间的)网络连接。这类问题的解决需要用到智能算法。

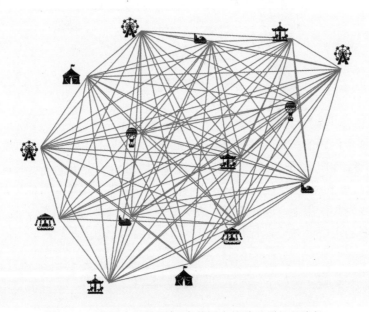

图 6.7　一个更大的数据集(有着更多的游乐项目和路径)

练习：某游乐场的游乐项目布局如下图所示，请尝试手动找出能完成所有游乐项目的最短路线

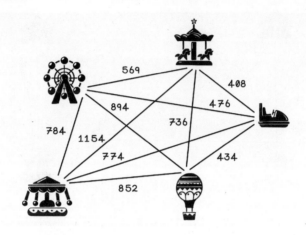

解决方案：如下图中粗黑线所示

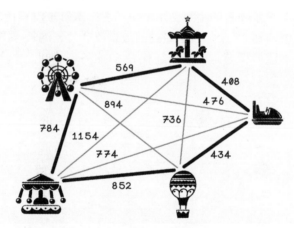

解决这个问题的一种计算方法是暴力求解：生成并评估每一个可能的游览计划(一个游览计划也就是一条路线，在该路线中，游乐场中每个游乐项目都至少被访问一次)，直至找到最短的总距离。同样，这个解决方案看起来似乎是合理的，但是在大规模数据集上，这个计算方法既昂贵又耗时。如果游乐场中有 48 个游乐项目，则暴力求解法需要运行几十个小时才能找到最佳解决方案。

6.3 状态表达：如何表达蚂蚁和路径？

针对刚刚讨论的游乐场问题，现在我们需要以适合蚁群优化算法处理的方式来表示该问题所涉及的数据。因为我们知道有哪些游乐项目，也知道任意两个项

目之间的距离，所以可用一个距离矩阵来准确而简洁地表示问题空间。

距离矩阵是一个二维数组，其中每一行都代表一个实体；同样，每一列也表示着一个唯一的实体；而某一行和某一列对应的元素值表示这个实体和另一个实体之间的距离。这个矩阵类似于第 2 章讨论的邻接矩阵(见图 6.8 和表 6.1)。

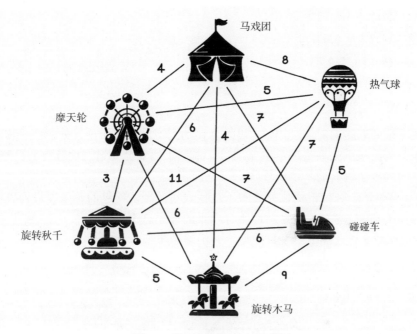

图 6.8　游乐场问题的一个示例

表 6.1　游乐项目之间的距离

	马戏团	热气球	碰碰车	旋转木马	旋转秋千	摩天轮
马戏团	0	8	7	4	6	4
热气球	8	0	5	7	11	5
碰碰车	7	5	0	9	6	7
旋转木马	4	7	9	0	5	6
旋转秋千	6	11	6	5	0	3
摩天轮	4	5	7	6	3	0

伪代码

游乐项目之间的距离可用距离矩阵表示，距离矩阵也就是一个数组的数组；其中，第 x 个数组中第 y 个元素的值表示游乐项目 x 和游乐项目 y 之间的距离。注意，一个游乐项目和它自己之间的距离值为 0，因为它位于同一位置。这个数组也可通过编程的方式创建，方法是遍历文件中的数据并创建每个元素。

```
let attraction_distances equal
    [
    [0,8,7,4,6,4],
    [8,0,5,7,11,5],
    [7,5,0,9,6,7],
    [4,7,9,0,5,6],
    [6,11,6,5,0,3],
    [4,5,7,6,3,0],
    ]
```

接下来要表达的对象是蚂蚁。蚂蚁会移动到不同的游乐项目处，留下信息素。蚂蚁还会判断接下来要去哪个游乐项目。最后，蚂蚁会知道它们各自的总移动距离。下面列出了蚂蚁的基本属性(如图6.9所示)：

- *记忆*——在蚁群优化算法中，这代表着已经访问过的游乐项目列表。
- *最佳适应度*——这是经过所有项目的最短总距离。
- *行动*——选择下一个目的地，并沿途留下信息素。

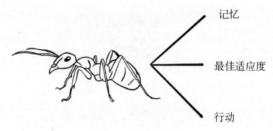

记忆

最佳适应度

行动

图 6.9　蚂蚁的属性

伪代码

虽然蚂蚁的抽象概念包含记忆、最佳适应度和行动三个特性，但如要解决游乐场问题，还需要特定的数据和函数。为了封装蚂蚁的行为逻辑，我们可使用类(class)。初始化蚂蚁类的实例时，我们会创建一个空数组来表示蚂蚁将要访问的游乐项目列表。此外，我们需要选择一个随机的游乐项目，从而为这只蚂蚁提供起点。

```
Ant(attraction_count):
    let ant.visited_attractions equal an empty array
    append a random number between 0 and
        (attraction_count - 1) to ant.visited_attractions
```

蚂蚁类还需要几个用于表示蚂蚁移动的函数。visit_* 函数用于确定蚂蚁下一步移动到哪个项目(此处不妨用*指代项目名), visit_attraction 函数随机生成访问某个随机项目的概率; 在这种情况下, 我们会调用 visit_random_attraction 这一函数, 否则, 我们将基于算出的概率列表调用 roulette_wheel_selection 这一函数。下一节将介绍更多细节。

```
Ant functions:
visit_attraction(pheromone_trails)
visit_random_attraction()
visit_probabilistic_attraction(pheromone_trails)
roulette_wheel_selection(probabilities)
get_distance_traveled()
```

最后, get_distance_traveled 函数运用特定蚁蚁的访问项目列表来计算它移动的总距离。我们的目标是最小化这一距离, 以找到最短路径, 并将它用作蚁蚁的最佳适应度。

```
get_distance_travelled(ant):
  let total_distance equal 0
  for a in range(1, length of ant.visited_attractions):
    total_distance += distance between ant.visited_attractions[a - 1] and
                                       ant.visited_attractions[a]
  return total_distance
```

最后要设计的数据结构是信息素印迹这一概念。类似于各个游乐项目之间的距离, 每条路径上的信息素强度可用距离矩阵表示, 只不过这次矩阵中元素的值不再代表距离, 而是代表当前路径上信息素的强度。在图 6.10 中, 较粗的线条表示信息素强度更大的印迹。表 6.2 描述了各个游乐项目之间的信息素印迹强度。

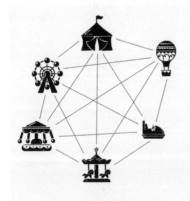 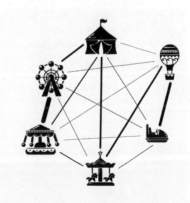

各个游乐项目之间的路径   每条路径上可能的信息素强度

图 6.10 路径上的信息素强度示例

表 6.2　各个游乐项目之间的信息素强度

	马戏团	热气球	碰碰车	旋转木马	旋转秋千	摩天轮
马戏团	0	2	0	8	6	8
热气球	2	0	10	8	2	2
碰碰车	2	10	0	0	2	2
旋转木马	8	8	2	0	2	2
旋转秋千	6	2	2	2	0	10
摩天轮	8	2	2	2	10	0

6.4　蚁群优化算法的生命周期

现在，我们已经理解了所需的数据结构，可深入了解蚁群优化算法的工作原理了。蚁群优化算法是基于要解决的问题空间来设计的。每个问题都具有独特的上下文和专有的数据表示方法，但基本原理是相同的。

接下来看看应如何配置蚁群优化算法来解决游乐场问题。一般来说，蚁群优化算法的生命周期包含如下几个步骤。

- **初始化信息素印迹**。创建游乐项目之间的信息素印迹的概念，并初始化它们的强度值。
- **建立蚂蚁种群**。创建一个蚁群，其中每只蚂蚁以不同的游乐项目作为起点。
- **为每只蚂蚁选择下一个访问项目**。为每只蚂蚁选择下一个要访问的游乐项目，直到其完成所有游乐项目。
- **更新信息素印迹**。根据蚂蚁的移动轨迹以及信息素蒸发的程度，更新信息素印迹的强度。
- **更新最佳解决方案**。根据每只蚂蚁移动的总距离更新当前的最佳解决方案。
- **设定终止条件**。蚂蚁访问各个项目的过程会经历多次迭代。一次迭代指的是每只蚂蚁均对所有游乐项目进行了一次访问。终止条件定义了要运行的迭代次数。更多的迭代会让蚂蚁根据信息素印迹作出更好的决定。

图 6.11 描述了蚁群优化算法的一般生命周期。

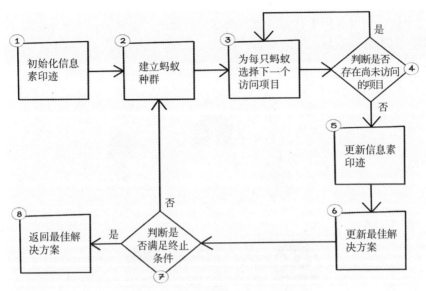

图 6.11   蚁群优化算法的生命周期

6.4.1   初始化信息素印迹

蚁群优化算法的第一步是初始化信息素印迹。因为现在还没有蚂蚁在游乐项目之间的路径上行走，不妨将信息素印迹初始化为 1。当我们将所有的信息素印迹设置为 1 时，没有哪条路径比其他的更有优势。如图 6.12 所示，现在，重要的是定义一个可靠的数据结构来存储信息素印迹。接下来的章节将详细讨论这一点。

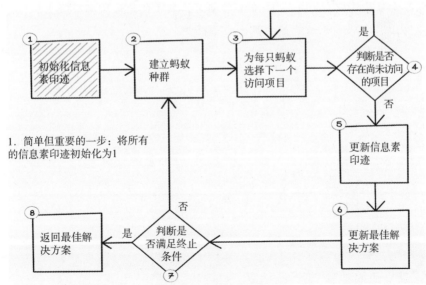

图 6.12   初始化信息素印迹

这个概念也可应用于其他问题，在这些问题中，定义信息素强度的是另一个启发式，而不是各项目之间的距离。

在图 6.13 中，启发式是两个目的地之间的距离。

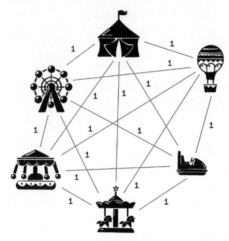

图 6.13　信息素的初始化

伪代码

和游乐项目之间的距离类似，信息素印迹也可用距离矩阵来表示，第 x 行第 y 列的元素表示游乐项目 x 和游乐项目 y 之间的路径上的信息素强度。每条路径上的信息素强度均被初始化为 1。应该用相同的数字初始化所有路径上的信息素强度，以防止算法从一开始就偏向某一条路径。

```
let pheromone_trails equal
    [
    [1,1,1,1,1,1],
    [1,1,1,1,1,1],
    [1,1,1,1,1,1],
    [1,1,1,1,1,1],
    [1,1,1,1,1,1],
    [1,1,1,1,1,1]
    ]
```

6.4.2　建立蚂蚁种群

蚁群优化算法的下一步是建立一个蚁群，这群蚂蚁将在各个游乐项目之间移动，并在各项目之间的路径上留下信息素印迹(如图 6.14 所示)。

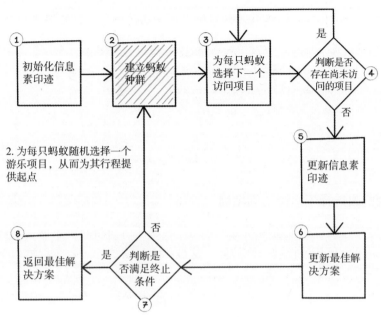

图 6.14 建立蚂蚁种群

蚂蚁将从某个随机分配的游乐项目开始(如图 6.15 所示)，也就是从潜在序列中的一个随机点开始，因为蚁群优化算法可应用于不涉及实际距离的问题。访问完所有的游乐项目之后，蚂蚁们会根据程序设定回到各自的起点。

图 6.15 蚂蚁从随机项目开始

我们可把这一原则应用于不同的问题。譬如在任务调度问题中，设定每只蚂蚁从不同的任务开始。

伪代码

蚁群的建立需要我们初始化几只蚂蚁，并将它们追加到一个列表(ant_colony)中，以待后用。请记住，蚂蚁类的初始化函数会选择一个随机的游乐项目作起点。

```
setup_ants(attraction_count, number_of_ants_factor):
    let number_of_ants equal round(attraction_count * number_of_ants_factor)
    let ant_colony equal to an empty array
    for i in range(0, number_of_ants):
        append new Ant to ant_colony
    return ant_colony
```

6.4.3　为蚂蚁选择下一个访问项目

蚂蚁需要选择下一个访问项目。它们需要不断访问新的游乐项目，直到它们对所有的游乐项目都进行过一次访问，这被称为一次旅行。蚂蚁根据两个因素选择下一个目的地(如图 6.16 所示)：

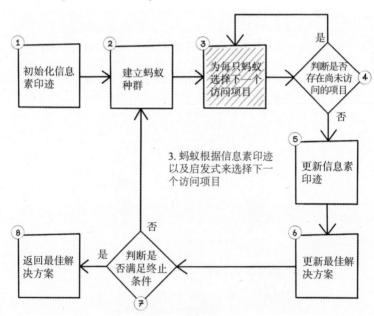

图 6.16　为每只蚂蚁选择下一个访问项目

- *信息素强度*——所有可用路径上的信息素强度值。
- *启发式的值*——预先定义的启发式对所有可用路径计算出的结果，在游乐场示例中，则是各个游乐项目之间路径的距离。

蚂蚁不会去它们已经去过的地方。如果一只蚂蚁已经访问过碰碰车，那么在当前这次旅行中，它不会再访问那个游乐项目。

1. 蚂蚁的随机性

蚁群优化算法具有随机性。这旨在让蚂蚁有可能探索不太理想的直接路径，旅行的总距离可能更短。

首先，一只蚂蚁需要根据某个随机概率值来决定是否选择一个随机的目的地。我们可生成一个介于 0 和 1 之间的随机数，如果结果是 0.1 或更小，蚂蚁将决定随机选择一个目的地；也就是说，蚂蚁有 10% 的可能性会随机选择一个游乐项目。如果一只蚂蚁决定随机选择一个目的地，那么它将在所有可用的(尚未访问的)游乐项目中随机选择一个。

2. 基于启发式来选择目的地

当蚂蚁要选择下一个非随机的目的地时，它将通过以下公式[1]来确定该路径上的信息素强度和启发式的值：

$$\frac{(\text{路径x上信息素的强度})^a \times (1/\text{路径x对应的启发式的值})^b}{\substack{\text{对n条备选路径}\\(\text{所对应的值})\\\text{进行求和}} \quad ((\text{路径n上信息素的强度})^a \times (1/\text{路径n对应的启发式的值})^b)}$$

蚂蚁将这个公式应用到通向各个目的地的路径后，会选择一个具有最佳整体价值(函数值)的目的地。图 6.17 展示了从马戏团出发的所有可能路径，以及它们各自对应的路径长度(距离)和信息素强度。

图 6.17　从马戏团出发的备选路径示例

---

1 译者注：分母上更严谨的表示如下。

pheromone on path i：路径 i 上信息素的强度，i 从 1 到 n 遍历所有可用路径。

heuristic for path i：路径 i 对应的启发式的值，i 从 1 到 n 遍历所有可用路径。

下面借助公式来理解整个计算过程，并了解计算结果是如何影响决策的(如图 6.18 所示)。

$$\frac{(\text{路径x上信息素的强度})^a \times (1/\text{路径x对应的启发式的值})^b}{\underset{\text{信息素所产生的影响}}{\underbrace{\qquad\qquad\qquad}} \quad \underset{\text{启发式所产生的影响}}{\underbrace{\qquad\qquad\qquad}}}$$

图 6.18　(路径 x 上)信息素强度和启发式的值所产生的影响

变量 alpha (a)和 beta (b)被用来为信息素或启发式赋予更大的权重。可调整这两个变量来左右蚂蚁的判断：是根据自己对路径的了解(即距离，启发式的值)进行移动，还是根据整个蚁群对路径的了解(即路径上存在的信息素的强度)进行移动。这些参数是预先设定好的，并且通常不会在算法运行时进行调整。

下面这个例子遍历了从马戏团出发的每条路径，并计算出了移动到每个项目的概率。

- 将 a(alpha)设置为 1。
- 将 b(beta)设置为 2。

因为 b 大于 a，所以在这个例子中，启发式所产生的影响会更大一些。

下面通过图 6.19 中的示例，来学习如何计算选中某条特定路径的概率。

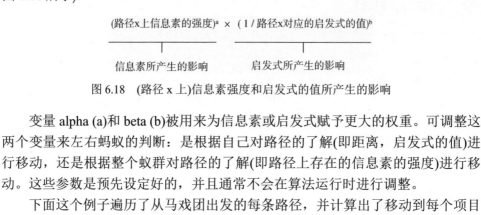

图 6.19　计算选中某条路径的概率

完成计算之后，给定所有可用的目的地，蚂蚁选中各游乐项目的概率分布如图 6.20 所示。

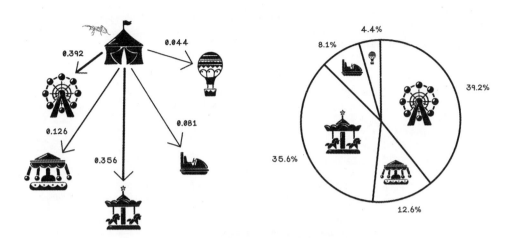

图 6.20 各游乐项目被选中的概率

请记住，这里只考虑有效路径，也就是那些还没有被探索过的路径。图 6.21 展示了从马戏团出发的所有可能路径，这里不包括摩天轮，因为它已经被访问过了。图 6.22 展示了图 6.21 中各条路径对应的概率计算结果。

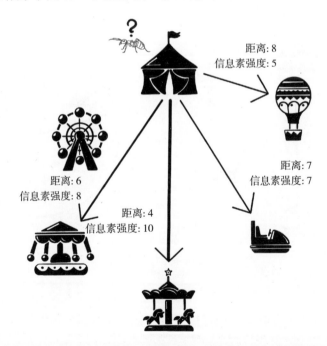

图 6.21 排除访问过的游乐项目后，从马戏团出发的可能路径示例

$$\frac{(路径x上信息素的强度)^a \times (1/路径x对应的启发式的值)^b}{}$$

对n条备选路径
(所对应的值)　　$((路径n上信息素的强度)^a \times (1/路径n对应的启发式的值)^b)$
进行求和

$((路径x上信息素的强度)^a \times (1/路径x对应的启发式的值)^b)$　　← 将各游乐项目对应
的信息素强度值及
启发式的值代入这
一公式

旋转秋千：　$8 \times (1/6)^2 = 0.222$
旋转木马：　$10 \times (1/4)^2 = 0.625$
碰碰车：　　$7 \times (1/7)^2 = 0.143$
热气球：　　$5 \times (1/8)^2 = 0.078$

对n条备选路径
(所对应的值)　　$((路径n上信息素的强度)^a \times (1/路径n对应的启发式的值)^b) = 1.068$　　← 对所有项目(对应的
进行求和　　　　　　　　　　　　　　　　　　　　　　　　　　　　　　　　　　　　　　　值)进行求和的结果

旋转秋千：$0.222 / 1.068 = 0.208$
旋转木马：$\mathbf{0.625} / \mathbf{1.068} = \mathbf{0.585}$　　← 高概率项58.5%
碰碰车：　$0.143 / 1.068 = 0.134$
热气球：　$0.078 / 1.068 = 0.073$

图 6.22　计算选中某条路径的概率

现在，蚂蚁选中各游乐项目的概率分布如图 6.23 所示。

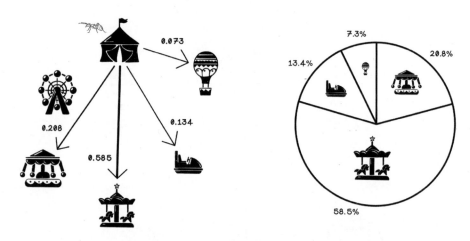

图 6.23　各游乐项目被选中的概率

用于计算各游乐项目被访问的概率的伪代码与我们研究过的数学函数密切相关。实现中需要注意的几个要点包括：

- 确定可供访问的游乐项目——因为蚂蚁可能已经访问了几个游乐项目，它不应再次前往这些目的地。从所有游乐项目的列表(all_attractions)中去除已访问的游乐项目(visited_attractions)，可得到可供访问的游乐项

目 (possible_attractions)列表。

- 使用三个变量来存储概率计算的结果——可选索引(possible_indexes)用于存储各个游乐项目的索引；可选概率(possible_probabilities)用于存储这些索引对应的概率；总概率(total_probabilities)用于存储所有概率的和。当完成全部计算时，该和应该等于 1。为了让代码看起来更加简洁，我们用一个类来表示这三种数据结构。

```
visit_probabilistic_attraction(pheromone_trails, attraction_count, ant
                               alpha, beta):
  let current_attraction equal ant.visited_attractions[-1]
  let all_attractions equal range(0, attraction_count)
  let possible_attractions equal all_attractions - ant.visited_attractions

  let possible_indexes equal empty array
  let possible_probabilities equal empty array
  let total_probabilities equal 0

  for attraction in possible_attractions:
    append attraction to possible_indexes
    let pheromones_on_path equal
      math.pow(pheromone_trails[current_attraction][attraction], alpha)
    let heuristic_for_path equal
      math.pow(1/attraction_distances[current_attraction][attraction], beta
    let probability equal pheromones_on_path * heuristic_for_path
    append probability to possible_probabilities
    add probability to total_probabilities
  let possible_probabilities equal [probability / total_probabilities
    for probability in possible_probabilities]
  return [possible_indexes, possible_probabilities]
```

我们又遇到了轮盘赌筛选法。轮盘筛选函数(roulette_wheel_selection)以可能的概率和项目索引作为输入，然后生成一个切片(slice)列表，每个切片的元素 0 中存储着某个游乐项目的索引，元素 1 中存储着该切片(所对应的概率)的开始位置，元素 2 中存储着该切片(所对应的概率)的结束位置。所有切片都包含一个介于 0 和 1 之间的起始值和终点值。系统将生成一个介于 0 和 1 之间的随机数，这个随机数所落入的切片将被选为获胜者。

```
roulette_wheel_selection(possible_indexes, possible_probabilities,
                         possible_attraction_count):
    let slices equal empty array
    let total equal 0
    for i in range(0, possible_attractions_count):
        append [possible_indexes[i], total, total + possible_probabilities[i]]
            to slices
        total += possible_probabilities[i]
    let spin equal random(0, 1)
    let result equal [slice for slice in slices if slice[1] < spin <= slice[2]]
    return result
```

现在，我们获得了不同游乐项目的访问概率分布，下一步将使用轮盘赌筛选法进行选择。

回顾一下，轮盘赌筛选法(参考第 3 章和第 4 章)根据适应度给出了轮盘上不同部分的切分方法。然后我们"旋转"轮盘，使得轮盘上的某个部分被选中。在轮盘上，更高的适应度将获得更大的轮盘切片，如本章前面的图 6.23 所示。这个不断选择游乐项目并对其进行访问的过程将一直持续下去，直到每只蚂蚁都对所有项目完成了一次访问。

练习：根据以下信息确定访问游乐项目的概率

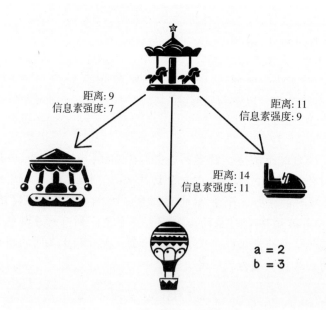

解决方案：根据以下信息确定访问游乐项目的概率

$$\frac{(路径x上信息素的强度)^a \times (1/路径x对应的启发式的值)^b}{对n条备选路径(所对应的值)进行求和 \quad ((路径n上信息素的强度)^a \times (1/路径n对应的启发式的值)^b)}$$

$$((路径x上信息素的强度)^a \times (1/路径x对应的启发式的值)^b)$$

$$
\begin{aligned}
旋转秋千: \quad & 7^2 \times (1/9)^3 = 0.067 \\
碰碰车: \quad & 9^2 \times (1/11)^3 = 0.061 \\
热气球: \quad & 11^2 \times (1/14)^3 = 0.044
\end{aligned}
$$

对n条备选路径(所对应的值)进行求和 $((路径n上信息素的强度)^a \times (1/路径n对应的启发式的值)^b) = 0.172$

$$
\begin{aligned}
旋转秋千: \quad & 0.067 / 0.172 = 0.39 \\
碰碰车: \quad & 0.061 / 0.172 = 0.355 \\
热气球: \quad & 0.044 / 0.172 = 0.256
\end{aligned}
$$

6.4.4 更新信息素印迹

现在蚂蚁已经访问了所有游乐项目，每一只蚂蚁都留下了信息素——这改变了游乐项目之间的信息素印迹(如图 6.24 所示)。

信息素印迹的更新包括两个步骤：蒸发和沉积新的信息素。

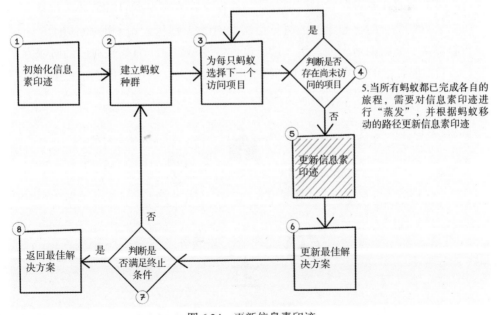

图 6.24 更新信息素印迹

1. 因为蒸发而更新信息素

蒸发这一概念也来源于自然现象的启发。随着时间的推移，信息素印迹的强度会逐渐降低。将信息素当前的值乘以某个蒸发因子，即可更新信息素蒸发后的值，蒸发因子是一个可调整的参数——用于调整算法在探索和挖掘方面的性能。图 6.25 展示了由于蒸发而更新的信息素印迹。

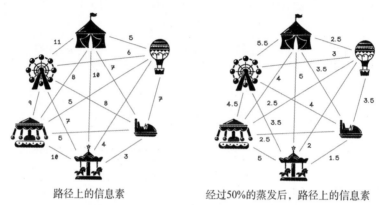

路径上的信息素　　　　　　经过50%的蒸发后，路径上的信息素

图 6.25　依据蒸发来更新信息素印迹的示例

2. 根据蚂蚁的行程更新信息素

某条路径上的信息素印迹是根据沿着这条路径移动的蚂蚁数量来更新的。如果有更多的蚂蚁在某条路径上移动，这条路径上就会有更多的信息素。

每只蚂蚁都会对自己走过的每条道路上的信息素印迹作出相应的贡献——这一贡献取决于蚂蚁的适应度。引入适应度这一变量后，一只蚂蚁对应的解决方案越好，它对路径上的信息素印迹所产生的影响就越大。图 6.26 展示了根据蚂蚁在各条路径上的移动而更新的信息素印迹。

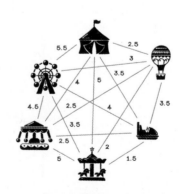

蒸发之后路径上的信息素

图 6.26　蚂蚁移动所带来的信息素更新

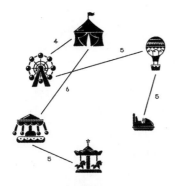

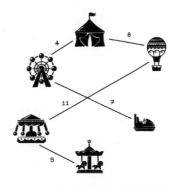

蚂蚁A走过的路径长度(启发式值的总和)：25
1/25=0.04

蚂蚁B走过的路径长度(启发式值的总和)：35
1/35=0.029

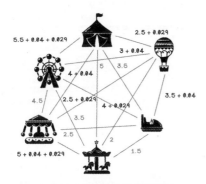

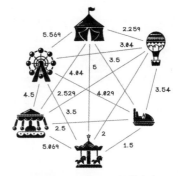

蚂蚁经过所带来的信息素增量　　　　　蚂蚁经过后路径上的信息素

图 6.26　蚂蚁移动所带来的信息素更新(续)

练习：给定以下场景，计算更新后的信息素印迹

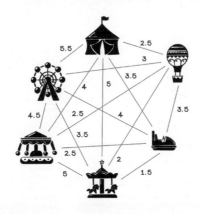

按照50%蒸发因子计
算信息素的蒸发

路径上的信息素

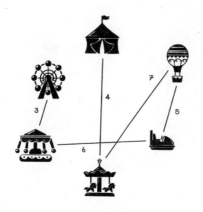

蚂蚁A走过的路径

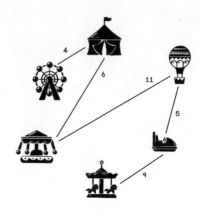

蚂蚁B走过的路径

解决方案：给定以下场景，计算更新后的信息素印迹

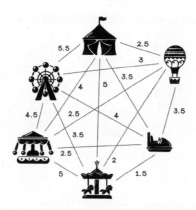

路径上的信息素

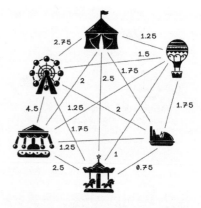

经过50%的蒸发后，路径上的信息素

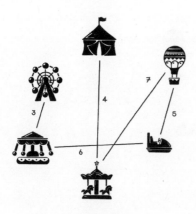

蚂蚁A走过的路径长度：25
1/25=0.04

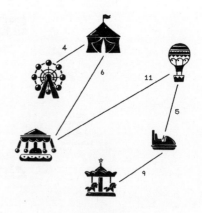

蚂蚁B走过的路径长度：35
1/35=0.029

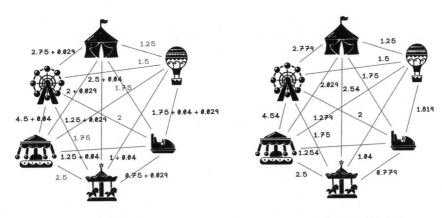

蚂蚁经过所带来的信息素增量　　　　　　　蚂蚁经过后路径上的信息素

更新信息素函数(update_pheromones)为信息素印迹的更新引入了两个重要的概念。首先，根据蒸发因子对当前信息素强度进行蒸发。例如，如果蒸发因子为0.5，则信息素强度会降低一半。其次，根据蚂蚁在给定路径上的移动来增加信息素。每只蚂蚁所贡献的信息素强度由蚂蚁的适应度决定，在当前案例中，蚂蚁的适应度即该蚂蚁所移动的总距离。

```
update_pheromones(evaporation_rate, pheromone_trails, attraction_count):
  for x in range(0, attraction_count):
    for y in range(0, attraction_count):
      let pheromone_trails[x][y] equal
        pheromone_trails[x][y] * evaporation_rate
      for ant in ant_colony:
        pheromone_trails[x][y] += 1 / ant.get_distance_traveled()
```

6.4.5　更新最佳解决方案

最佳解决方案对应着总距离最小的游乐项目访问顺序(如图 6.27 所示)。

经过一次迭代，每只蚂蚁都完成了一次旅行(当一只蚂蚁已经访问了游乐场中的每个游乐项目，这只蚂蚁即完成了一次旅行)之后，我们需要确定种群中表现最优秀的那只蚂蚁。为此，我们需要(在每次迭代中)找到当前总行程最短的蚂蚁，并将其设置为蚁群中新的最佳蚂蚁。

```
get_best(ant_population, previous_best_ant):
  let best_ant equal previous_best_ant
```

```
for ant in ant_population:
  let distance_traveled equal ant.get_distance_traveled()
  if distance_traveled < best_ant.best_distance:
    let best_ant equal ant
return best_ant
```

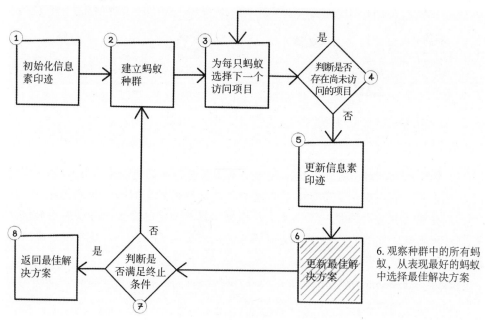

图 6.27　更新最佳解决方案

6.4.6　确定终止条件

　　算法在经过一定次数的迭代后会停止：从理论上来说，迭代次数就是蚂蚁种群所完成的旅行次数。10 次迭代意味着每只蚂蚁完成了 10 次旅行；在每次旅行中，每只蚂蚁会访问每个游乐项目一次，总共重复 10 次(如图 6.28 所示)。

　　蚁群优化算法的终止条件往往根据要解决的问题领域来调整。在某些情况下，终止条件可根据现实中的已知限制来确定，当已知限制不存在时，不妨考虑以下选项：

* **达到预定的迭代次数时停止。** 在这一场景中，我们将终止条件设置为算法需要运行的迭代总数。如果把终止条件定义为 100 次迭代，则每只蚂蚁需要在算法终止前完成 100 次旅行。
* **在最佳解决方案停滞不前时停止。** 在这种情况下，我们将每次迭代后的最佳解与之前的最佳解进行比较。如果在规定的迭代次数后，最佳解决方案没有变化，则算法终止。譬如，若第 20 次迭代产生了一个适应度为 100 的最佳解，并且直到第 30 次迭代，最佳解依然为这个解，则很可能(但不保证)并不存在更好的解。

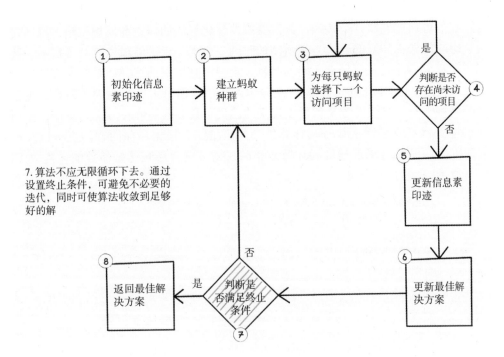

7. 算法不应无限循环下去。通过设置终止条件，可避免不必要的迭代，同时可使算法收敛到足够好的解

图 6.28　终止条件判断

伪代码

　　求解函数(solve)能将一切联系在一起，以让读者更好地了解各项操作的顺序并掌握蚁群算法的整个生命周期。注意，算法需要按照预先定义的迭代次数(total_iterations)重复执行一定次数。在每次迭代开始时，蚁群需要初始化到其起点位置，并在每次迭代之后确定一个新的最佳解决方案(best_ant，即表现最好的蚂蚁)。

```
solve(total_iterations, evaporation_rate, number_of_ants_factor,
      attraction_count):
  let pheromone_trails equal setup_pheromones()
  let best_ant equal Nothing
  for i in range(0, total_iterations):
    let ant_colony equal setup_ants(number_of_ants_factor)
    for r in range(0, attraction_count - 1):
      move_ants(ant_colony)
    update_pheromones(evaporation_rate,
                      pheromone_trails,
                      attraction_count)
    let best_ant equal get_best(ant_colony)
```

　　我们可通过调整几个参数，来改变蚁群优化算法的探索与挖掘策略。这些参数会影响算法找到好的解决方案所需的时间。引入一定的随机性有利于探索。我们需要权衡启发式和信息素之间的权重，这将影响蚂蚁的选择：是倾向于尝试贪婪式的搜索(当启发式权重高时)，还是偏向于信任信息素。蒸发因子的设计也会影响这种平衡。蚂蚁的数量和预先定义的迭代总数会影响解决方案的质量。而当我们增加蚂蚁或迭代次数时，计算量会相应增加。根据当前问题的规模以及计算时间的限制，对求解精度和计算效率的权衡可能会影响这些参数的设置(如图6.29 所示)。

设置蚂蚁选择随机访问某个游乐项目的概率(0.0～1.0)(0%～100%)
```
RANDOM_ATTRACTION_FACTOR = 0.3
```

设置(路径上)信息素的权重
```
ALPHA = 4
```

设置(路径上)启发式的权重
```
BETA = 7
```

根据游乐项目的数量，设置蚁群百分比
```
NUMBER_OF_ANTS_FACTOR = 0.5
```

设置蚂蚁需要完成的(旅行)迭代次数
```
TOTAL_ITERATIONS = 1000
```

设置信息素的蒸发因子(0.0～1.0)(0%～100%)
```
EVAPORATION_RATE = 0.4
```

图 6.29　蚁群优化算法中可供调整的参数

　　现在，你已深入了解了蚁群优化算法是如何工作的，并掌握了如何使用它来解决游乐场问题。下面的章节将描述蚁群优化算法所适用的其他用例。也许这些例子可帮你将蚁群优化算法应用到实际的工作和学习中。

6.5　蚁群优化算法的用例

　　蚁群优化算法在一定数量的实际应用中取得了显著的效果。这些应用通常集中在复杂的优化问题上，下面列出了几个例子。

- *路线优化*——路线优化问题通常涉及若干个限制条件以及数个需要访问的目的地。不妨以物流系统优化为例：目的地之间的距离、交通状况、运送包裹类型以及要求送达的时间均是优化业务运营需要考虑的重要约束条件。蚁群优化算法可用来解决这个问题。这一问题类似于本章探讨的游乐场问题，但启发式函数可能更复杂，并且依赖于具体场景中的上下文约束。

- *任务调度*——任务调度问题几乎存在于所有行业中。为了确保提供良好的医疗保健服务，合理的护士轮班调度非常重要。对于大型计算集群来说，必须以最佳方式调度服务器上的计算任务，才能最大限度地利用硬件而不造成浪费。蚁群优化算法可用于解决这些问题。在这个场景中，我们不再将蚂蚁所访问的实体视为具体的位置，而是令蚂蚁以不同的顺序“访问”任务。这里的启发式函数需要基于正在调度的任务的上下文进行设计，以满足其特定的约束条件和规则。例如，护士需要合理休假来防止疲劳，而服务器上的高优先级工作应该优先处理。
- *图像处理*——蚁群优化算法可用于图像处理中的边缘检测。一幅图像由很多相邻的像素组成，蚂蚁可从一个像素移动到另一个像素，并留下信息素印迹。根据像素颜色强度不同，蚂蚁留下的信息素强度也不同，导致被检测对象边缘上的像素具有最强的信息素印迹。该算法本质上是通过进行边缘检测来跟踪图像中物体轮廓的。在这一场景下，可能需要对图像进行预处理——譬如将图像脱色为灰度图，以便统一比较像素的颜色强度。

6.6　本章小结

蚁群优化算法利用信息素印迹和启发式寻找理想的解决方案。

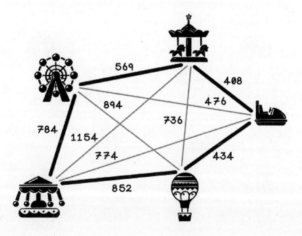

蚁群优化算法适用于解决优化问题，譬如最短路径问题或任务调度问题。

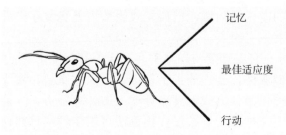

蚂蚁拥有记忆和表现两个属性，并且可执行动作。

在计算路径入选的概率时，我们需要平衡启发式和信息素两个影响因素的权重。

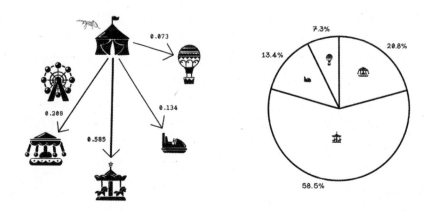

信息素印迹由经过当前路径的蚂蚁留下，并且和蚂蚁的表现相关；路径上的信息素会蒸发。

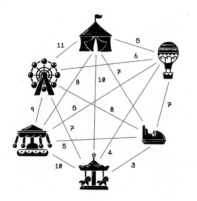

路径上的信息素

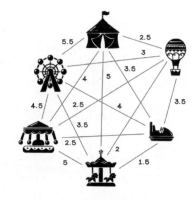

经过50%的蒸发后，路径上的信息素

群体智能：粒子群优化 | 第 7 章

本章内容涵盖：

- 了解粒子群智能算法的来龙去脉
- 理解并解决优化问题
- 粒子群优化算法的设计与实现

7.1 什么是粒子群优化？

粒子群优化是另一种群体智能算法。群体智能依赖于许多个体(作为一个集体)的突发行为来解决困难问题。第 6 章介绍了蚂蚁如何利用信息素找到目的地之间的最短路径。

鸟群是自然界中群体智能的另一个理想的例子。当一只鸟在飞行时，它可能会尝试一系列飞行动作和技巧来节省能量，例如，在空中翻转和滑翔，或者利用气流将自己带往想去的方向。这类行为表明鸟类个体具有某种原始的智能。但是作为种群，鸟类在不同季节也需要迁徙。冬天，寒冷地区的昆虫和其他食物较少。合适筑巢的地点也变得稀缺。此时，鸟类倾向于聚集到温暖的地区，利用更好的天气条件以提高自己生存的可能性。迁徙通常不是一次短途旅行。为了到达一个条件适宜的地区，它们往往需要飞行几千千米的路程。鸟类长途飞行时往往会成群结队。鸟类之所以聚集在一起，是因为面对捕食者时它们可以有数量上的优势；此外，这种行为能节省飞行所需的能量。我们在鸟群中观察到的队形有几个优点。一只体型较大、更为强壮的鸟会充当领队，它扇动翅膀时产生的气流会为后面的鸟提供托升的力。队伍中的鸟可借力飞行，所消耗的能量要少得多。如果需要改变行进方向或头鸟需要休息，鸟群可换一只鸟来当头鸟。当某一只鸟无意间脱离队伍时，它在飞行时需要花费更大的力气来克服空气阻力，以便修正自己的运动并重新回到队伍中。图 7.1 展示了一个鸟群的队形，你可能见过类似的情况。

图 7.1   鸟群队形的示例

为了了解鸟群中突发行为的属性，克雷格·雷诺兹(Craig Reynolds)在 1987年开发了一套仿真程序，并使用以下规则来指导种群行为的仿真。这些规则来自人们对鸟群的观察。

- *对齐*——鸟类个体应沿着其相邻个体的平均方向前进，以确保整个队伍沿着相似的方向行进。
- *凝聚*——鸟类个体应向其相邻个体的平均位置移动，以维持队伍的形态。
- *分离*——鸟类个体应避免与其相邻个体挤在一起或撞在一起，以免个体之间发生碰撞，扰乱整个群体。

试图模拟群体行为的各种尝试可能引入额外的规则。图 7.2 展示了个体在不同场景下的行为，同时(黑色粗箭头)表示了它在各项规则影响下的行进方向。如图所示，鸟类飞行方向的调整是这三个原则平衡的结果。

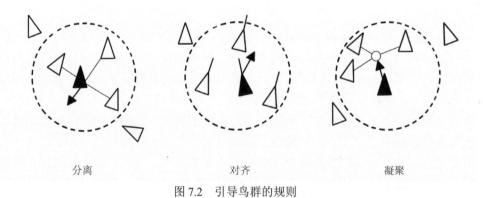

分离   对齐   凝聚

图 7.2   引导鸟群的规则

粒子群优化算法涉及一组在解空间中位于不同点的个体，然后基于现实世界中的群体概念，尝试寻找空间中的最优解。本章将深入探讨粒子群优化算法的工作原理，并展示如何使用它来解决问题。假设一群蜜蜂在半空中散开，各自寻找花朵采蜜，自然而然它们会逐渐聚到一个花朵密度最大的区域。随着越来越多的蜜蜂找到花朵，会有更多的蜜蜂被吸引过来。这个例子所体现的理念正是粒子群优化算法的核心概念(见图 7.3)。

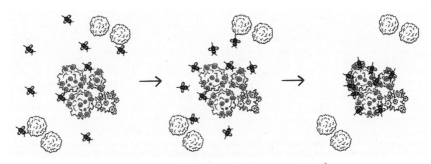

图 7.3　一群蜜蜂正朝着它们的目标聚集

前面几章已经提到过优化问题。在迷宫中寻找最优路径，选择最适合放入背包中的物品，在游乐场中寻找游览项目的最优路线——这些都是优化问题的实际应用。我们学会了怎么解决这些问题，但并没有深入理解它们背后的细节。从本章开始，我们需要更深入地理解优化问题。下一节将介绍一些直观的技术性观点，这样，当出现优化问题时，你才能发现它们。

7.2　优化问题：略偏技术性的观点

假设我们有几个不同大小的辣椒。通常，小辣椒比大辣椒更辣。如果我们根据大小和辣度在图表上画出所有的辣椒，结果可能会像图 7.4 所展示的那样。

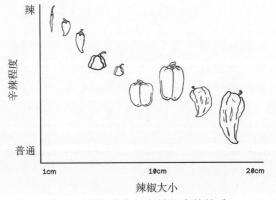

图 7.4　辣椒大小与辛辣程度的关系

上图描绘了辣椒的大小与辛辣程度的关系。现在，我们把辣椒的图像从图中移除并用绘制的数据点代替它们，然后根据它们的位置画一条可描述其关系走势的曲线，我们将得到图 7.5。如果我们有更多的辣椒，就会有更多的数据点，画出的曲线也就会更准确。

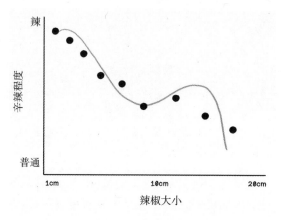

图 7.5 辣椒大小与辛辣程度的关系走势

这个例子也可被看作一个优化问题。现在，我们从左到右寻找最小值；在开始的几个点上，辣椒越大，辣度就越小，但在中间位置，我们会遇到一个更大但是辣度也更高的点。这个时候我们应该停下来吗？如果我们这样做了，就会错过实际的最小值，即最后一个数据点，我们称其为全局最小值。

上图中用于近似描述辣度变化走势的曲线可用一个函数来表示，如图 7.6 所示。这个函数中辣椒的大小用 x 表示，该函数可解释为(在给定辣椒大小的前提下)辣椒的辣度等于这个函数的结果。

$$f(x) = -(x-4)(x-0.2)(x-2)(x-3) + 5$$

图 7.6 辣椒大小与辛辣程度的关系函数示例

现实世界中的问题通常涉及数千个数据点，函数的最小值不会像这个例子中这样清晰可见。搜索空间也会非常大，以至于难以用手算的方式解决。

注意，这里只使用了辣椒的两个属性来创建数据点，这样，用一条简单的曲线就可描述两者的关系。如果我们再加入辣椒的另一个属性，如颜色，数据的表示会发生显著变化。现在，我们必须用3D 图表来描述问题空间，关系走势也变成了曲面，而不是曲线。一个曲面就像 3D 空间中的一条卷曲的毯子(如图 7.7 所示)。这个曲面也可表示为一个函数，但是更复杂。

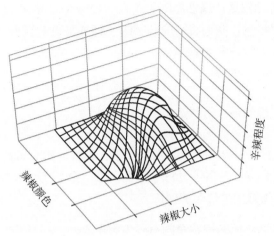

图 7.7 辣椒大小、颜色与辛辣程度的关系

此外，一个 3D 的搜索空间既可以看起来很简单，如图 7.7 所示，又可以显得很复杂，以至于用肉眼根本无法找到其最小值(见图 7.8)。

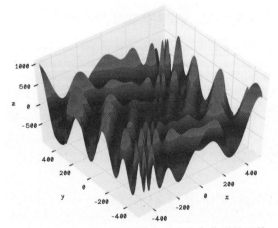

图 7.8 某个在 3D 空间中可视化为曲面的函数

图 7.9 给出了表示该曲面的函数。

$$f(x, y) = -(y + 47) \sin \sqrt{\left| \frac{x}{2} + (y + 47) \right|} - x \sin \sqrt{|x - (y + 47)|}$$

图 7.9 图 7.8 中曲面所对应的函数

现在一切都变得更有趣了！我们现已观察了辣椒的三个属性：大小、颜色和辛辣程度。因此，我们需要在 3D 空间中进行搜索。如果我们想要引入产地这一因素呢？添加这个属性后，数据会变得更难以可视化，也更难以理解，因为我们

需要在 4D 空间中寻找这些属性之间的关系。如果我们再引入辣椒的生长周期和种植时所使用的肥料量，我们将需要在 6D 空间中展开极其复杂的搜索——我们甚至无法想象这样的搜索会是什么样子的。这个关系也可用一个函数来表示，但同样，它太复杂了，很难通过手算解决。

粒子群优化算法特别适用于解决复杂的优化问题。粒子会分布在多维搜索空间中，共同寻找理想的最大值或最小值。

粒子群优化算法在以下场景中特别有用：

- *大搜索空间*——存在大量数据点和不计其数的组合可能性。
- *多维搜索空间*——多维度将导致复杂性。需要考虑问题中的各种影响因素，才能找到一个理想的解决方案。

练习：以下场景对应的搜索空间有多少维度？

在这个场景中，我们需要根据一年中的平均最低温度来确定一个适合居住的城市，因为我们不喜欢寒冷。人口少于 70 万这一条件也很重要，因为拥挤的地区可能会有诸多不便。当然，平均房价要尽量低，市内地铁线路越多越好。

解决方案：以下场景对应的搜索空间有多少维度？

这一问题需要考虑以下 5 个方面，也就是说对应着 5D 搜索空间：
- 平均温度
- 人口规模
- 平均房价
- 地铁数量
- 通过这些属性算出的结果，可为我们的决策提供信息

7.3　适合用粒子群优化算法的问题

假设我们正在研发一款无人机，需要选用几种材料来制造它的机身和螺旋桨(能让它飞起来的叶片)。通过多次的研究试验，我们发现两种特定材料的用量会影响无人机在获得升力和抵抗强风两方面的性能。这两种材料分别是用于制造机身的铝和用于制造螺旋桨的塑料。过多或过少地使用任何一种材料都会导致无人机的性能不够理想。我们知道，尽管存在多种能使无人机达到良好性能的组合，但是只有一种组合能使无人机达到最佳性能。

图 7.10 展示了无人机中由塑料制成的组件和由铝制成的组件。箭头表示影响无人机性能的阻力。简而言之，我们希望找到塑料和铝的理想配比方式，以减少无人机在上升过程中的阻力和在风中的摆动。所以塑料和铝的量是输入，而输出

是无人机的稳定性。这里把理想的稳定性描述为较小的起飞阻力和较少的风中摆动。

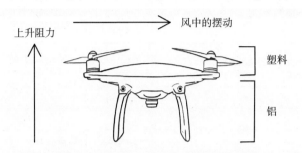

良好的性能=较小的上升阻力+较少的风中摆动

图 7.10　无人机材料优化示例

必须准确确定铝和塑料的比例，同时，这一比例存在着无穷多的取值可能。在该场景下，研究人员发现了能确定铝和塑料比例的函数。我们将在模拟的虚拟环境中使用这一函数测试阻力和摆动，以找到每种材料用量的最佳取值，从而制造新的无人机原型。这里假设两种材料的最大用量为 10，最小用量为−10。这个适应度函数和启发式类似。

图 7.11 展示了铝(用 x 表示)和塑料(用 y 表示)之间比例的适应度函数。以给定的 x 和 y 作为输入，函数的输出是基于阻力和摆动的无人机性能得分。

$$f(x,y) = (x + 2y - 7)^2 + (2x + y - 5)^2$$

图 7.11　优化铝(x)和塑料(y)的函数示例

如何才能找到制造一架理想的无人机所需的铝和塑料的量？当然，我们可尝试每一种铝和塑料的取值组合，直至找到无人机的最佳材料比例。不过，先退一步，想象一下需要多少计算量才能找到这个比例。如果我们尝试每一个可能的值，那么在找到一个解之前，我们需要接近无限次的计算。譬如，我们需要计算表 7.1 中 x 和 y 的所有取值所对应的结果。注意，铝和塑料的数量在现实世界中是不可能出现负数的；然而，我们在这个例子中引入负数来演示对目标值进行优化的适应度函数。

表 7.1　铝和塑料的可能取值组合

铝的量(x)	塑料的量(y)
−0.1	1.34
−0.134	0.575
−1.1	0.24
−1.1645	1.432
−2.034	−0.65

(续表)

铝的量(x)	塑料的量(y)
−2.12	−0.874
0.743	−1.1645
0.3623	−1.87
1.75	−2.7756
…	…
−10≤铝的数量≤10	−10≤塑料的数量≤10

这种计算将针对符合约束条件的每一组可能的数字进行，计算成本将无比高昂，因此实际上不可能通过暴力计算来解决这个问题。我们需要一种更好的方法。

粒子群优化算法提供了一种不必对每个维度中的每个值进行计算就能对超大搜索空间进行搜索的方法。在无人机问题中，铝的量是问题的第一个维度，塑料的量是第二个维度，而无人机的最终性能是第三个维度。

在下一节中，我们将确定表示粒子所需要的数据结构，包括粒子所包含的关于问题的数据。

7.4　状态表达：粒子是什么样的？

因为粒子是在搜索空间中移动的主体，所以我们必须先定义粒子的概念(如图 7.12 所示)。

图 7.12　粒子的属性

以下元素构成了粒子的概念：
- *位置*——粒子在问题空间中的坐标，由所有维度构成的向量来描述
- *最佳位置*——利用适应度函数所能找到的最佳位置
- *速度*——粒子运动的当前速度

伪代码

为了实现粒子的三个属性，即位置、最佳位置和速度，粒子的构造函数需要以下属性以执行粒子群优化算法的各项操作。现在先不要担心惯性(inertia)、认知常数(cognitive_constant)和社交常数(social_constant)；随后的章节将解释这些参数。

```
Particle(x, y, inertia, cognitive_constant, social_constant):
    let particle.x equal to x
    let particle.y equal to y
    let particle.fitness equal to infinity
    let particle.velocity equal to 0
    let particle.best_x equal to x
    let particle.best_y equal to y
    let particle.best_fitness equal to infinity
    let particle.inertia equal to inertia
    let particle.cognitive_constant equal to cognitive_constant
    let particle.social_constant equal to social_constant
```

7.5　粒子群优化的生命周期

粒子群优化算法是基于要解决的问题空间而设计的。每个问题都具有独特的上下文和不同的数据表示域。不同问题的解决方案也会有不一样的衡量标准。现在，让我们深入研究如何设计粒子群优化算法来解决无人机的结构问题。

一般来说，粒子群优化算法的生命周期包括下列步骤(见图 7.13)。

(1) 初始化粒子群。确定要用到的粒子数量，并将每个粒子初始化到搜索空间中的某个随机位置。

(2) 计算每个粒子的适应度。给定每个粒子的位置，确定该粒子在该位置的适应度。

(3) 更新每个粒子的位置。基于群体智能的设计原则，迭代更新所有粒子的位置。粒子会对搜索空间进行探索，然后收敛到好的解决方案。

(4) 确定终止条件。确定什么时候停止更新粒子的位置，满足终止条件时算法停止。

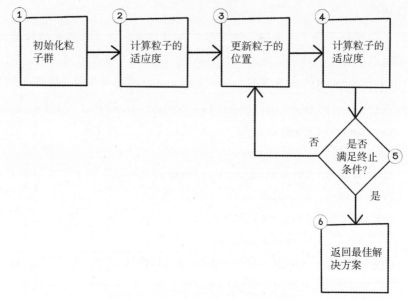

图 7.13　粒子群优化算法的生命周期

　　粒子群优化算法比较简单，但步骤(3)中包含的细节相当复杂。下面几节将分别介绍每个步骤，并揭示该算法运行的细节。

7.5.1　初始化粒子群

　　该算法从创建给定数量的粒子开始，粒子的数量在算法的整个生命周期内保持不变(如图 7.14 所示)。

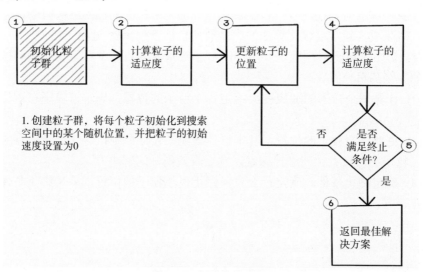

图 7.14　初始化粒子群

初始化粒子群需要考虑的三个重要因素(见图 7.15)：

- *粒子数量*——粒子数量将直接影响计算量。粒子越多，需要的计算量就越大。此外，更多的粒子可能意味着需要更长的时间才能收敛到全局最优解，因为更多的粒子可能被吸引到它们所在位置附近的局部最优解。问题的约束条件也会影响粒子数量的设置。更大的搜索空间可能需要更多的粒子来探索它。粒子数量可能多达 1000 个，也可能少至 4 个。通常来说，50～100 个粒子就可产生理想的解决方案，同时在计算上不会太耗时。
- *每个粒子的起始位置*——每个粒子的起始位置应该是在各个维度上的随机位置。粒子必须在搜索空间中均匀分布。如果大多数粒子都分布在搜索空间的某个特定区域，它们将很难找到该区域之外的解决方案。
- *每个粒子的初始速度*——粒子的速度被初始化为 0，因为此时粒子尚未受到影响。这就好比鸟类从静止的位置起飞。

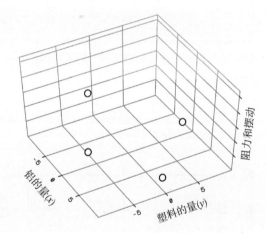

图 7.15　3D 平面中 4 个粒子初始位置的可视化示例

表 7.2 列出了在算法初始化步骤中每个粒子所包含的数据。注意，此时粒子的速度是 0；当前适应度和最佳适应度的值也为 0，因为尚未开始计算。

表 7.2　粒子属性数据

粒子编号	速度	当前铝量(x)	当前塑料量(y)	当前适应度	最佳铝量(x)	最佳塑料量(y)	最佳适应度
1	0	7	1	0	7	1	0
2	0	−1	9	0	−1	9	0
3	0	−10	1	0	−10	1	0
4	0	−2	−5	0	−2	−5	0

生成粒子群的方法为：创建一个空列表，然后将新的粒子添加到列表中。需要注意的关键因素包括以下几点。

- 确保粒子的数量是可配置的。
- 确保随机数的生成是均匀的；生成的随机数分布在符合约束条件的搜索空间中。具体实现取决于所使用的随机数生成器的特性。
- 务必给定搜索空间的约束条件：对于当前的问题，粒子的 x 坐标和 y 坐标都需要落在-10 ~ 10 的区间内。

```
generate_swarm(number_of_particles):
    let particles equal an empty list
    for particle in range(number_of_particles):
        append Particle(random(-10,10),random(-10,10),INERTIA,
                        COGNITIVE_CONSTANT,SOCIAL_CONSTANT) to particles
    return particles
```

7.5.2　计算粒子的适应度

下一步是计算每个粒子在其当前位置的适应度。每当粒子群的位置更新，算法都要重新计算每个粒子的适应度(见图 7.16)。

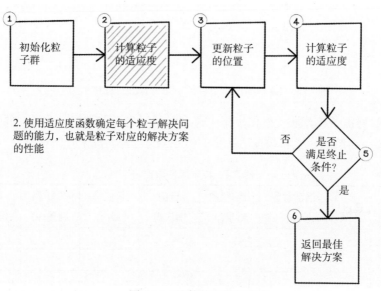

图 7.16　计算粒子的适应度

在无人机的场景中，科学家们提供了一个函数，只需要给定铝的量(x)和塑料的量(y)，函数就会计算出对应的阻力和摆动。在本例中，该函数会被用作粒子群优化算法的适应度函数(如图 7.17 所示)。

$$f(x,y) = (x + 2y - 7)^2 + (2x + y - 5)^2$$

图 7.17　优化铝量(x)和塑料量(y)的函数示例

如果 x 为铝的量，y 为塑料的量，如图 7.18 所示，可将具体的 x 和 y 的值代入公式，来确定每个粒子的适应度。

$$f(7,1) = (7 + 2(1) - 7)^2 + (2(7) + 1 - 5)^2 = 104$$
$$f(-1,9) = (-1 + 2(9) - 7)^2 + (2(-1) + 9 - 5)^2 = 104$$
$$f(-10,1) = (-10 + 2(1) - 7)^2 + (2(-10) + 1 - 5)^2 = 801$$
$$f(-2,-5) = (-2 + 2(-5) - 7)^2 + (2(-2) - 5 - 5)^2 = 557$$

图 7.18　计算每个粒子的适应度

现在，将计算得到的每个粒子的适应度更新到刚才初始化的粒子属性数据表中(见表 7.3)。此时，这些数值也被设置为每个粒子的最佳适应度，因为在第一次迭代中，它是粒子唯一已知的适应度。在本次迭代之后，每个粒子的最佳适应度将被设置为其历史上的最佳适应度。

表 7.3　粒子属性数据

粒子编号	速度	当前铝量(x)	当前塑料量(y)	当前适应度	最佳铝量(x)	最佳塑料量(y)	最佳适应度
1	0	7	1	296	7	1	296
2	0	−1	9	104	−1	9	104
3	0	−10	1	80	−10	1	80
4	0	−2	−5	365	−2	−5	365

练习：给定无人机的适应度函数，如下图所示，计算表格中的粒子群属性数据对应的适应度

$$f(x,y) = (x + 2y - 7)^2 + (2x + y - 5)^2$$

粒子编号	速度	当前铝量(x)	当前塑料量(y)	当前适应度	最佳铝量(x)	最佳塑料量(y)	最佳适应度
1	0	5	−3	0	5	−3	0
2	0	−6	−1	0	−6	−1	0
3	0	7	3	0	7	3	0
4	0	−1	9	0	−1	9	0

解决方案：给定无人机的适应度函数，计算表格中的粒子群属性数据对应的适应度

$$f(5,-3) = (5 + 2(-3) - 7)^2 + (2(5) - 3 - 5)^2 = 68$$

$$f(-6,-1) = (-6 + 2(-1) - 7)^2 + (2(-6) - 1 - 5)^2 = 549$$

$$f(7,3) = (7 + 2(3) - 7)^2 + (2(7) + 3 - 5)^2 = 180$$

$$f(-1,9) = (-1 + 2(9) - 7)^2 + (2(-1) + 9 - 5)^2 = 104$$

伪代码

适应度函数的伪代码表达了上面的数学函数。任何数学库都会包含这里所需要的数学运算函数，例如幂函数和平方根函数。

```
calculate_fitness(x, y):
  return power(x + 2 * y - 7, 2) + power(2 * x + y - 5, 2)
```

更新粒子适应度的函数也很简单，该函数只需要检查新的适应度是否优于过去的最佳适应度，如果答案为是，它就将新的适应度存储下来。

```
update_fitness(x, y):
  let particle.fitness equal the result of calculate_fitness(x, y)
  if particle.fitness is less than particle.best_fitness:
    let particle.best_fitness equal particle.fitness
    let particle.best_x equal x
    let particle.best_y equal y
```

确定粒子群中最佳粒子的函数需要遍历所有粒子，根据它们的新位置更新其适应度，并找到能令适应度函数产生最小值的粒子。在当前情况下，我们需要使无人机受到的阻力和摆动最小化，因此适应度的值越小越好。

```
get_best(swarm):
  let best_fitness equal infinity
  let best_particle equal nothing
  for particle in swarm:
    update fitness of particle
    if particle.fitness is less than best_fitness:
      let best_fitness equal particle.fitness
      let best_particle equal particle
  return best_particle
```

7.5.3　更新粒子的位置

算法的更新步骤是流程中最复杂的，也是整个算法中最神奇的地方。更新步骤抽象了自然界中的群体智能属性，并将其囊括到一个数学模型中，这一模型使算法在对搜索空间进行探索的同时专注于好的解决方案(如图 7.19 所示)。

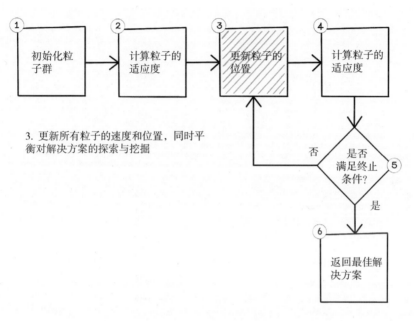

图 7.19　更新粒子的位置

给定认知能力和周围环境因素——如粒子的惯性和粒子群的行为，群体中的粒子会据此更新它们的位置。这些因素会影响每个粒子的速度和位置。下面先了解一下速度是如何更新的。这里的速度是一个矢量，决定了粒子移动的方向和快慢。

群体中的每个粒子凭借它对好的解决方案的记忆，以及对群体最佳解的了解，在搜索空间中移动到不同的点，以寻找更好的解决方案。图 7.20 展示了粒子群中粒子位置更新时的运动。

1．速度的组成

开发人员通常用三个分量来计算每个粒子的新速度：惯性(inertia)、认知(cognitive)和社交(social)。每个分量都会影响粒子的运动。在深入研究三个分量如何结合起来更新速度并最终更新粒子的位置之前，我们先来单独研究一下每个分量。

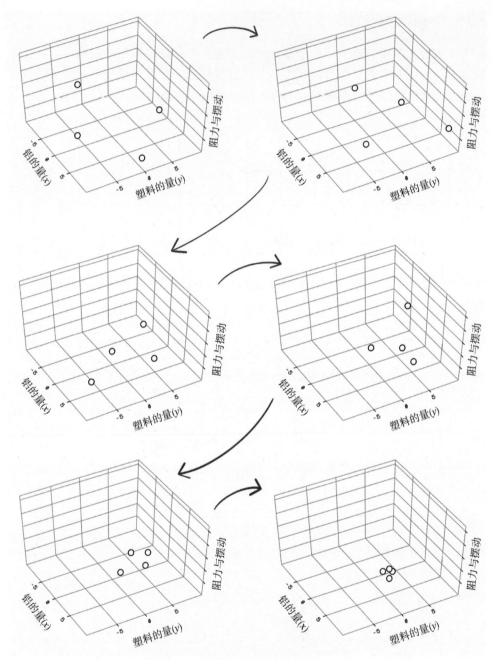

图 7.20 粒子群在 5 次迭代中的移动示例

- *惯性*——惯性分量代表特定粒子运动快慢或运动方向要发生变化时受到的阻力，这种阻力会对粒子的速度产生影响。惯性分量由两个值组成：惯性常数和粒子的当前速度。惯性常数是一个介于 0 和 1 之间的数字。

惯性分量[1]：

惯性常数　×　当前速度

接近 0 的惯性常数意味着算法更倾向于探索，可能需要更多次的迭代。接近 1 的惯性常数意味着在更少的迭代中对粒子进行更多的探索。

- *认知*——认知分量代表特定粒子的自我认知能力。认知能力指的是粒子知道其最佳位置并利用这一位置影响其运动的能力。认知常数是一个大于 0 小于 2 的浮点数。认知常数越大，粒子就越倾向于利用自身的信息。

认知分量：

认知加速度×(粒子最佳位置 – 当前位置)

认知加速度＝认知常数×随机认知因子

- *社交*——社交分量代表粒子与群体互动的能力。粒子知道群体的最佳位置，并能使用这一信息来影响其运动。社交加速度由一个常数和一个随机数决定。社交常数在算法的生命周期内保持不变，而随机社交因子会引入有利于社交因素的多样性。

社交分量：

社交加速度×(群体最佳位置 – 当前位置)

社交加速度＝社交常数×随机社交因子

社交常数越大，算法就越倾向于探索，因为粒子的速度矢量会更偏向于它的社交分量。社交常数为介于 0 和 2 之间的某个浮点数。记住，更大的社交常数意味着更多的探索。

2. 更新速度

现在我们已经了解了惯性分量、认知分量和社交分量，接下来看看如何将它们结合起来，以更新粒子的速度(如图 7.21 所示)。

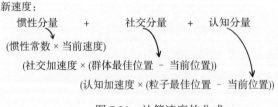

图 7.21　计算速度的公式

---

1 译者注：这里(以及下文中)所有公式中的变量名均有明确的英文指代意义，故均翻译成中文。

　　如果只观察数学公式，我们可能很难理解函数中的不同分量是如何影响粒子速度的。图 7.22 描述了不同的因素如何对一个粒子的运动产生影响。

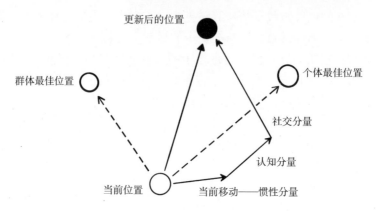

图 7.22　直观理解各项因素对速度更新的影响

更新每个粒子的适应度后，粒子的属性数据如表 7.4 所示。

表 7.4　粒子属性数据

粒子编号	速度	当前铝量(x)	当前塑料量(y)	当前适应度	最佳铝量(x)	最佳塑料量(y)	最佳适应度
1	0	7	1	296	2	4	296
2	0	−1	9	104	−1	9	104
3	0	−10	1	80	−10	1	80
4	0	−2	−5	365	−2	−5	365

　　接下来，我们将基于上面的公式，深入研究计算粒子速度更新的方法。

　　为当前场景设置的常量参数如下：

● *惯性常数设置为0.2*。这种设置有利于我们按部就班展开探索。

● *认知常数设置为0.35*。因为这个值小于社交常数，所以在计算新速度时，粒子的社交分量比认知分量更受重视。

● *社交常数设置为 0.45*。因为这个值大于认知常数，所以新速度更偏向于社交分量。粒子更看重群体发现的最佳位置。

图 7.23 描述了速度更新公式中惯性分量、认知分量和社交分量[1]的计算。

惯性分量：
惯性常数 × 当前速度
= 0.2 × 0
= 0

认知分量：
认知加速度 = 认知常数 × 随机认知因子
= 0.35×0.2
= 0.07

认知加速度 × (粒子最佳位置 − 当前位置)
= 0.07 × ([7，1]−[7，1])
= 0.07 × 0
= 0

社交分量：
社交加速度 = 社交常数 × 随机社交因子
= 0.45 × 0.3
= 0.135

社交加速度 × (群体最佳位置 − 当前位置)
= 0.135 × ([−10，1]−[7，1])
= 0.135 × sqrt ((−10−7)^2+ (1−1)^2)
= 0.135 × 17
= 2.295

新速度：
惯性分量 + 认知分量 + 社交分量
= 0+0+2.295
= 2.295

图 7.23　粒子速度计算练习

对所有粒子完成以上计算后，可据此更新每个粒子的速度，如表 7.5 所示。

表 7.5　粒子属性数据

粒子编号	速度	当前铝量(x)	当前塑料量(y)	当前适应度	最佳铝量(x)	最佳塑料量(y)	最佳适应度
1	2.295	7	1	296	7	1	296
2	1.626	−1	9	104	−1	9	104
3	2.043	−10	1	80	−10	1	80
4	1.35	−2	−5	365	−2	−5	365

---

1 译者注：这里作者在计算各个分量时，直接将位置向量压缩成一个标量(采用下面提到的距离计算公式)，但在实际应用中常将各个分量看作一个和位置向量同维度的向量以进行计算和记录。例如，此处认知分量应该为[0，0]。如果将各个分量以矢量形式计算，则最终的新速度也应为同维度矢量。(x1, y1)和(x2, y2)这两点之间的距离计算公式：sqrt((x1−x2)^2+(y1−y2)^2)。

3. 位置更新

现在，我们已经明白了速度是如何更新的，可使用新的速度更新每个粒子的当前位置(见图 7.24)[1]了！

位置计算方法：
当前位置 + 新速度

新位置：
当前位置 + 新速度
= ([7，1]) + 2.295
= [9.295，3.295]

图 7.24　计算粒子的新位置

将当前位置和新速度相加，即可确定每个粒子的新位置，同时更新粒子属性表。然后，可根据每个粒子的新位置，再次计算适应度，并记录新的最佳位置(如表 7.6 所示)。

表 7.6　粒子属性数据

粒子编号	速度	当前铝量(x)	当前塑料量(y)	当前适应度	最佳铝量(x)	最佳塑料量(y)	最佳适应度
1	2.295	9.925	3.325	721.286	7	1	296
2	1.626	0.626	10	73.538	0.626	10	73.538
3	2.043	7.043	1.043	302.214	−10	1	80
4	1.35	−0.65	−3.65	179.105	−0.65	−3.65	179.105

在第一次迭代中，每个粒子的初始速度的计算相当简单，因为每个粒子没有历史最佳位置——仅有一个影响社交分量的群体最佳位置。

现在，我们有了每个粒子的历史最佳位置和群体最佳位置这些新信息，可尝试研究速度更新计算了。图 7.25 展示了表 7.6 中 1 号粒子的计算流程。

在图 7.25 描述的场景中，认知分量和社交分量都对速度更新量有举足轻重的影响，而在图 7.23 描述的场景中，速度更新量仅受社交分量影响，因为当时它是第一次迭代。

---

1 译者注：这里作者选择将速度看作一个标量，加到位置矢量的每一个维度上，以完成对位置的更新。在实际操作中，常将速度当作一个矢量来记录，并直接将它与位置矢量进行求和操作。

惯性分量：
惯性常数 × 当前速度
= 0.2 × 2.295
= 0.459

认知分量：
认知加速度 = 认知常数 × 随机认知因子
= 0.35 × 0.2
= 0.07

认知加速度 × (粒子最佳位置 − 当前位置)
= 0.07 × ([7, 1]−[9.925, 3.325])
= 0.07 × sqrt((7−9.925)^2 + (1−3.325)^2)
= 0.07 × 3.736
= 0.262

社交分量[1]：
社交加速度 = 社交常数 × 随机社交因子
= 0.45 × 0.3
= 0.135

社交加速度 × (群体最佳位置 − 当前位置)
= 0.135 × ([0.626, 10]−[9.925, 3.325])
= 0.135 × sqrt((0.626−9.925)^2 + (10−3.325)^2)
= 0.135 × 11.447
= 1.545

新速度：
惯性分量 + 认知分量 + 社交分量
= 0.459 + 0.262 + 1.545
= 2.266

图 7.25 粒子速度计算练习

粒子将根据每次迭代所计算出的速度和位置逐步移动。图 7.26 描述了粒子的运动轨迹和它们在解空间中的收敛过程。

在图 7.26 的最后一帧，(经过 5 次迭代之后)所有粒子都已收敛到搜索空间中的一个特定区域。此时，粒子群中的最优解将被用作最终解。在现实世界的优化问题中，我们不可能使整个搜索空间可视化(如果能轻松使整个空间可视化，那么我们可用肉眼直接找到最优解，优化算法也就变得没有必要了)。此外，我们在无人机例子中使用的函数是一个已知类型的函数——布斯函数(Booth function)。如果将布斯函数映射到 3D 笛卡尔坐标系中，我们可以看到，粒子群确实收敛到了搜索空间中的最小点附近(如图 7.27 所示)。

---

1 译者注：为了方便读者比较整个流程，这里沿用了上一次迭代的随机数。在实际应用中，每次迭代需要重新生成随机数。

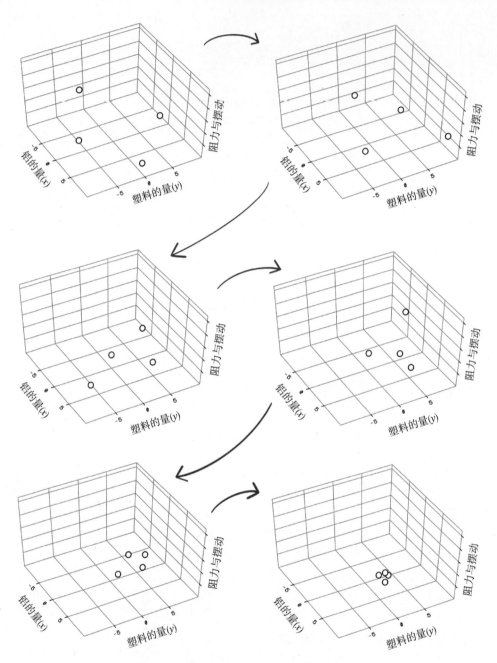

图 7.26　粒子群在搜索空间中的移动示例

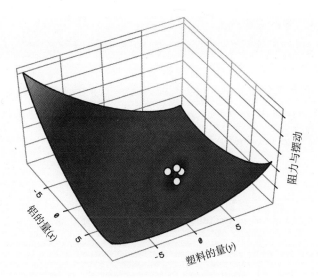

图 7.27　粒子群收敛和已知曲面的可视化

在无人机案例中，使用粒子群优化算法后，我们发现能最小化上升阻力和水平摆动的铝和塑料的最佳比例是 1：3，即 1 份铝和 3 份塑料。当我们将这组值输入适应度函数时，结果是 0，也就是函数在解空间中能取到的最小值。

伪代码

更新步骤的整个流程可能看起来令人生畏，但如果将各个分量分解成简单的函数，每个函数专为实现特定功能，代码就会变得更简单，也更易于编写、使用和理解。第一组需要实现的函数包括惯性计算函数(calculate_inertia)、认知加速度计算函数(calculate_cognitive_acceleration)和社交加速度计算函数(calculate_social_acceleration)。此外，我们还需要一个函数来计算两点之间的距离。先求出两个点横坐标 x 的差值的平方，再求出两个点纵坐标 y 的差值的平方，然后将上述两个值加起来，其平方根即两个点之间的距离。

```
calculate_inertia(inertia_constant, velocity):
    return inertia_constant * current_velocity


calculate_cognitive_acceleration(cognitive_constant):
    return cognitive_constant * random number between 0 and 1


calculate_social_acceleration(social_constant):
    return social_constant * random number between 0 and 1


calculate_distance(best_x, best_y, current_x, current_y):
```

```
return square_root(
        power(best_x - current_x), 2) + power(best_y - current_y), 2)
        )
```

使用前面定义的认知加速度计算函数，可算出当前的认知加速度，结合粒子的历史最佳位置与其当前位置之间的距离，可用下面的函数算出认知分量。

```
calculate_cognitive(cognitive_constant,
                    particle_best_x, particle_best_y
                    particle_current_x, particle_current_y):
  let acceleration equal cognative_acceleration(cognitive_constant)
  let distance equal calculate_distance(particle_best_x,
                                        particle_best_y
                                        particle_current_x,
                                        particle_current_y)
  return acceleration * distance
```

使用前面定义的社交加速度计算函数，可算出当前的社交加速度，结合当前群体最佳位置与粒子当前位置之间的距离，可用下面的函数算出社交分量。

```
calculate_social(social_constant,
                 swarm_best_x, swarm_best_y
                 particle_current_x, particle_current_y):
  let acceleration equal social_acceleration(social_constant)
  let distance equal calculate_distance(swarm_best_x,
                                        swarm_best_y
                                        particle_current_x,
                                        particle_current_y)
  return acceleration * distance
```

粒子更新函数(update_particle)囊括了前面定义的所有概念，以实现粒子速度和位置的更新。使用惯性分量、认知分量和社交分量，可算出粒子的新速度。将粒子的新速度[1]和当前位置相加，可算出粒子的新位置。

```
update_particle(cognitive_constant, social_constant, particle_velocity,
                particle_best_x, particle_best_y,
                swarm_best_x, swarm_best_y,
                particle_current_x, particle_current_y)
  let inertia equal calculate_inertia(inertia_constant,
```

---

[1] 此处默认时间间隔为1，位移变化=速度×时间。

```
                                        particle_constant)
let cognitive equal calculate_cognitive(cognitive_constant,
                                        particle_best_x,particle_best_y
                                        particle_current_x,particle_current_y)
let social equal calculate_social(social_constant,
                                  swarm_best_x,swarm_best_y
                                  particle_current_x,particle_current_y)
let particle.velocity equal inertia + cognitive + social
let particle.x equal particle.x + velocity
let particle.y equal particle.y + velocity
```

练习：给定以下关于粒子群的信息，计算粒子 1 的新速度和新位置

- 惯性常数设置为 0.1。
- 认知常数设为 0.5，随机认知因子为 0.2。
- 社交常数设为 0.5，随机社交因子为 0.5。

粒子编号	速度	当前铝量(x)	当前塑料量(y)	当前适应度	最佳铝量(x)	最佳塑料量(y)	最佳适应度
1	3	4	8	721.286	7	1	296
2	4	3	3	73.538	0.626	10	73.538
3	1	6	2	302.214	−10	1	80
4	2	2	5	179.105	−0.65	−3.65	179.105

解决方案：给定以下关于粒子群的信息，计算粒子 1 的新速度和新位置

惯性分量：
惯性常数 × 当前速度
$= 0.1 \times 3$
$= 0.3$

认知分量：
认知加速度 = 认知常数 × 随机认知因子
$= 0.5 \times 0.2$
$= 0.1$
认知加速度 ×(粒子最佳位置 − 当前位置)
$= 0.1 \times ([7，1]-[4，8])$
$= 0.1 \times \text{sqrt}((7-4)^2+(1-8)^2)$
$= 0.1 \times 7.616$
$= 0.7616$

社交分量：
社交加速度 = 社交常数 × 随机社交因子
$= 0.5 \times 0.5$
$= 0.25$

社交加速度 × (群体最佳位置 – 当前位置)
= 0.25 × ([0.626，10]–[4，8])
= 0.25 × sqrt((0.626–4)²+(10–8)²)
= 0.25 × 3.922
= 0.981

新速度：
惯性分量 + 认知分量 + 社交分量
= 0.3 + 0.7616 + 0.981
= 2.0426

7.5.4 确定终止条件

为了算法的效率，群体中的粒子不能无限地更新和搜索下去。我们需要确定一个终止条件，让算法在合理的迭代次数之内找到合适的解决方案(见图 7.28)。

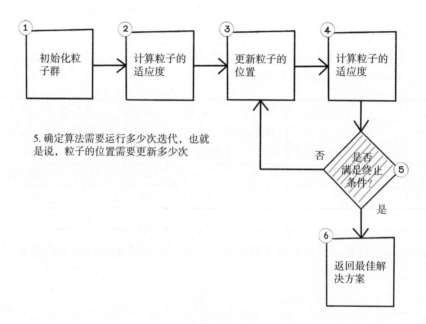

图 7.28 是否满足终止条件？

迭代次数的设定将对解决方案的搜索产生一系列影响，包括：

- *探索*——粒子需要一定时间来对搜索空间进行探索，以找到那些包含更好的解决方案的区域。探索也会受到速度更新函数中定义的各个常数的影响。
- *挖掘*——经过合理的探索，粒子应该汇集到一个理想的解决方案上。

终止算法的一种策略是检查群体中的最佳解决方案，并确定它是否已经停滞(很长时间都没有发生变化)。当群体中的最佳解决方案长时间没有改变，或没有发生显著变化，可认为算法出现了停滞。在这种情况下，更多的迭代对于找到更好的解决方案不会带来什么帮助。当最佳解决方案出现停滞时，可尝试调整速度更新函数中的参数，以对搜索空间进行更多探索。如果需要更多的探索，此调整通常意味着更多的迭代。算法的停滞也可能意味着已经找到了一个好的解决方案，或者群体陷入了局部最优解。如果开始时粒子群已经进行了足够多的探索，而群体逐渐停滞不前，那么，我们可认为粒子群已经收敛到了一个理想的解(如图 7.29 所示)。

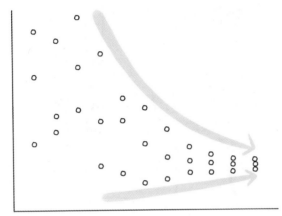

图 7.29　探索逐渐收敛，开始挖掘

7.6　粒子群优化算法的用例

粒子群优化算法很有趣，因为它们是对一种自然现象的模拟，这使得这种算法更易于理解；但经过不同级别的抽象之后，粒子群优化算法可应用于不同领域的一系列问题。本章着眼于无人机制造场景中的材料比例优化问题，但粒子群优化算法可与其他一系列算法(如人工神经网络)协同发挥作用，在寻找理想解决方案的过程中充当精巧而关键的角色。

粒子群优化算法的一个有趣的应用是深度脑电刺激。这一应用的主要概念涉及一种治疗方式，即在人脑中安装带有电极的探针，刺激大脑以治疗帕金森氏症等疾病。每个探针都包含电极，可配置在不同的方向，以正确地治疗每个患者。明尼苏达大学的研究人员开发了一种粒子群优化算法来优化每个电极的方向，以最大限度地增强对有效区域的刺激，并减弱对回避区域的刺激，同时尽量减少所用的能量。因为粒子能在这一类多维问题空间中进行有效的搜索，所以粒子群优化算法非常适用于解决为探针上的电极寻找最佳配置这一类问题(见图 7.30)。

下面列出了粒子群优化算法的一些其他实际应用。

- *优化人工神经网络中的权重*——人工神经网络是根据人脑的工作原理建模的。神经元将信号传递给其他神经元，每个神经元在传递信号之前都会对信号进行调整。人工神经网络需要使用权重来调整信号。神经网络能不断权衡、调整，直至找到正确的权重，从而挖掘数据中存在的关系模式。因为搜索空间巨大，权重的不断调整将带来极其高昂的计算成本。假设我们有 10 项权重，就必须对 10D 空间中的每一个可能的数字组合进行暴力计算。这个过程恐怕需要数年时间。

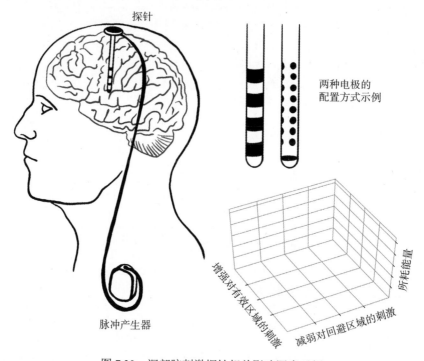

探针

脉冲产生器

两种电极的配置方式示例

增强对有效区域的刺激

减弱对回避区域的刺激

所耗能量

图 7.30　深部脑刺激探针相关影响因素示例

　　如果这一概念听起来有点复杂，先不要惊慌。第 9 章将详细探讨人工神经网络的运作。粒子群优化算法可更快地对神经网络的权重作出调整，因为它能在搜索空间中寻找最优解，而不需要穷举所有可能取到的值。

- *视频中的运动跟踪*——在计算机视觉领域中，人的运动跟踪是一项极具挑战性的任务。运动跟踪这一任务的目标是仅使用视频中的图像信息来识别人的姿势并追踪其运动。尽管人类的关节结构都是相似的，但人们会采用不同的方式移动——每个人的步伐姿态各有不同。因为图像可能极为复杂，所以这一问题的搜索空间极大，我们需要利用多维向量来预测一个人的运动。粒子群优化算法在多维空间搜索中表现良好，因此可被用来提高运动跟踪和行动预测的性能。

- *音频中的语音增强*——与其他信号采集场景一样，录音文件也常常会有细微的噪声——总会存在一些可能干扰录音中人物语音的背景噪音。一种常见的解决方案是从所录制的音频剪辑中去除噪声。为此，可录制多条带有相同背景噪声的音频剪辑，比较这些剪辑中相似的部分，从而消除音频剪辑中的噪声。因为降低某些频率的做法虽然可能有利于凸显音频片段的人声部分，但也可能会损害音频的其他部分，所以这种解决方案仍然不够理想。为了更好地去除噪声，必须对音频剪辑进行精细的搜索和匹配。这一问题涉及的搜索空间往往极大，传统方法效率极低。粒子群优化算法在多维空间搜索中表现良好，因此可被用来加快去除音频剪辑中的噪声的过程。

7.7　本章小结

粒子群优化算法能在多维搜索空间中找到理想解。

粒子根据它们的最佳位置和群体最佳位置在搜索空间中移动。

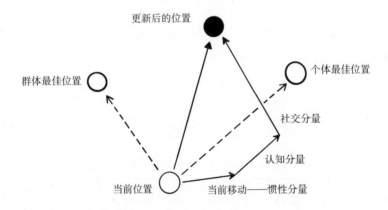

粒子速度的调整是粒子群优化算法的核心步骤，速度的计算主要用到惯性分量、认知分量和社交分量。

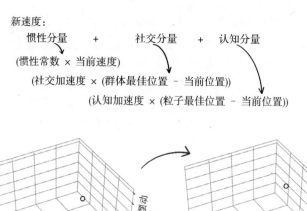

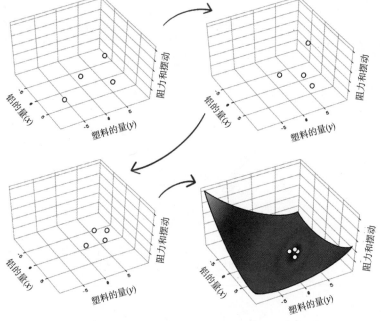

粒子在搜索空间中四处游荡以寻找不同的理想解决方案；在理想状况下，最终粒子群会收敛到某个全局最优解上。

机器学习 | 第 **8** 章

. . . .

本章内容涵盖：

- 学习用机器学习算法解决问题
- 掌握机器学习的生命周期，准备数据并选择算法
- 理解并实现一种针对预测问题的线性回归算法
- 理解并实现一种针对分类问题的决策树算法
- 初步认识其他机器学习算法，掌握它们适用的场景

. . . .

8.1 什么是机器学习？

机器学习这一概念似乎令人望而生畏，它看起来十分复杂、难以学习和应用；但如果我们能选择正确的框架，并对过程和算法有正确的理解，那么理解机器学习的过程就会变得轻松而有趣。

假设你要租一间公寓。你跟朋友和家人沟通后，开始在网上搜索这个城市的公寓。你注意到，不同地区的公寓价格是不同的。下面列出了你在研究中观察到的一些情况：

- 在市中心(离工作地点很近)，一套一居室公寓的月租金为 5000 美元。
- 在市中心，一套两居室公寓的月租金为 7000 美元。
- 在市中心，一套带车库的一居室公寓的月租金为 6000 美元。
- 在郊区(需要乘车上下班)，一套一居室公寓的月租金是 3000 美元。
- 在郊区，一套两居室公寓的月租金是 4500 美元。

● 在郊区，一套带车库的一居室公寓的月租金为 3800 美元。

你会发现其中的一些规律：市中心的公寓最贵，月租金通常为 5000～7000 美元；而郊区的公寓要便宜一些；每多一个房间，月租金会增加 1500～2000 美元；如果需要车库，月租金会增加 800～1000 美元(如图 8.1 所示)。

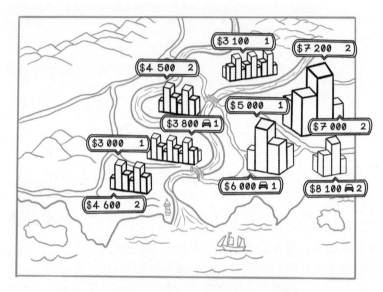

图 8.1　不同区域的公寓租金及户型示意图

这个例子展示了我们是如何从数据中寻找模式并以此为根据作出决定的。如果你希望在市中心租到一套带车库的两居室公寓，那么可以合理预估，它的月租金应为 8000 美元左右。

机器学习的目标是在数据中寻找模式，并在现实世界中加以利用。我们可依靠肉眼来发现这个小的数据集中包含的价格规律，也就是模式，但机器学习算法则可处理更大、更复杂的数据集，帮助我们发现其中的模式。图 8.2 描述了数据的不同属性之间的关系。每个点代表一套单独的公寓。

我们注意到，离市中心更近的地方有更多的点，而且月租金分布有一个清晰的模式：离市中心越远，月租金越低。月租金和房间数之间也存在着一定的关系模式：底部点群和顶部点群之间的间隙表明月租金出现了明显跃升。我们可暂时简单地认为这一跃升可能与距市中心的距离有关。机器学习算法可帮助我们验证或推翻这个假设。本章将深入探讨这一过程。

通常，我们会用表格来表示数据。表格中的每一列被称为数据的特征，而行表达的是实例。当我们比较两个特征时，有时会将期望获得的特征表示为 y，而将可变的特征定义为 x。通过分析一系列具体问题，我们会对以上术语有更直接的感悟。

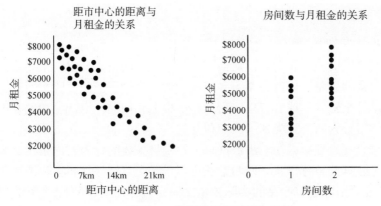

图 8.2　数据关系的可视化示例

8.2　适合用机器学习的问题

　　只有当你已完成数据的采集，并且有明确的问题要解决时，机器学习才有用。机器学习算法可在数据中找到模式，但并不能神奇地自行利用这些模式。针对不同的场景，各种机器学习算法使用不同的方法来回答各种各样的问题。如果按大类来区分，机器学习可简单地分为三类：监督学习、非监督学习和强化学习(见图 8.3)。

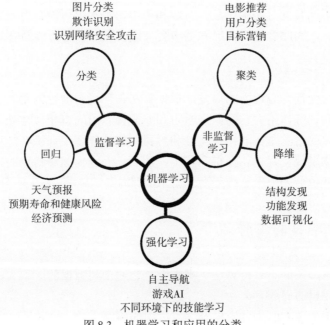

图 8.3　机器学习和应用的分类

8.2.1　监督学习

在传统机器学习中，监督学习是最常见的技巧之一。 我们希望对数据进行洞察，理解数据之间的模式和关系，从而利用相同格式的新数据实例预测结果。上面提到的找公寓问题是运用监督学习寻找模式的一个例子。同样的实例还有：搜索引擎能自动补全输入，或者音乐应用程序能根据我们的使用情况和偏好推荐新歌曲。监督学习分为两个子类别：回归和分类。

回归可被直观地理解为在一组数据点上绘制一条线的行为，这条线必须最紧密地拟合给定数据的整体形状。回归方法可用于预测营销计划和实际销量之间的趋势(网络广告营销计划与产品的实际销量之间是否存在直接关系)之类的应用程序。它还可用来确定影响某事的因素。例如，时间和加密货币的价值之间是否存在直接关系？加密货币的价值会随着时间的推移呈指数级增长吗？

分类旨在根据实例的特征预测它们所属的类别。例如，我们能否根据车轮的数量、车身重量和最高速度来判断它是汽车还是卡车？

8.2.2　非监督学习

非监督学习的核心理念是在数据中找到很难通过手动方式来查找的潜在模式。我们可利用非监督学习对具有相似特征的数据进行聚类或揭示数据中的重要特征。例如，在电子商务网站上，我们可能会根据客户的购买行为对产品进行聚类。如果许多顾客同时购买肥皂、海绵和毛巾，那么很可能会有更多的顾客想要这种产品组合，因此肥皂、海绵和毛巾会被组合在一起推荐给新客户。

8.2.3　强化学习

强化学习受行为心理学的启发，根据算法在环境中的行为对其进行奖励或惩罚，从而起到训练作用。它与监督学习和非监督学习既有相似之处，又有许多差异。强化学习的目的是在能提供奖励和惩罚措施的环境中训练特定对象。想象一下，如果宠物表现良好，就会得到奖励；那么，它因为某个特定的行为得到的奖励越多，它就越会表现出这种行为。第 10 章将进一步讨论强化学习。

8.3　机器学习的工作流程

机器学习涉及的不只是算法。事实上，它通常与数据的上下文、数据的准备工作以及所提出的问题有关。

可从以下两个方面来讨论机器学习适用的问题。

(1) 收集正确的数据是通过机器学习解决某个问题的必要条件。假设一家银行拥有大量关于合法交易和欺诈交易的数据，它希望训练一个模型来回答这个问题:"我们能实时检测欺诈交易吗?"

(2) 我们有特定情境下的数据,希望确定如何使用这些数据来解决一系列相关的问题。 例如,一家农业公司可能有关于不同地区天气、不同植物所需营养以及不同地区土壤成分的数据。问题可能是:"我们能否在不同类型的数据中找到相关性和关系?"而这些关系可能会引出一个更具体的问题,例如:"我们能否根据天气和土壤情况来确定某种植物的最佳种植地点?"

图 8.4 是典型的机器学习过程所涉及的步骤的简化视图。

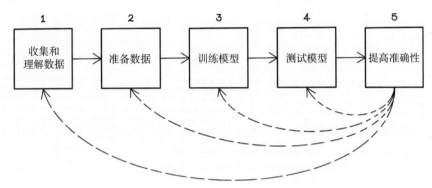

图 8.4 机器学习实验和项目的工作流程

8.3.1 收集和理解数据:掌握数据背景

要成功完成一个机器学习项目,就必须收集和理解你正在处理的数据。如果你在金融行业的特定领域工作,你就必须了解该领域中流程和数据的术语以及工作原理,以便收集你所需要的数据,这些数据有助于回答你试图实现的目标的相关问题。如果要构建欺诈检测系统,就必须先了解(这家银行)存储了哪些与交易有关的数据,以及这些数据有什么含义,以便识别欺诈交易;可能还需要从不同系统中获取数据并结合起来使用以达到最佳效果。有时,我们需要用来自外部的数据来扩充现有数据,以提高解决方案的准确性。在本节中,我们使用有关钻石测量的实例数据集来理解机器学习的工作流程,并探索各种算法的具体应用(见图 8.5)。

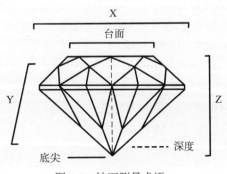

图 8.5 钻石测量术语

表 8.1 描述了几种钻石及其属性。不妨用 X、Y 和 Z 在 3D 空间中描述钻石的大小。注意，本例中只使用了钻石数据的一个子集。

表 8.1 钻石数据集

	克拉	切工	颜色	净度	深度	台面	价格	X	Y	Z
1	0.30	良好	J	SI1	64.0	55	339	4.25	4.28	2.73
2	0.41	完美	I	SI1	61.7	55	561	4.77	4.80	2.95
3	0.75	非常好	D	SI1	63.2	56	2760	5.80	5.75	3.65
4	0.91	一般	H	SI2	65.7	60	2763	6.03	5.99	3.95
5	1.20	一般	F	I1	64.6	56	2809	6.73	6.66	4.33
6	1.31	优质	J	SI2	59.7	59	3697	7.06	7.01	4.20
7	1.50	优质	H	I1	62.9	60	4022	7.31	7.22	4.57
8	1.74	非常好	H	I1	63.2	55	4677	7.62	7.59	4.80
9	1.96	一般	I	I1	66.8	55	6147	7.62	7.60	5.08
10	2.21	优质	H	I1	62.2	58	6535	8.31	8.27	5.16

这个钻石数据集包含 10 列数据，这些列被称为特征。完整数据集有 50 000 多行。每个特征的含义如下。

- *克拉*——钻石的重量。备注：1 克拉等于 200 毫克。
- *切工*——钻石的切割质量，质量从低到高依次表达为：一般、良好、非常好、优质和完美。
- *颜色*——钻石的颜色，从 D 到 J 划分等级，其中 D 是最好的颜色，J 是最差的颜色。D 表示无色钻石，J 表示轻微有色钻石。
- *净度*——钻石的瑕疵，质量由高到低依次为：FL、IF、VVS1、VVS2、VS1、VS2、SI1、SI2、I1、I2 和 I3。不要纠结这些编码的含义，它们只是代表了不同程度的净度。
- *深度*——深度的百分比，即从钻石底尖到台面的距离。通常情况下，台深比对于体现钻石"闪闪发光"的美感很重要。
- *台面*——钻石台面相对于 x 维的百分比。
- *价格*——钻石的销售价格。
- *X*——钻石的 x 维，以毫米为单位。
- *Y*——钻石的 y 维，以毫米为单位。
- *Z*——钻石的 z 维，以毫米为单位。

请记住这个数据集；下面将用它来探索机器学习算法准备和处理数据的方式。

8.3.2　准备数据：清洗和整理

现实世界的数据从来都不理想，因而不可直接使用。数据可能来自不同的系统和不同的组织；对于数据完整性，这些组织可能有不同的标准和规则。我们总会遇到那些有缺失的数据、不一致的数据，以及我们想使用的算法难以处理的数据格式。

表 8.2 展示了一个存在数据缺失的钻石数据集实例。这里需要再次强调，列代表数据的特征，而每一行都是一个数据实例。

表 8.2　存在数据缺失的钻石数据集

	克拉	切工	颜色	净度	深度	台面	价格	X	Y	Z
1	0.30	良好	J	SI1	64.0	55	339	4.25	4.28	2.73
2	0.41	完美	I	si1	61.7	55	561	4.77	4.80	2.95
3	0.75	非常好	D	SI1	63.2	56	2760	5.80	5.75	3.65
4	0.91	—	H	SI2	—	60	2763	6.03	5.99	3.95
5	1.20	一般	F	I1	64.6	56	2809	6.73	6.66	4.33
6	1.21	良好	E	I1	57.2	62	3144	7.01	6.96	3.99
7	1.31	优质	J	SI2	59.7	59	3697	7.06	7.01	4.20
8	1.50	优质	H	I1	62.9	60	4022	7.31	7.22	4.57
9	1.74	非常好	H	i1	63.2	55	4677	7.62	7.59	4.80
10	1.83	一般	J	I1	70.0	58	5083	7.34	7.28	5.12
11	1.96	一般	I	I1	66.8	55	6147	7.62	7.60	5.08
12	—	优质	H	i1	62.2	—	6535	8.31	—	5.16

1. 缺失的数据

在表 8.2 中，实例 4 缺少切工和深度两项特征值，实例 12 缺少克拉、台面和 Y 三项特征值。要比较各个实例的特征，我们就需要对数据有完整的了解，而数据缺失会为此带来不便。机器学习项目的目标之一也许就是估算这些缺失的值；这点我们会在后续章节中讨论。假设缺失的数据会妨碍我们有效地使用这些数据。可用以下方法来处理缺失的数据。

- *剔除* —— 剔除那些缺少特征值的实例 —— 表 8.3 中的实例 4 和 12。这种方法可使数据变得更可靠，因为不需要任何假设；然而，对我们试图预测的目标来说，剔除的实例可能是很重要的。

表 8.3 有数据缺失的钻石数据集：剔除实例

	克拉	切工	颜色	净度	深度	台面	价格	X	Y	Z
1	0.30	良好	J	SI1	64.0	55	339	4.25	4.28	2.73
2	0.41	完美	I	si1	61.7	55	561	4.77	4.80	2.95
3	0.75	非常好	D	SI1	63.2	56	2760	5.80	5.75	3.65
4	0.91	—	H	SI2	—	60	2763	6.03	5.99	3.95
5	1.20	一般	F	I1	64.6	56	2809	6.73	6.66	4.33
6	1.21	良好	E	I1	57.2	62	3144	7.01	6.96	3.99
7	1.31	优质	J	SI2	59.7	59	3697	7.06	7.01	4.20
8	1.50	优质	H	I1	62.9	60	4022	7.31	7.22	4.57
9	1.74	非常好	H	i1	63.2	55	4677	7.62	7.59	4.80
10	1.83	一般	J	I1	70.0	58	5083	7.34	7.28	5.12
11	1.96	一般	I	I1	66.8	55	6147	7.62	7.60	5.08
12	—	优质	H	i1	62.2	—	6535	8.31	—	5.16

- *平均值或中值*——另一种选择是用该项特征的平均值或中值替换缺失值。

平均值的计算方式：将该列所有实例的特征值相加，再除以实例的总数。中值的计算方式：按照该列特征值对实例进行升序排列，选择处于中间位置的值。

使用平均值的做法比较简单、高效，但这种做法没有考虑到特征之间可能存在的相关性。同时，这种方法不能用于钻石数据集中的分类特征，如切工、净度和深度特征(见表 8.4)。

表 8.4 有数据缺失的钻石数据集：使用平均值

	克拉	切工	颜色	净度	深度	台面	价格	X	Y	Z
1	0.30	良好	J	SI1	64.0	55	339	4.25	4.28	2.73
2	0.41	完美	I	si1	61.7	55	561	4.77	4.80	2.95
3	0.75	非常好	D	SI1	63.2	56	2760	5.80	5.75	3.65
4	0.91	—	H	SI2	—	60	2763	6.03	5.99	3.95
5	1.20	一般	F	I1	64.6	56	2809	6.73	6.66	4.33
6	1.21	良好	E	I1	57.2	62	3144	7.01	6.96	3.99
7	1.31	优质	J	SI2	59.7	59	3697	7.06	7.01	4.20
8	1.50	优质	H	I1	62.9	60	4022	7.31	7.22	4.57
9	1.74	非常好	H	i1	63.2	55	4677	7.62	7.59	4.80
10	1.83	一般	J	I1	70.0	58	5083	7.34	7.28	5.12
11	1.96	一般	I	I1	66.8	55	6147	7.62	7.60	5.08
12	**1.19**	优质	H	i1	62.2	**57**	6535	8.31	—	5.16

为了计算台面这一特征的平均值，我们将每个可用的值相加，然后除以使用的值的总数：

```
Table mean = (55 + 55 + 56 + 60 + 56 + 62 + 59 + 60 + 55 + 58 + 55) / 11
Table mean = 631 / 11
Table mean = 57.364
```

用台面的平均值来替换缺失值的做法看起来似乎是合理的，因为不同数据实例的台面值看起来并不是很发散。但其中也可能存在未被观察到的相关性，如台面大小和钻石宽度(X 维)之间的关系。

另一方面，对于克拉这项特征来说，使用平均值的做法似乎并不合理，因为如果将数据绘制在图表上，我们可看到克拉特征和价格特征之间的相关性。价格似乎随着克拉数的增加而增加。

- *众数*——用该特征中出现次数最多的值替换缺失的值，这个值被称为数据的众数。这种方法对分类特征很有效，但同样没有考虑到特征之间可能存在的相关性，而且由于使用了出现次数最多的值，可能会引入误差。
- *(高级)统计方法*——使用 k 近邻算法或神经网络算法。k 近邻算法使用数据的多个特征来查找缺失特征的一个估计值。与 k 近邻相似，在给定足够多数据的情况下，神经网络可准确地预估缺失值。如使用这两种算法来处理丢失的数据，计算成本是比较高的。
- *(高级)不操作*——有些算法可在不需要任何预处理的情况下处理缺失的数据，例如 XGBoost，但我们将要探索的算法并不在此列。

2. 歧义值

另一个问题是，相同含义的值往往有不同的表示方式，例如钻石数据集表格中的第 2 行、第 9 行、第 10 行和第 12 行。切工和净度特征的值是小写而不是大写。注意，我们之所以知道这一点，只是因为我们了解这些特征和它们可能的取值范围。如果没有这些知识，我们可能会把大写的一般(Fair)和小写的一般(fair)[1]视为不同的类别。为了解决这个问题，我们可将这些值标准化为大写或小写，以保持一致性(见表 8.5)。

表 8.5　存在歧义值的钻石数据集：数据标准化

	克拉	切工	颜色	净度	深度	台面	价格	X	Y	Z
1	0.30	良好	J	SI1	64.0	55	339	4.25	4.28	2.73
2	0.41	完美	I	si1	61.7	55	561	4.77	4.80	2.95
3	0.75	非常好	D	SI1	63.2	56	2760	5.80	5.75	3.65

---

1 译者注：中文中不存在大小写问题。

(续表)

	克拉	切工	颜色	净度	深度	台面	价格	X	Y	Z
4	0.91	—	H	SI2	—	60	2763	6.03	5.99	3.95
5	1.20	一般	F	I1	64.6	56	2809	6.73	6.66	4.33
6	1.21	良好	E	I1	57.2	62	3144	7.01	6.96	3.99
7	1.31	优质	J	SI2	59.7	59	3697	7.06	7.01	4.20
8	1.50	优质	H	I1	62.9	60	4022	7.31	7.22	4.57
9	1.74	非常好	H	i1	63.2	55	4677	7.62	7.59	4.80
10	1.83	一般	J	I1	70.0	58	5083	7.34	7.28	5.12
11	1.96	一般	I	I1	66.8	55	6147	7.62	7.60	5.08
12	1.19	优质	H	i1	62.2	57	6535	8.31	—	5.16

3. 编码分类数据

因为计算机和统计模型只能处理数值数据，所以在对字符串值和分类值(如一般、好、SI1 和 I1)进行建模时会出现问题。我们需要将这些分类值表示为数值。下面列出了两种能解决这一问题的方法。

- *独热编码*——把独热编码想象成一组开关，其中所有开关都是关闭的，只有一个是开着的。开着的那个表示该特征存在于该位置。如果用独热编码来表示切工，切工特征会变成 5 个不同的特征，除了代表每个实例切工值的那个值，其他特征值都为 0。注意，为了节省空间，表 8.6 中删除了其他特征。

表 8.6   经过编码的钻石数据集(切工特征值)

	克拉	切工：一般	切工：良好	切工：非常好	切工：优质	切工：完美
1	0.30	0	1	0	0	0
2	0.41	0	0	0	0	1
3	0.75	0	0	1	0	0
4	0.91	0	0	0	0	0
5	1.20	1	0	0	0	0
6	1.21	0	1	0	0	0
7	1.31	0	0	0	1	0
8	1.50	0	0	0	1	0
9	1.74	0	0	1	0	0
10	1.83	1	0	0	0	0
11	1.96	1	0	0	0	0
12	1.19	0	0	0	1	0

- *标签编码*——将每个类别表示为一个介于 0 和类别数量之间的数字。此方法仅适用于评级或与评级相关的标签；否则，我们将要训练的模型会假定数字的值对实例而言带有不同权重，这可能引入非预期的偏差。

练习：识别并修复本例中的问题数据

判断哪些数据预处理技术可用来修复以下数据集。确定要删除哪些行，对哪些值使用平均值，以及如何对分类值进行编码。注意，该数据集与前面使用的数据集略有不同。

	克拉	产地	深度	台面	价格	X	Y	Z
1	0.35	南非	64.0	55	450	4.25		2.73
2	0.42	加拿大	61.7	55	680		4.80	2.95
3	0.87	加拿大	63.2	56	2689	5.80	5.75	3.65
4	0.99	博茨瓦纳	65.7		2734	6.03	5.99	3.95
5	1.34	博茨瓦纳	64.6	56	2901	6.73	6.66	
6	1.45	南非	59.7	59	3723	7.06	7.01	4.20
7	1.65	博茨瓦纳	62.9	60	4245	7.31	7.22	4.57
8	1.79		63.2	55	4734	7.62	7.59	4.80
9	1.81	博茨瓦纳	66.8	55	6093	7.62	7.60	5.08
10	2.01	南非	62.2	58	7452	8.31	8.27	5.16

解决方案：识别并修复本例中的问题数据

修复该数据集的一种方法包括以下三个步骤。

- *因为第 8 行缺少产地，删除该行数据。*我们不知道该数据集将作何用途。如果产地是一个重要特征，那么这一行数据的缺失可能会引发问题。另外，如果该特征与其他特征有关，也可根据其他数据估计该特征的值。

- *使用独热编码对产地这一列值进行编码。*在前面探讨的示例中，我们使用标签编码将字符串值转换为数字值。这种方法之所以有效，是因为这些值表明了不同等级的切工、净度或颜色。但对产地而言，其值仅表明钻石的来源。如果使用标签编码，会给数据集引入偏差，因为在这个数据集中，没有哪个产地位置(从字面意义上)比其他产地更好。

- *用平均值代替缺失值。*第 1、2、4 和 5 行分别缺少 Y、X、台面和 Z 的值。不妨使用平均值来代替这些缺失值，这应该是一种不错的方法，因为众所周知，钻石的尺寸特征和台面特征存在相关性。

4. 测试数据和训练数据

在开始训练一个线性回归模型之前，需要确保我们有数据来教(或训练)这个模型，同时有数据来测试它在预测新实例方面的表现。回想一下公寓租金的例子。在了解了影响月租金的属性之后，我们可通过公寓离市中心的距离和房间数量来预测其租金。在本例中，我们将表8.7用作训练数据，因为我们还有更多实际数据可用于之后的训练。

8.3.3　训练模型：用线性回归预测

选择要使用的算法时主要考虑两个因素：需要回答的问题和可用数据的性质。如果问题是预测一颗特定克拉重量的钻石的价格，回归算法可能会很有效。算法的选择还取决于数据集中特征的数量以及这些特征之间的关系。如果数据有很多维度(需要基于很多特征来进行预测)，则需要考虑相应的算法和方法。

回归旨在预测一个连续的值，如钻石的价格或克拉数。连续是指值可以是一个范围内的任何数字。例如，2271 美元的价格就是回归算法可预测的一个连续值，该数字介于 0 和钻石的最大价格之间。

线性回归是最简单的机器学习算法之一；它可发现两个变量之间的关系，并允许我们利用一个给定的变量预测另一个变量。例如，根据一颗钻石的克拉数来预测它的价格。通过研究许多已知钻石的数据实例，包括它们的价格和克拉数，我们可教会一个模型其中的关系，并用它进行预测。

1. 对数据进行线性拟合

现在，我们开始尝试从数据中找到某个趋势，并试着作出一系列预测。为了探索线性回归，我们要问的问题是："钻石的克拉数和价格之间是否存在相关性？如果存在，我们能作出准确的预测吗？"

让我们先将克拉和价格特征分离出来，并(根据所筛选的特征)在图表上绘制数据点。因为我们要根据克拉数来确定价格，所以不妨将钻石的克拉数视为 x，将价格视为 y。为什么要选择这种方法呢？

- *克拉作为自变量*(x)——自变量是指在实验中为了确定其对因变量的影响而改变的变量。在此例中，我们将对克拉的值进行调整，以确定具有该值的钻石的价格。
- *价格作为因变量*(y)——因变量是被测试的变量。它受自变量的影响并根据自变量值的变化而变化。在本示例中，我们想知道的是给定克拉数的钻石的价格。

图 8.6 显示了绘制在图表上的克拉和价格数据，表 8.7 则描述了实际数据。

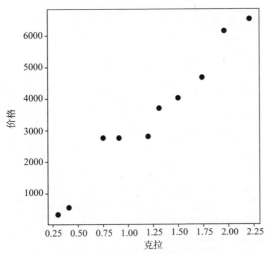

图 8.6 克拉和价格数据的散点图

表 8.7 克拉和对应的价格数据

	克拉(x)	价格(y)
1	0.30	339
2	0.41	561
3	0.75	2760
4	0.91	2763
5	1.20	2809
6	1.31	3697
7	1.50	4022
8	1.74	4677
9	1.96	6147
10	2.21	6535

注意，与价格相比，克拉的数值很小。价格的数值从几百到几千，而克拉则在一个很小的数值范围内变化。在本章中，为了使计算过程更易于理解，可对克拉数进行放大，使其与价格在一个量级上。将克拉数乘以 1000 后，我们得到的数字在接下来的演练中将更易于进行手工计算。注意，如对所有行进行缩放，并不会影响数据中的关系，因为我们对每个实例数据都实施了相同的操作。数据缩放所产生的结果如表 8.8 所示(见图 8.7)。

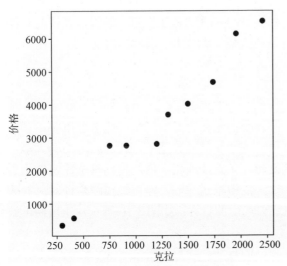

图 8.7 克拉和价格数据的散点图

表 8.8 克拉数值调整后的数据

	克拉(x)	价格(y)
1	300	339
2	410	561
3	750	2760
4	910	2763
5	1200	2809
6	1310	3697
7	1500	4022
8	1740	4677
9	1960	6147
10	2210	6535

2. 寻找特征的平均值

要找到回归线，我们首先要找到每个特征的平均值。平均值是所有值的总和除以值的个数所得的值。克拉的平均值为 1229，由 x 轴上的垂直线表示。价格的平均值为 3431 美元，由 y 轴上的水平线表示(见图 8.8)。

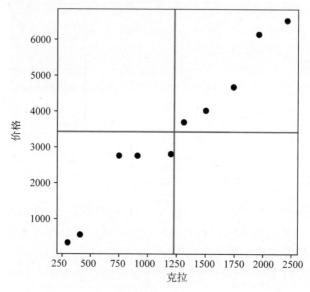

图 8.8　用垂直线和水平线表示 x 和 y 的平均值

平均值很重要，因为从数学上讲，我们找到的任何回归线都会经过 x 的平均值和 y 的平均值的交点。许多线可能都会经过这个点，但从数据拟合的角度看，其中一些回归线可能比其他的更好。最小二乘法旨在创建一条线，使线与数据集中所有点之间的距离最小。最小二乘法是一种常用的求回归线的方法。图 8.9 展示了一部分可能的回归线。

3. 用最小二乘法求回归线

但回归线的目的是什么呢？假设我们正在建造一条尽可能靠近所有主要办公大楼的地铁。让一条地铁线经过每一栋建筑的方案是不可行的；车站会太多，成本也会很高。所以，我们会尝试创建一条直线线路，使线路到每栋建筑的距离最小化。有些通勤者可能需要比其他人走得稍远一些，但直线线路是针对所有人的办公室进行优化的。这正是回归线要实现的目标；如图 8.10 所示，建筑物可被看作数据点，直线是地铁线路。

线性回归总能找到一条符合数据的直线，使点到线之间的总距离最小。我们必须理解直线方程，因为我们将学习如何找到描述直线的参数的值。

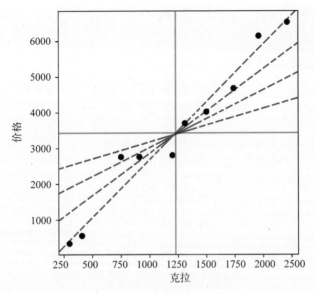

图 8.9 可能的回归线

一条直线可由方程 $y = c + mx$ 表示(见图 8.11)。

- y：因变量
- x：自变量
- m：直线的斜率
- c：直线与 y 轴交点的 y 值

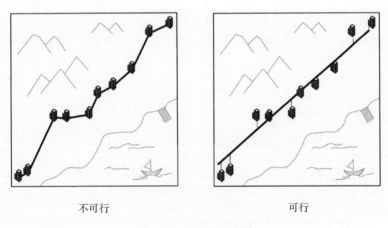

不可行　　　　　　　　　　　可行

图 8.10 回归线示意图

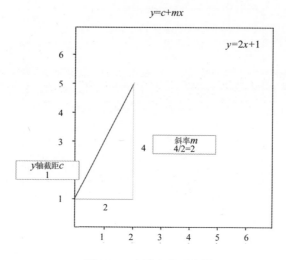

图 8.11　直线方程示意图

最小二乘法常被用来求回归线。总体而言，该过程和图 8.12 中描述的流程大体类似。为了找到最接近数据的直线，我们需要先计算出实际数值和预测数值之间的差值。各个数据点的差值会有所不同。有些点的差值会很大，有些会很小。有些差值是负值，有些差值是正值。通过对各点的差值进行平方求和，我们能将所有数据点的差值纳入考虑范围。如果我们能使总差值最小化，或者说针对最小二乘差值进行优化，就能获得一条理想的回归线。如果图 8.12 看起来有些令人生畏，不要担心；下面我们将逐步完成每个环节。

到目前为止，我们已经有了一系列与我们想求的直线相关的变量。我们知道 x 值是 1229，y 值是 3431，如步骤②所示。

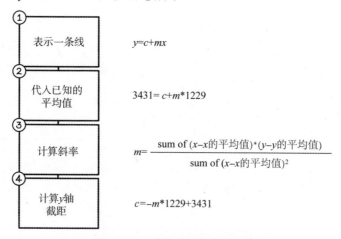

图 8.12　计算回归线的基本流程

接下来，我们需要计算每项克拉数与克拉平均值之间的差值，以及每项价格值与价格平均值之间的差值，以求得(x−x的平均值)和(y−y的平均值)，这些数值会在步骤③中用到(见表 8.9)。

表 8.9　钻石数据集与计算过程

	克拉 (x)	价格 (y)	x−x的平均值		y−y的平均值	
1	300	339	300 − 1229	−929	339 − 3431	−3092
2	410	561	410 − 1229	−819	561 − 3431	−2870
3	750	2760	750 − 1229	−479	2760 − 3431	−671
4	910	2763	910 − 1229	−319	2763 − 3431	−668
5	1200	2809	2100 − 1229	−29	2809 − 3431	−622
6	1310	3697	1310 − 1229	81	3697 − 3431	266
7	1500	4022	1500 − 1229	271	4022 − 3431	591
8	1740	4677	1740 − 1229	511	4677 − 3431	1246
9	1960	6147	1960 − 1229	731	6147 − 3431	2716
10	2210	6535	2210 − 1229	981	6535 − 3431	3104
	1229	3431				
	平均值					

在步骤③中，我们还需要计算每项克拉数与克拉平均值之差的平方，以求出(x−x 的平均值)^2；同时需要对这些值求和并使其最小化——经计算，和等于 3 703 690(见表 8.10)。

表 8.10　钻石数据集与计算过程，第 2 部分

	克拉(x)	价格(y)	x−x的平均值		y−y的平均值		(x−x的平均值)^2
1	300	339	300 − 1229	−929	339 − 3431	−3092	863 041
2	410	561	410 − 1229	−819	561 − 3431	−2870	670 761
3	750	2760	750 − 1229	−479	2760 − 3431	−671	229 441
4	910	2763	910 − 1229	−319	2763 − 3431	−668	101 761
5	1200	2809	2100 − 1229	−29	2809 − 3431	−622	841
6	1310	3697	1310 − 1229	81	3697 − 3431	266	6561
7	1500	4022	1500 − 1229	271	4022 − 3431	591	73 441
8	1740	4677	1740 − 1229	511	4677 − 3431	1246	261 121
9	1960	6147	1960 − 1229	731	6147 − 3431	2716	534 361
10	2210	6535	2210 − 1229	981	6535 − 3431	3104	962 361
	1229	3431					3 703 690
	平均值						总和

在步骤③中，方程最后还缺的值是(x-x 的平均值)* (y-y 的平均值)。同样，我们需要对这些值求和，结果是 11 624 370(见表 8.11)。

表 8.11 钻石数据集与计算过程，第 3 部分

	克拉(x)	价格(y)	x-x的平均值		y-y的平均值		(x-x的平均值)^2	(x-x的平均值) * (y-y的平均值)
1	300	339	300 – 1229	-929	339 – 3431	-3092	863 041	2 872 468
2	410	561	410 – 1229	-819	561 – 3431	-2870	670 761	2 350 530
3	750	2760	750 – 1229	-479	2760 – 3431	-671	229 441	321 409
4	910	2763	910 – 1229	-319	2763 – 3431	-668	101 761	213 092
5	1200	2809	2100 – 1229	-29	2809 – 3431	-622	841	18 038
6	1310	3697	1310 – 1229	81	3697 – 3431	266	6561	21 546
7	1500	4022	1500 – 1229	271	4022 – 3431	591	73 441	160 161
8	1740	4677	1740 – 1229	511	4677 – 3431	1246	261 121	636 706
9	1960	6147	1960 – 1229	731	6147 – 3431	2716	534 361	1 985 396
10	2210	6535	2210 – 1229	981	6535 – 3431	3104	962 361	3 045 024
	1229	3431					3 703 690	11 624 370
	平均值						总和	

现在我们可将这些计算值代入最小二乘方程，来计算斜率 m。

```
m=11624370/3703690
m=3.139
```

现在，我们有了 m 的值，可通过代入 x 和 y 的平均值来计算 c。记住，所有的回归线都会经过这个点，所以可认为它是回归线上的一个已知点。

```
y=c+mx
3431=c+3.139x
3431=c+3857.831
3431-3857.831=c
c=-426
```

完整的回归线

```
y=-426+3.139
```

最后，我们可在最大值和最小值之间选取一系列克拉数，将它们代入表示回归线的方程中，然后绘制回归线(见图 8.13)。

```
x(Carat)minimum=300
x(Carat)maximum=2210
```

以 500 为间隔在最小值和最大值之间进行采样

`x=[300，2210]`

将 x 的值代入回归线

`y=[-426+3.139(300)=515.7,`
`   -426+3.139(2210)=6511.19]`

完整的 x 和 y 采样点

`x=[300，2210]`
`y=[515.7，6511.19]`

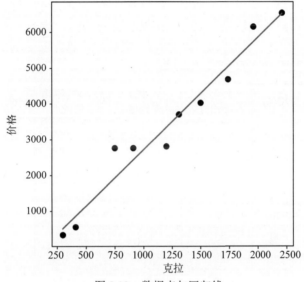

图 8.13　数据点与回归线

现在我们根据数据集训练了一条线性回归线，它可准确地拟合数据。在某种程度上，我们手动完成了一次机器学习。

练习：用最小二乘法计算一条回归线

按照上述步骤，使用最小二乘法计算以下数据集的回归线。

	克拉(x)	价格(y)
1	320	350
2	460	560
3	800	2760
4	910	2800
5	1350	2900
6	1390	3600

(续表)

	克拉(x)	价格(y)
7	1650	4000
8	1700	4650
9	1950	6100
10	2000	6500

解决方案：用最小二乘法计算一条回归线

首先需要计算每个维度的平均值。x 的均值是 1253，y 的均值是 3422。下一步是计算每个数据点各个维度的值与该维度均值的差值。接下来，计算 x 和 x 的均值之差的平方并求和，结果是 3 251 610。最后，计算 x 与 x 的均值之差乘以 y 与 y 的均值之差并求和，得到 10 566 940。

	克拉(x)	价格(y)	x −x的平均值	y −y的平均值	(x −x的平均值)^2	(x −x的平均值) * (y −y的平均值)
1	320	350	−933	−3072	870 489	2 866 176
2	460	560	−793	−2862	628 849	2 269 566
3	800	2760	−453	−662	205 209	299 886
4	910	2800	−343	−622	117 649	213 346
5	1350	2900	97	−522	9409	−50 634
6	1390	3600	137	178	18 769	24 386
7	1650	4000	397	578	157 609	229 466
8	1700	4650	447	1228	199 809	548 916
9	1950	6100	697	2678	485 809	1 866 566
10	2000	6500	747	3078	558 009	2 299 266
	1253	3422			3 251 610	10 566 940

基于这些值，可计算出斜率 m：

```
m=10566940/3251610
m=3.25
```

还记得直线方程吗？直线可表达为以下形式：

```
y=c+mx
```

将 x 的平均值、y 的平均值以及新计算出的 m 的值代入：

```
3422=c+3.25*1253
c=-650.25
```

代入 x 的最小值和最大值，计算出绘制直线所需的两个点：

对于点 1，我们使用克拉数的最小值，x=320

```
y=-650.25+3.25*320
y=389.75
```

对于点 2，我们使用克拉数的最大值，x=2000

```
y=-650.25+3.25*2000
y=5849.75
```

现在我们已经对如何使用线性回归以及如何计算回归线有了直观的认识，接下来看看伪代码。

伪代码

代码所遵循的流程与我们执行的步骤类似。这里唯一需要注意的是两个for循环——算法通过遍历数据集中的每个元素来求和。

```
fit_regression_line(carats, prices):
    let mean_X equal mean(carats)
    let mean_Y equal mean(price)
    let sum_x_squared equal 0
    for i in range(n):
        let ans equal (carats[i] - mean_X) ** 2
        sum_x_squared equal sum_x_squared + ans
    let sum_multiple equal 0
    for i in range(n):
        let ans equal (carats[i] - mean_X) * (price[i] - mean_Y)
        sum_multiple equal sum_multiple + ans
    let b1 equal sum_multiple / sum_x_squared
    let b0 equal mean_Y - (b1 * mean_X)
    let min_x equal min(carats)
    let max_x equal max(carats)
    let y1 equal b0 + b1 * min_x      用 y = c + mx 表示回归线的第 1 个点
    let y2 equal b0 + b1 * max_x      用 y = c + mx 表示回归线的第 2 个点
```

8.3.4　测试模型：验证模型精度

现在，我们已经确定了一条回归线，可用它来预测其他钻石(克拉数)的价格。此处可使用新的数据实例来衡量回归线的性能；因为我们知道测试数据中钻石的实际价格，所以可根据它们来确定线性回归模型的准确性。

我们不能用训练模型时使用过的数据来测试模型。如果使用训练数据来测试，模型的准确度会很高，没有实际意义。必须用训练时没有用过的真实数据来测试训练好的模型。

1. 分离训练和测试数据

训练数据和测试数据通常按 80/20 的比例分配，80%的有效数据用作训练数据，其余 20%用于测试模型。使用百分比是因为训练一个准确的模型所需的数据量很难确定；不同的环境和问题可能需要不同数量的数据。

图 8.14 和表 8.12 给出了钻石示例的一组测试数据。注意，这里的克拉数已被缩放为与价格值同一量级的数字(所有克拉数都乘了 1000)，以使数据更易于阅读和处理。图中的点表示测试数据点，线表示训练过的回归线。

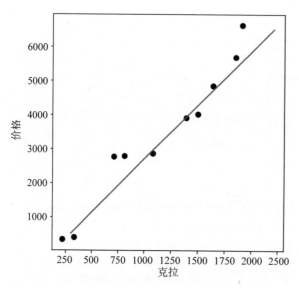

图8.14　数据点与回归线

表 8.12　克拉与价格数据

	克拉(x)	价格(y)
1	220	342
2	330	403
3	710	2772
4	810	2789
5	1080	2869
6	1390	3914
7	1500	4022
8	1640	4849
9	1850	5688
10	1910	6632

测试一个模型时需要用训练数据以外的数据进行预测，然后将模型预测的结果与实际值进行比较，以确定模型的准确性。对于这里给出的钻石样例，我们有实际的价格值，因此我们将比较模型的预测结果与实际值的差异。

2. 衡量回归线的表现

在线性回归领域，衡量模型准确度的一种常用方法是计算 R^2(R 平方)。R^2用

于确定实际值与预测值之间的方差。可用以下公式[1]计算 R^2:

$$R^2 = \frac{\text{sum of (predicted } y - \text{mean of actual } y)^2}{\text{sum of (actual } y - \text{mean of actual } y)^2}$$

与训练步骤类似，此处需要做的第一件事是计算实际价格的均值，接着计算实际价格与价格均值之间的差值，然后计算这些差值的平方。这里使用的是图 8.14 中绘制的点(见表 8.13)。

表 8.13 钻石数据集与计算

	克拉(x)	价格(y)	y−y的平均值	(y−y的平均值)^2
1	220	342	−3086	9 523 396
2	330	403	−3025	9 150 625
3	710	2772	−656	430 336
4	810	2789	−639	408 321
5	1080	2869	−559	312 481
6	1390	3914	486	236 196
7	1500	4022	594	352 836
8	1640	4849	1421	2 019 241
9	1850	5688	2260	5 107 600
10	1910	6632	3204	10 265 616
		3428		37 806 648
		平均值		总和

下一步是根据每颗钻石的克拉数预测其价格，计算预测值与实际价格平均值的差，算出这些差值的平方，并计算所有这些值的总和(见表 8.14)。

表 8.14 钻石数据集与计算，第 2 部分

	克拉(x)	价格(y)	y−y的平均值	(y−y的平均值)^2	y的预测值	y的预测值−y的平均值	(y的预测值−y的平均值)^2
1	220	342	−3086	9 523 396	264	−3164	10 010 896
2	330	403	−3025	9 150 625	609	−2819	7 946 761
3	710	2772	−656	430 336	1802	−1626	2 643 876
4	810	2789	−639	408 321	2116	−1312	1 721 344

---

1 该公式中，predicted y 指 y 的预测值，mean of actual y 指 y 实际值的平均数，actual y 指 y 的实际值，sum of 代表求和操作。

(续表)

	克拉(x)	价格(y)	y − y的平均值	(y − y的平均值)^2	y的预测值	y的预测值 − y的平均值	(y的预测值 − y的平均值)^2
5	1080	2869	−559	312 481	2963	−465	216 225
6	1390	3914	486	236 196	3936	508	258 064
7	1500	4022	594	352 836	4282	854	729 316
8	1640	4849	1421	2 019 241	4721	1293	1 671 849
9	1850	5688	2260	5 107 600	5380	1952	3 810 304
10	1910	6632	3204	10 265 616	5568	2140	4 579 600
		3428		3 7806 648			33 588 235
			平均值	总和			总和

基于预测价格与均值之差的平方和，以及实际价格与均值之差的平方和，我们可计算出 R^2：

$$R^2 = \frac{\text{sum of (predicted } y - \text{ mean of actual } y)^2}{\text{sum of (actual } y - \text{ mean of actual } y)^2}$$

$$R^2 = 33588235 / 37806648$$

$$R^2 = 0.89\text{ngathered}$$

结果为 0.89，意味着该模型对新数据预测的精度为 89%。这是一个相当不错的结果，说明这个线性回归模型是比较准确[1]的。对于钻石价格预测这一案例，这个结果是令人满意的。如要判断模型所取得的准确性对于我们试图解决的问题而言是否令人满意，需要看问题的领域。下一节将继续探讨如何衡量机器学习模型的表现。

附加信息：有关拟合数据的详细介绍，请参考 http://mng.bz/Ed5q——曼宁出版社出版的《程序员的数学》(Math for Programmers)中的一章。线性回归可应用于更多的维度。例如，我们可通过一个名为多元回归的过程来确定克拉数、价格和钻石切工之间的关系。这个过程增加了计算的复杂性，但基本原理是一样的。

8.3.5 提高准确性

在利用数据对一个模型进行训练，并测量它在新的测试数据上的表现之后，我们就知道这个模型的性能如何了。通常情况下，模型的性能并没有预期的那么

---

1 译者注：R^2 反应了 y 的波动在多大程度上能被 x 的波动所描述，即表征因变量 y 的变化中可由控制的自变量 x 来解释的部分占了多大的百分比。如果该值为 0.89，则意味着自变量解释了因变量中 89%的变化。R^2 越接近 1，表明模型对数据的解释效果越好。

好，如果可能的话，我们希望通过额外的工作来改进模型。这些改进包括对机器学习生命周期中各个步骤的迭代和升级(见图 8.15)。

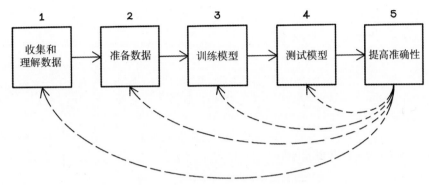

图 8.15 回顾机器学习的生命周期

为了改善模型在测试数据上的结果，我们需要注意以下方面。要记住，机器学习是一项实验性工作，在确定最佳方法之前，要在不同阶段测试不同的策略。在钻石示例中，如果用克拉数来预测价格的模型表现得不够理想，那么我们可使用表示钻石大小的尺寸值，再加上克拉数，来尝试更准确地预测价格。下面列出了提高模型准确度的一部分方法。

- *收集更多的数据*。首选的方法可能是收集更多与正在探索的数据集相关的数据，例如增加相关的外部数据或者把以前没有考虑到的数据加进去。
- *以不同的方式对数据进行预处理*。用于训练的数据可能需要以不同方式进行预处理。前面讨论数据修复技术时，我们提到过，某些修复技术可能会引入误差并影响算法的表现，所以有时需要尝试不同的技术来处理缺失数据，替换歧义数据以及对分类数据进行编码。
- *选择不同的数据特征*。数据集中的其他特征也许更适合用于预测因变量。例如，X 维度的值可能是预测台面值的一个比较好的选择——如钻石术语图(图 8.5)所示，它与台面有物理关系；而用 X 维度的值预测净度的做法是没有意义的。
- *使用不同的算法来训练模型*。有时，所选算法并不适用于要解决的问题或与数据的性质不匹配。我们可使用不同的算法来实现不同的目标，这一点将在下一节中讨论。
- *处理假阳性测试数据*。测试结果可能具有欺骗性。一个好的测试分数可能表明模型性能良好，但当模型遇到陌生数据时，性能可能会很差。这个问题可能是数据过拟合引起的。过拟合是指模型与训练数据的匹配过于紧密，以至于不能灵活地处理方差较大的新数据。这种问题通常见于分类算法，下一节将深入探讨分类问题。

如果线性回归无法提供有效的结果，或者我们有其他类型的问题要解答，我们可尝试其他算法。接下来的两节将探讨当问题的性质不同时优先采用的算法。

8.4 分类问题：决策树

简而言之，在分类问题中，需要根据实例的属性为实例分配一个标签。这类问题不同于回归，回归旨在对一个特征值进行估计。现在，让我们深入探讨分类问题，看看如何解决它们。

8.4.1 分类问题：非此即彼

我们现在已经知道，回归是基于另外一个或多个变量来预测一个值的方法，例如基于给定克拉数来预测钻石的价格。分类问题的相似之处在于，它的目标也是预测一个值，但预测的是离散的类而不是连续的值。离散值是数据集中的某项分类特征，如钻石数据集中的切工、颜色或净度，而不是某个连续值，如价格或深度。

现在，我们来看另一个例子。假设我们有一定数量的汽车，包括轿车和卡车。我们将测量每辆车的重量和车轮的数量。假设我们并不知道轿车和卡车看起来是不一样的。几乎所有的轿车都有 4 个轮子，许多大卡车有 4 个以上的轮子。卡车通常比轿车重，但一辆大型越野车(SUV)可能和一辆小卡车一样重。我们可尝试确定车辆的重量和车轮数量与汽车类型之间的关系，从而预测一辆汽车是轿车还是卡车(见图 8.16)。

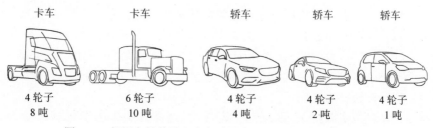

图 8.16　根据车轮数量和汽车重量进行潜在分类的示例车辆

练习：回归与分类

思考以下情形，并确定每个情形属于回归问题还是分类问题。

(1) 根据有关老鼠的数据，我们获得了(老鼠的)预期寿命特征和体重特征。我们试图找到这两个特征之间的相关性。

(2) 根据有关动物的数据，我们知道了每个动物的重量以及它们是否有翅膀。我们试图确定哪些动物是鸟类。

(3) 根据有关计算设备的数据，我们知道了几种设备的屏幕大小、重量和操作系统。我们想要确定哪些设备是平板电脑、笔记本电脑或手机。

(4) 根据有关天气的数据，我们获得了降雨量和湿度值。我们想确定不同降雨季节的湿度。

解决方案：回归与分类

(1) *回归*——期望探索两个变量之间的关系。预期寿命为因变量，体重为自变量。

(2) *分类*——根据实例的重量和翅膀特征将实例分为鸟类或非鸟类。

(3) *分类*——根据实例的其他特征将其分为平板电脑、笔记本电脑或手机。

(4) *回归*——期望探索降雨量和湿度之间的关系。湿度为因变量，降雨量为自变量。

8.4.2　决策树的基础知识

各种各样的算法被用来解决回归和分类问题。其中一部分应用广泛的算法包括支持向量机、决策树和随机森林。本节将研究如何用决策树算法来解决分类问题。

决策树是描述一系列决策的结构，其目的是找出问题的解决方案(见图 8.17)。如果我们正在考虑当天是否穿短裤，我们可能会尝试作出一系列决策，从而得出结果。首先，白天会很冷吗？如果不冷，那我们要在晚上变冷的时候出去吗？在暖和的日子里，我们可能会决定穿短裤，但如果我们要在天气寒冷时出门，那我们通常不穿短裤。

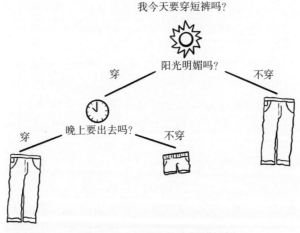

图 8.17　一个简单的决策树示例

回到钻石的例子，我们将尝试使用决策树并根据克拉数和价格来预测钻石的切工。为了简化这个例子，假设我们是不太关心特定切工的钻石经销商，简单地

把不同的切工分为两大类。如图 8.18 所示，一般和良好的切工将被归为一类，称
为"一般(Okay)"；非常好、优质和完美的切工将被归为一类，称为"完美(Perfect)"。

1	一般	1	一般(Okay)
2	良好		
3	非常好	2	完美(Perfect)
4	优质		
5	完美		

图 8.18　钻石切工的分类

现在，我们的样本数据集如表 8.15 所示。

表 8.15　用于分类示例的数据集

	克拉	价格	切工
1	0.21	327	一般
2	0.39	897	完美
3	0.50	1122	完美
4	0.76	907	一般
5	0.87	2757	一般
6	0.98	2865	一般
7	1.13	3045	完美
8	1.34	3914	完美
9	1.67	4849	完美
10	1.81	5688	完美

通过查看该简单示例中的数字并用肉眼寻找其中的模式，我们可能会注意到
一些规律：在钻石的重量超过 0.98 克拉之后，价格会大幅飙升，而价格上涨的幅
度似乎与钻石的切工有关，对于价格偏低的小克拉钻石来说，其切工往往一般。
不过，实例 3 的克拉数很小，但切工很完美(Perfect)。图 8.19 显示了如果我们提
出一些问题来过滤数据，并根据过滤结果手动分类，会发生什么情况。注意，决
策节点阐明了我们的问题，而叶节点包含已分类的实例。

对于这个小数据集，我们可轻易地手动对钻石进行分类。然而，现实世界中
的数据集有成千上万的实例需要处理，同时可能有成千上万的特征，这使得人们
几乎不可能手工创建决策树。这就是决策树算法的作用所在。决策树可帮助我们
创建能筛选实例的决策节点。决策树算法可发现我们可能遗漏的模式，并且过滤
得更加准确。

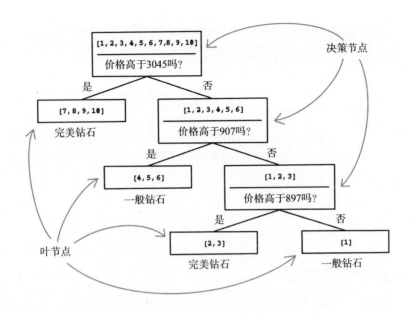

图 8.19 通过人工设计的决策树示例

8.4.3 训练决策树

为了创建一棵足够智能的决策树，以便正确地进行钻石分类，我们需要一种能从数据中学习的训练算法。虽然存在着一系列用于决策树学习的算法，但在这一案例中，我们将使用一种名为 CART(分类和回归树)的特定算法。CART 和其他树型学习算法的基本原理为：确定要提出哪些问题，以及何时提出这些问题，以便准确地将实例筛选到各自的类别中。在钻石的例子中，算法必须能学习到关于克拉和价格的最佳问题，以及何时提出这些问题，从而准确地将一般钻石和完美钻石分开。

1. 决策树的数据结构

为了更好地理解树中的决策节点是如何构建的，我们可回顾以下数据结构，这些数据结构能以一种适合决策树学习算法的方式组织逻辑和数据。

- *类/标签组的映射*——映射是元素的键-值对，其中不能存在两个相同的键。该结构可用于存储匹配特定标签的实例数量，并用于存储计算熵(也被称为不确定性)所需的值。我们很快就会学到熵这一概念。
- *由节点构成的树*——正如前面的树形图(图 8.19)所示，几个节点连接在一起就组成了一棵树。这个例子在前面的章节中已经多次被提及。我们必须通过树中的节点将示例过滤/划分到各个类别。
  - *决策节点*——拆分或筛选数据集的节点。

问题：提出什么样的问题？参见随后即将提到的"问题"部分。

真实例：满足问题的实例。

伪实例：不满足问题的实例。

- *实例节点/叶节点*——一个仅包含实例列表的节点。此列表中的所有实例均已被正确分类。

- *问题*——根据问题的灵活程度，可用不同的方式表示问题。我们可能会问："克拉数是否> 0.5 且<1.13？" 为了让这个例子简单易懂，可用变量特征、变量值和≥运算符来组成问题，譬如："克拉≥0.5？"或"价格≥3045？"

  - *变量特征*——正在被观察的特征
  - *变量值*——比较值必须大于/小于或等于的常数值

2. 决策树的生命周期

本节讨论决策树算法如何用决策节点过滤数据，从而正确地对数据集进行分类。图 8.20 展示了训练决策树所涉及的步骤。本节的其余部分将逐一介绍图 8.20 中描述的流程。

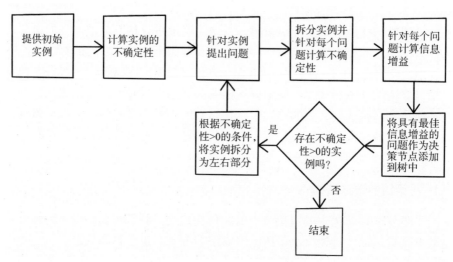

图 8.20　构建决策树的基本流程

在构建决策树时，我们需要测试所有可能的问题，以确定在决策树的特定节点上哪个问题是最好的问题。为了更好地测试问题，此处需要引入熵的概念，以衡量数据集的不确定性。不妨设想一下，如果我们有 5 颗完美的(Perfect)钻石和 5 颗一般的(Okay)钻石，并尝试从 10 颗钻石中随机选择一颗，那么选中完美钻石的概率是多少(见图 8.21)？

5颗一般钻石
5颗完美钻石
5+5=10 共10颗钻石

5/10的概率选中一颗完美的钻石
5/10=50% 的不确定性

图 8.21　不确定性的示例

给定一个具有克拉数、价格和切工特征的钻石初始数据集，我们可使用基尼系数(Gini index)来确定数据集的不确定性。如基尼系数为 0，表明数据集没有不确定性，是纯净的；例如，该节点下包含的钻石可能是 10 颗完美的钻石。图 8.22 描述了基尼系数的计算过程。

基尼系数是 0.5，所以如果随机选择，那么有 50%的概率会选出一个标签不正确的实例，如图 8.21 所示。

下一步是创建一个决策节点来拆分数据。决策节点包含一个问题，可用于合理地拆分数据，减少不确定性。记住，如基尼系数为 0，说明不存在不确定性。我们的目标就是将数据集划分为不存在不确定性的子集。

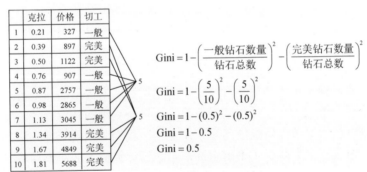

	克拉	价格	切工
1	0.21	327	一般
2	0.39	897	完美
3	0.50	1122	完美
4	0.76	907	一般
5	0.87	2757	一般
6	0.98	2865	一般
7	1.13	3045	一般
8	1.34	3914	完美
9	1.67	4849	完美
10	1.81	5688	完美

$$\text{Gini} = 1 - \left(\frac{\text{一般钻石数量}}{\text{钻石总数}}\right)^2 - \left(\frac{\text{完美钻石数量}}{\text{钻石总数}}\right)^2$$

$$\text{Gini} = 1 - \left(\frac{5}{10}\right)^2 - \left(\frac{5}{10}\right)^2$$

$$\text{Gini} = 1 - (0.5)^2 - (0.5)^2$$

$$\text{Gini} = 1 - 0.5$$

$$\text{Gini} = 0.5$$

图 8.22　基尼系数的计算[1]

根据每个实例的每个特征，我们能生成大量的问题来拆分数据并确定最佳拆分结果。因为我们有 2 个特征和 10 个实例，所以生成的问题会有 20 个。图 8.23 描述了一部分简单的问题——一个特征的值是否大于或等于一个特定值。

1 译者注：原著的基尼系数计算公式有误。

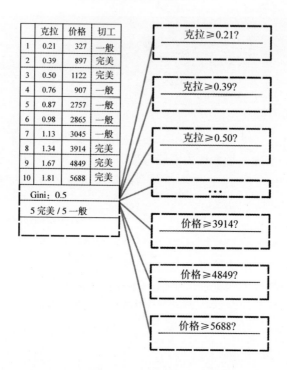

图 8.23　为决策节点拆分数据提出问题的示例

　　数据集的不确定性由基尼系数决定，决策树算法所提出的问题旨在降低不确定性。熵是另一个概念，它使用基尼系数来衡量对数据的特定拆分的无序程度，而这些拆分是由决策节点所提的问题来决定的。我们必须用一种方法来确定一个决策节点在多大程度上减少了不确定性，可通过计算信息增益来完成这一任务。信息增益(information gain)描述了通过提出特定问题所获得的信息量。如果我们能获得大量的信息，不确定性就会小一些。

　　以问题提出前(即经过决策节点决策之前)的熵减去问题提出后的熵即可计算出信息增益，需要遵循以下步骤：

(1) 通过提出问题来拆分数据集。

(2) 计算左侧部分的基尼系数。

(3) 对比拆分前的数据集，计算左侧部分的熵。

(4) 计算右侧部分的基尼系数。

(5) 对比拆分前的数据集，计算右侧部分的熵。

(6) 将左侧的熵和右侧的熵相加，计算总熵。

(7) 用之前的总熵减去之后的总熵，计算信息增益。

图 8.24 说明了问题"价格≥3914?"这一决策节点的数据拆分结果和信息增益。在图 8.24 的示例中，计算出所有问题的信息增益后，可将信息增益最大的问

题选作树中决策节点要提出的最佳问题："价格≥3914?"包含该问题的决策节点会被添加到决策树中，然后算法根据该决策节点对原始数据集进行拆分，左右分支都源自该节点。

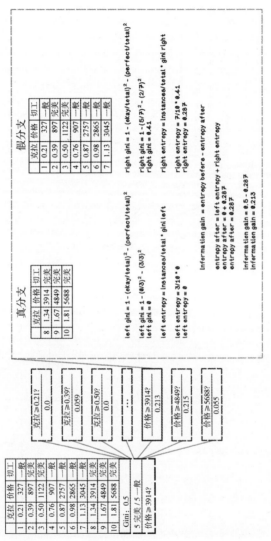

图 8.24　基于问题的数据分割和信息增益示意图[1]

如图 8.25 所示，在数据集被拆分之后，左边包含一个纯粹的完美钻石数据集，而右边包含一个混合分类的钻石数据集，其中有 2 颗完美钻石和 5 颗一般钻石。

---

1 译者注：information gain 意为信息增益，entropy before 意为经过决策节点之前的信息熵，entropy after 意为经过决策节点之后的新信息熵，left entropy 指左侧节点的熵，right entropy 指右侧节点的熵。instances 意为实例数，total 意为总数。gini left 意为左侧节点的基尼系数，gini right 意为右侧节点的基尼系数。

为了进一步拆分数据集，必须在数据集的右侧提出另一个问题。同样，我们根据数据集中每个实例的特征提出一系列问题。

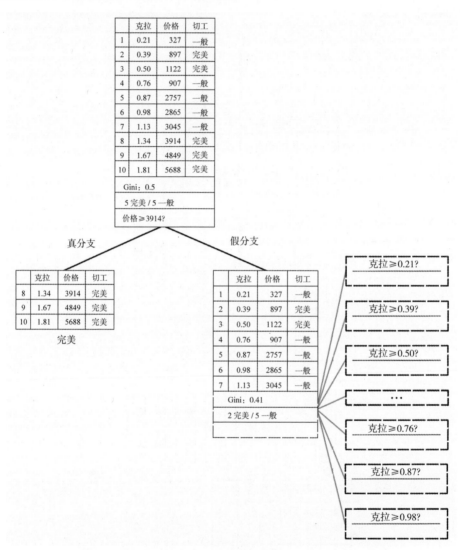

图 8.25　第一个决策节点产生后的决策树和可能提出的新问题

练习：计算一个问题的不确定性和信息增益

以所学知识和图 8.24 为指导，针对问题"克拉≥0.76?"计算信息增益。

解决方案：计算一个问题的不确定性和信息增益

针对给定的问题，图 8.26 中描述的解决方案突出显示了确定熵和信息增益的计算模式是可重用的。读者不妨自行针对更多的问题进行练习，并将结果与图中的信息增益值作比较。

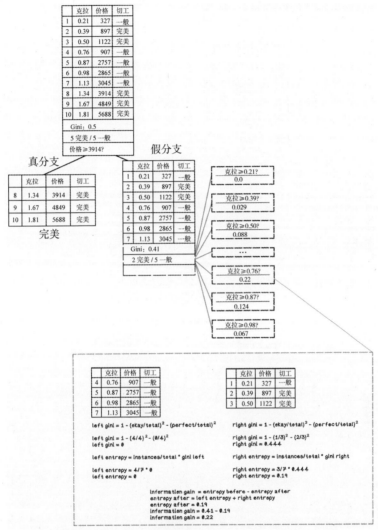

图 8.26　基于第二级问题的数据拆分和信息增益示意图[1]

拆分、生成问题和确定信息增益的过程可递归地进行，直到根据问题将数据集完全分类为止。图 8.27 展示了一棵完整的决策树，包括所有决策节点所询问的问题和拆分结果。

---

1 译者注：information gain 意为信息增益，entropy before 意为经过决策节点之前的信息熵，entropy after 意为经过决策节点之后的新信息熵，left entropy 指左侧节点的熵，right entropy 指右侧节点的熵。instances 意为实例数，total 意为总数。gini left 意为左侧节点的基尼系数，gini right 意为右侧节点的基尼系数。

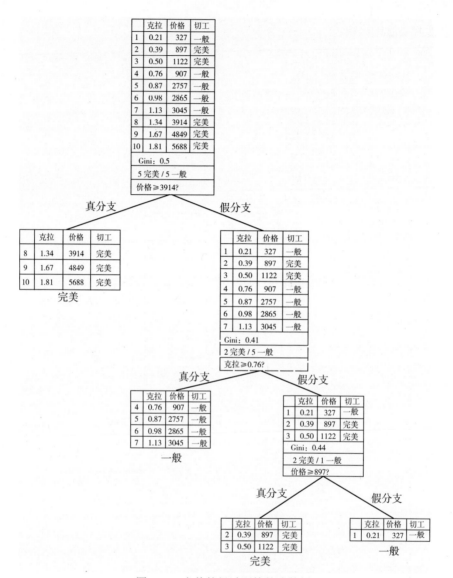

图 8.27　完整的经过训练的决策树

需要注意的是，我们通常用更大的数据样本来训练决策树。决策节点所提出的问题需要更笼统，以容纳更广泛的数据，因此决策树需要各种各样的实例数据来学习。

伪代码

当从头开始构建决策树时，首先要计算每个分类的实例数——在本例中是一般的钻石数和完美的钻石数。

```
find_unique_label_counts(examples):
  let class_count equal empty map
  for example in examples:
    let label equal example['quality']
    if label not in class_count:
      let class_count[label] equal 0
    class_count[label] equal class_count[label] + 1
  return class_count
```

接下来，根据问题对实例进行拆分。满足问题的实例存储在 examples_true[1] 中，其余的存储在 examples_false[2] 中。

```
split_examples(examples, question):
  let examples_true equal empty array
  let examples_false equal empty array
  for example in examples:
    if question.filter(example):
      append example to examples_true
    else:
      append example to examples_false
  return examples_true, examples_false
```

给定一组实例，我们需要一个函数来计算其基尼系数。下面展示的函数能使用图 8.24 中描述的方法计算基尼系数。

```
calculate_gini(examples):
  let label_counts equal find_unique_label_counts(examples)
  let uncertainty equal 1
  for label in label_counts:
    let probability_of_label equal label_counts[label] / length(examples))
    uncertainty equals uncertainty - probability_of_label ^ 2
  return uncertainty

    uncertainty equals uncertainty - probability_of_label ^ 2
  return uncertainty
```

calculate_information_gain 函数使用拆分后的左、右部分和当前的不确定性来确定信息增益。

1　examples_true 意为真样本。

2　examples_false 意为假样本。

```
calculate_information_gain(left, right, current_uncertainty):
    let total equal length(left) + length(right)
    let left_gini equal calculate_gini(left)
    let left_entropy equal length(left) / total * left_gini
    let right_gini equal calculate_gini(right)
    let right_entropy equal length(right) / total * right_gini
    let uncertainty_after equal left_entropy + right_entropy
    let information_gain equal current_uncertainty - uncertainty_after
    return information_gain
```

下面的函数看起来可能有点复杂。它的主要功能是遍历数据集中的所有特征，利用特征值设计问题并验证其信息增益，找到所有问题中的最佳信息增益，以确定最佳问题。

```
find_best_split(examples, number_of_features):
    let best_gain equal 0
    let best_question equal None
    let current_uncertainty equal calculate_gini(examples)
    for feature_index in range(number_of_features):
        let values equal [example[feature_index] for example in examples]
        for value in values:
            let question equal Question(feature_index, value)
            let true_examples, false_examples equal
                split_examples(examples, question)
            if length(true_examples) != 0 or length(false_examples) != 0:
                let gain equal calculate_information_gain
                    (true_examples, false_examples, current_uncertainty)
                if gain >= best_gain:
                    best_gain, best_question equal gain, question
    return best_gain, best_question
```

下一个函数将所有内容串在一起，告诉我们如何使用前面定义的函数来构建决策树。

```
build_tree(examples, number_of_features):
    let gain, question equal find_best_split(examples, number_of_features)
    if gain == 0:
        return ExamplesNode(examples)
    let true_examples, false_examples equal split_examples(examples,
    question)
    let true_branch equal build_tree(true_examples)
    let false_branch equal build_tree(false_examples)
    return DecisionNode(question, true_branch, false_branch)
```

注意，这是一个递归函数。它拆分当前数据并递归拆分所得到的结果数据集，直到不能再依靠数据拆分获得信息增益为止，此时实例数据不需要进一步拆分。请记住，决策节点(decision node)用于拆分实例，实例节点(example node)用于存储拆分的实例数据集。

现在，我们已经学习了如何构建决策树分类器。请记住，训练后的决策树模型需要用新的数据来测试，这与前面探讨过的线性回归方法类似。

决策树也存在过拟合的问题。当模型在给出的实例数据上训练得太好，但对新的实例数据表现不佳时，可能存在过拟合问题。当模型学习了训练数据的模式，但实际上新的数据分布略有不同并且不符合训练模型的拆分标准时，就会发生过拟合。通常来说，那些准确度为100%的模型可能会过度拟合数据。在理想模型中，由于我们希望模型更通用，以支持不同的情况，我们将允许一部分实例被错误地分类。不仅仅是决策树，任何机器学习模型都可能发生过拟合。

图 8.28 展示了过拟合的概念。欠拟合会包含太多的错误分类，过拟合的话，错误分类往往太少，或者完全没有。比较理想的拟合应该是介于两者之间的。

　　　　欠拟合　　　　　　　　　　理想　　　　　　　　　　过拟合

图 8.28　欠拟合、理想和过拟合

8.4.4　用决策树对实例进行分类

现在，决策树已训练完毕，正确的问题已确定下来，我们可通过对新的数据进行分类来测试这一模型。这里所指的模型是按照前面所述的训练步骤创建的决策树。

为了测试模型，我们需要使用一些新的数据实例，并检验它们是否能被正确地分类，因此我们需要知道测试数据的标签。在钻石的例子中，我们需要更多的钻石数据——包括切工特征,来测试决策树(见表 8.16)。

表 8.16 用于测试分类模型表现的钻石数据集

	克拉	价格	切工
1	0.26	689	一般[1]
2	0.41	967	完美
3	0.52	1012	完美
4	0.76	907	一般
5	0.81	2650	一般
6	0.90	2634	一般
7	1.24	2999	完美
8	1.42	3850	完美
9	1.61	4345	完美
10	1.78	3100	一般

图 8.29 展示了我们训练所得的决策树模型,我们将用该模型处理新的实例数据。每个实例都会作为输入被提供给决策树,并由决策树进行分类。

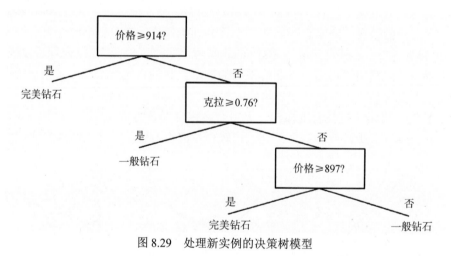

图 8.29 处理新实例的决策树模型

表 8.17 列举了模型的预测分类结果。假设我们要对钻石的切工(属于完美还是一般)进行预测,以找出一般的钻石。在模型的预测结果中,有 3 个实例的结果是不正确的,也就是 3/10,这意味着模型成功地预测了 7/10 的实例,或者说 70%的测试数据正确。这种性能说不上太差,但它告诉我们,实例数据可能会被错误地分类。

1 译者注:对比后面的案例,将此处原表格中第一个样本的切工“完美”改正成“一般”。否则后面所有的数据均需要改正——模型会将这一样本预测为一般。

表 8.17 用于分类和预测的钻石数据集

	克拉	价格	切工	预测	
1	0.26	689	一般	一般	√
2	0.41	967	完美	完美	√
3	0.52	1012	完美	完美	√
4	0.76	907	一般	一般	√
5	0.81	2650	一般	一般	√
6	0.90	2634	一般	一般	√
7	1.24	2999	完美	一般	†
8	1.42	3850	完美	一般	†
9	1.61	4345	完美	完美	√
10	1.78	3100	一般	完美	†

混淆矩阵经常被用来衡量模型在测试数据集上的性能。混淆矩阵使用以下指标描述性能(见图 8.30):

- *真阳性(TP)*——正确地将实例归入一般类
- *真阴性(TN)*——正确地将实例归入完美类
- *假阳性(FP)*——完美实例被归入一般类
- *假阴性(FN)*——一般实例被归入完美类

	预测正例	预测反例	
真实正例	真阳性 TP	假阴性 FN	敏感度 TP / TP + FN
真实反例	假阳性 FP	真阴性 TN	特异性 TN / TN + FP
	精确度 TP/TP+FP	反精确度 TN/TN+FN	准确率 $\frac{TP + TN}{TP + TN + FP + FN}$

图 8.30 混淆矩阵

用新数据实例测试模型所得的结果可用于推导几种衡量指标:

- *精确度*——一般实例被正确分类的比率
- *反精确度*——完美实例被正确分类的比率
- *敏感度或召回率*——正确分类的一般钻石与训练集中所有实际一般钻石的比率
- *特异性*——训练集中正确分类的完美钻石与所有实际完美钻石的比率
- *准确率*——分类器预测不同类别的正确性

图 8.31 显示了这一案例对应的混淆矩阵,我们将钻石实例的预测结果列为输

入。准确率是很重要的，但是其他的指标可揭示更多关于模型性能的有用信息。

	预测正例	预测反例	
真实正例	真阳性 ④	假阴性 ①	敏感度 4 / 4 + 1 = 0.8
真实反例	假阳性 ②	真阴性 ③	特异性 3 / 3 + 2 = 0.6
	精确度 4 / 6 = 0.67	反精确度 3 / 4 = 0.75	准确率 $\frac{7}{10} = 0.7$

图 8.31　钻石测试数据的混淆矩阵

通过这些指标，我们可在机器学习生命周期中作出更明智的决定，以提高模型的性能。本章反复提到，机器学习是一项涉及试错的实验性练习。这些指标则是漫漫练习过程中的指南针。

8.5　其他常见的机器学习算法

本章探讨了两种常见的基础机器学习算法。线性回归算法用于发现特征之间关系的回归问题。决策树算法用于发现样本特征和类别之间关系的分类问题。但是还有许多其他的机器学习算法，它们适用于不同的场景，能解决不同的问题。图 8.32 展示了一些常见的机器学习算法，并说明了它们适用的领域。

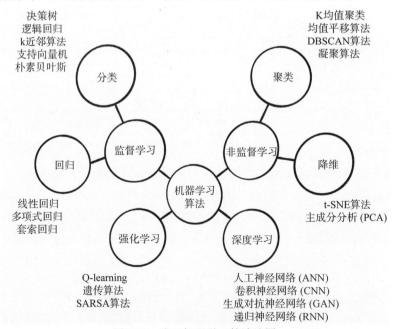

图 8.32　常见机器学习算法地图

分类和回归算法能用于解决类似于本章中探讨的问题。无监督学习所包含的算法可帮助我们完成数据预处理的一些步骤，发现数据中隐藏的潜在关系，从而明确在机器学习实验中可提出什么问题。

注意，图 8.32 中还提到了深度学习。第 9 章将进一步介绍人工神经网络——深度学习中的一个关键概念。希望本章的讲解能让读者更好地理解可用这些方法解决的问题类型，以及这些算法是如何实现的。

8.6 机器学习算法的用例

机器学习几乎可用于所有行业，它已成功解决了不同领域中的大量问题。只要有正确的数据和正确的问题，机器学习就能发挥出无穷的潜力。在日常生活中，每个人都接触过某种使用机器学习和数据建模的产品或服务。本节重点介绍一些常用的机器学习方法，这些方法可大规模地解决现实世界的问题。

- *欺诈和威胁检测*——机器学习已被用于检测和防止金融行业的欺诈交易。多年来，金融机构获得了大量的交易信息，其中有不少来自客户的欺诈性交易报告。这些欺诈性交易报告能对欺诈交易进行标记，并将欺诈交易所涉及的数据映射为不同特征。例如，模型可将交易的位置、金额、商户等信息纳入考虑，据此对交易进行分类，以免消费者遭受潜在损失，金融机构遭受保险损失。同样的模型也可应用到网络威胁检测中，根据已知的网络使用情况和发现的异常行为来检测和防止网络攻击。

- *产品和内容推荐*——我们中的许多人会使用电子商务网站来购买商品(或者使用音乐播放器来听音乐，使用视频网站来看电影)。网站可能会根据我们购买的商品向我们推荐其他产品，或根据我们的兴趣向我们推荐新的音、视频内容。这种功能通常是通过机器学习实现的，在机器学习中，用户的购买或观看行为模式来源于人们与网站的互动。推荐系统正在越来越多的行业和应用程序中派上用场，以帮助商家实现更多的销量，或为用户提供更好的用户体验。

- *动态的产品和服务定价*——产品和服务的定价通常基于人们愿意为其支付的费用(或基于相应风险)。对于一个拼车系统而言，如果可用的车辆数量少于拼车需求，那么提高价格的做法可能是合理的，这有时被称为高峰定价。在保险行业，如果某人被归类为高风险人群，那么保险价格可能会上涨。机器学习可根据动态环境条件以及特定个人的详细信息，找到影响定价的属性和属性之间的关系。

- *健康状况风险预测*——医疗行业要求医护专业人员懂得大量的知识，以便诊断和治疗患者。多年来，医护人员积攒了大量关于患者的数据：血型、DNA、家族病史、地理位置、生活方式等。这些数据可用来发掘潜在的模式，从而指导疾病的诊断。如果我们能利用数据来诊断疾病，就可能在疾病变得严重之前对病人进行治疗。此外，通过将结果反馈给机器学习系统，我们可增强其预测可靠性。

8.7　本章小结

相比于算法本身，机器学习更注重了解背景、理解数据并提出正确的问题。

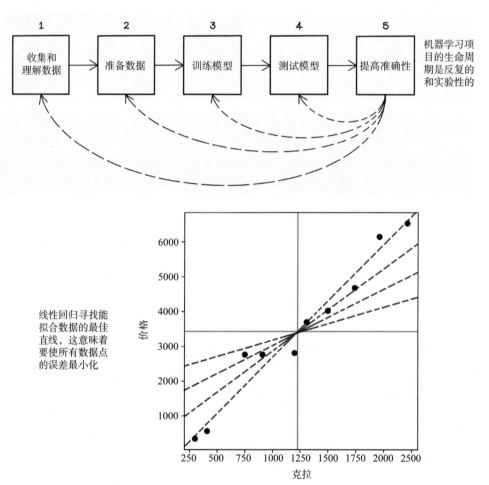

决策树利用问题不断地拆分数据，直到数据集被完美地划分成各个类别。其核心理念是减少数据集中的不确定性

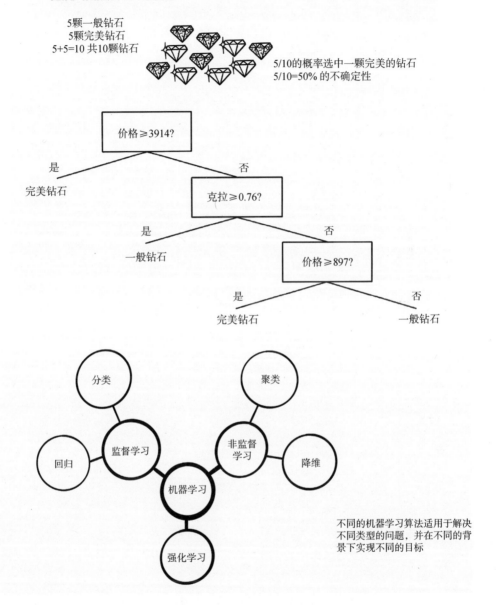

5颗一般钻石
5颗完美钻石
5+5=10 共10颗钻石

5/10的概率选中一颗完美的钻石
5/10=50% 的不确定性

价格≥3914?

是 → 完美钻石

否 → 克拉≥0.76?

是 → 一般钻石

否 → 价格≥897?

是 → 完美钻石

否 → 一般钻石

分类

聚类

回归

监督学习

非监督学习

降维

机器学习

强化学习

不同的机器学习算法适用于解决不同类型的问题，并在不同的背景下实现不同的目标

人工神经网络 | 第 9 章

本章内容涵盖：
- 理解人工神经网络的灵感来源和设计理念
- 识别可用人工神经网络解决的问题
- 理解并实现前向传播神经网络
- 理解并实现反向传播神经网络
- 设计人工神经网络结构来解决不同的问题

9.1 什么是人工神经网络？

人工神经网络(Artificial Neural Networks，ANN)是机器学习工具包中的强大工具，用于实现各种不同的目标，如图像识别、自然语言处理、游戏。人工神经网络的学习方式和其他机器学习算法相似：使用数据进行训练。对于非结构化数据，我们往往很难理解数据特征之间的关系，而人工神经网络非常适合用来处理这一类数据。本章主要讲解人工神经网络的灵感来源，同时展示这一算法的基本原理，以及如何设计人工神经网络来解决不同的问题。

为了更清楚地了解人工神经网络是如何在广阔的机器学习领域中发挥作用的，我们先来回顾一下机器学习算法的组成和分类。深度学习是指使用不同结构的人工神经网络来实现目标的算法。深度学习(包括人工神经网络)可用来解决监督学习、非监督学习和强化学习这三大领域的问题。图 9.1 显示了深度学习与人工神经网络和其他机器学习概念之间的关系。

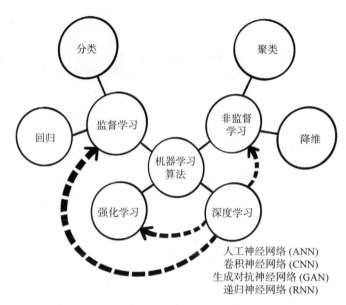

图 9.1 展示深度学习和人工神经网络灵活性的地图

人工神经网络可被视为符合机器学习生命周期的另一个模型(如第8章所述)。图 9.2 给出了机器学习的生命周期。机器学习中的关键步骤包括：明确要解决的问题；收集、理解和准备数据；训练模型，测试模型，并根据需求改进模型。

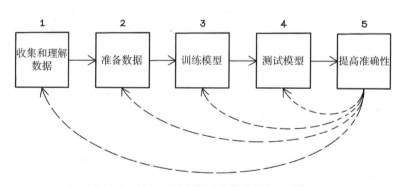

图 9.2 机器学习实验或项目的流程示意图

既然我们已经了解了人工神经网络在抽象的机器学习领域中所处的位置，并且知道了人工神经网络也是一种可按照机器学习生命周期进行训练的模型，那么，现在让我们进一步探索人工神经网络的灵感来源和工作原理。像遗传算法和群体智能算法一样，人工神经网络的灵感也是来源于自然现象——更确切地说，是源自大脑与神经系统。神经系统是一种能让我们感受到外界刺激的生物结构，是我们大脑运作的基础。我们的整个身体都遍布着神经和神经元，这些神经元的表现与大脑中的神经元相似。

神经网络由相互连接的神经元组成，这些神经元通过电信号和化学信号传递信息。神经元将信息传递给其他神经元，并通过调整信息来完成特定的功能。当你拿起杯子喝一口水的时候，数百万的神经元参与其中——它们会处理你的行为意图，完成相应的物理动作，并根据反馈来确定这一行为是否成功。想想小孩子们学着用杯子喝水的过程。他们通常一开始表现得很差，经常摔杯子。然后，他们逐渐学会用两只手抓住它。渐渐地，他们学会了单手拿起杯子，顺畅地喝一口水。这个过程通常需要几个月。在这段时间中，他们的大脑和神经系统通过练习(或训练)学习这一行为。图 9.3 描述了一个接受输入(刺激)，在神经网络中处理输入，并提供输出(响应)的简化模型。

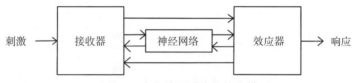

图 9.3　生物神经系统的简化模型

简而言之，一个神经元(见图 9.4)的组成部分包括：能从其他神经元接收信号的树突；负责激活和调节信号的细胞体和细胞核；负责将信号传递给其他神经元的轴突；在将信号传递到下一个神经元的树突之前，负责携带信号并在这个过程中对信号进行调节的神经突触。凭借大约 900 亿个神经元的协同工作，我们的大脑才能以目前众所周知的高智能水平运行。

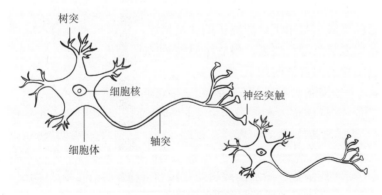

图 9.4　神经元的基本结构

尽管人工神经网络的灵感来自生物神经网络，并使用了人们在生物神经网络中观察到的许多概念，但人工神经网络与生物神经系统并不完全相同。关于大脑和神经系统，我们还有很多需要了解的地方。

9.2 感知器: 表征神经元

神经元是构成大脑和神经系统的基本概念。如前所述,它能接受来自其他神经元的各种输入,对这些输入进行处理,并将处理结果传输到其他相连的神经元。人工神经网络是基于感知器(单个生物神经元的逻辑表示)的基本概念设计的。

像神经元一样,感知器能接收输入(就像树突一样),根据权重改变这些输入(就像突触一样),然后对加权输入进行处理(就像细胞体和细胞核一样),最后输出结果(就像轴突一样)。感知器基本上是按照神经元的逻辑设计的。你可能已经注意到了,突触被放在树突之后,表明突触将直接影响输入。图 9.5 描述了感知器的逻辑结构。

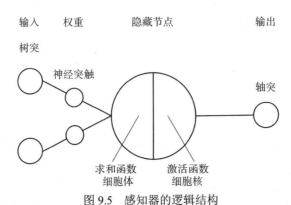

图 9.5 感知器的逻辑结构

感知器的组成由可用于计算输出的变量描述。权重负责对输入进行修正;所产生的值由隐藏节点进行处理;最后,提供结果(即输出)。

感知器组件的简要说明如下:

- *输入*——描述输入值。在神经元中,这些值对应着输入信号。
- *权重*——描述输入和隐藏节点之间每个连接的权重。权重影响输入的强度,并产生加权后的输入。在神经元中,这些连接就是突触。
- *隐藏节点(求和与激活)*——对加权之后的输入值进行求和,然后对求和结果应用激活函数。激活函数决定隐藏节点(神经元)的激活(输出)。
- *输出*——描述感知器的最终输出。

为了了解感知器的工作原理,我们将通过回顾第 8 章中寻找公寓的例子来研究感知器的使用。假设我们是房产经纪人,想根据公寓的大小和月租金来确定一个月内是否能将一套公寓租出去。假设我们已经训练了一个感知器——这意味着感知器的权重已经经过了调整。本章后半部分将进一步探讨感知器和人工神经网络的训练方式。现在,不妨先来理解权重是如何通过调整输入的强度来对输入之间的关系进行编码的。

图 9.6 展示了我们是如何使用预先训练好的感知器来确定一套公寓是否将被租出的。输入代表给定公寓的月租金及公寓大小。这里我们仍然使用所有可选公寓的最高月租金和最大面积来对输入数据进行缩放(假设所有可选公寓的最高月租金为 8000 美元，最大面积为 80 平方米)。如果想要了解有关数据缩放的更多信息，请参见下一节。

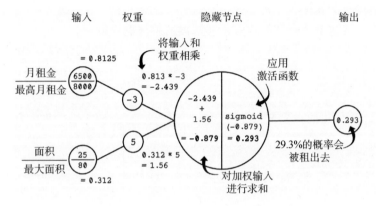

图 9.6　使用训练好的感知器的示例[1]

注意，在当前问题中，月租金和面积是输入，公寓被租出去的预测概率是输出。权重是实现预测的关键。权重是学习输入之间关系的网络中的变量。求和函数和激活函数用于处理加权的输入，从而作出预测。

注意，这里使用的是一个名为 sigmoid 函数的激活函数。激活函数在感知器和人工神经网络中起着关键作用。在这一案例中，激活函数实际上在帮助我们解决一个线性问题。但是，在下一节中，当我们进一步研究人工神经网络时，将深入了解激活函数是如何处理输入的——或者说它是如何在解决非线性问题的场景中发挥作用的。图 9.7 描述了线性问题的基础理念。

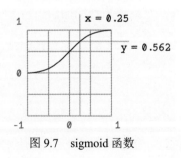

图 9.7　sigmoid 函数

---

1 译者注：这里的激活函数采用 sigmoid 函数，它是一个在生物学中很常见的 S 型函数。由于其单调递增以及平滑的性质，它常常被用作神经网络的激活函数，将变量映射到 0 和 1 之间。

对于 0~1 的输入，sigmoid 函数的输出是一个介于 0 和 1 之间的 S 曲线。因为 sigmoid 函数允许 x 的变化导致 y 的微小变化，所以它允许模型渐进学习。在本章后半部分，当我们深入研究人工神经网络的工作原理时，将进一步掌握如何将该函数用于解决非线性问题。

让我们回过头来看看用在感知器上的数据。了解与公寓是否售出相关的数据对于理解感知器的工作原理很重要。图 9.8 展示了数据集中给出的例子——包括每套公寓的月租金和面积。每套公寓都被标记为下面两个类别之一：已经租出或者尚未出租。将两个类分开的线就是感知器所描述的函数。

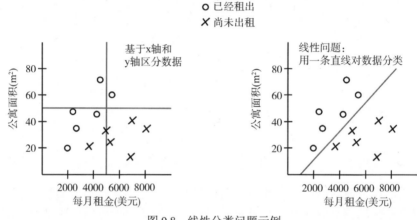

图 9.8　线性分类问题示例

虽然感知器可用于解决线性问题，但它不能解决非线性问题。也就是说，如果数据集不能用一条直线进行分类，感知器将无法解决这个问题。

人工神经网络大规模使用了感知器这一概念。它尝试让许多与感知器类似的神经元一起工作，来解决多维非线性问题。注意，所使用的激活函数会影响人工神经网络的学习能力。

练习：给定以下输入，计算感知器的输出

请基于你对感知器工作原理的了解，计算其输出：

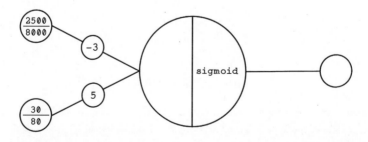

解决方案：给定以下输入，计算感知器的输出

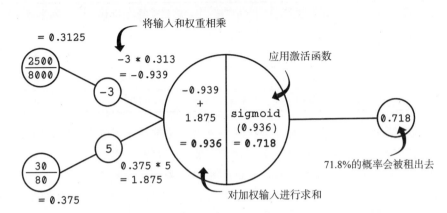

9.3　定义人工神经网络

感知器在解决简单问题时很有效，但是随着数据维数的增加，它的效果就没那么好了。人工神经网络使用感知器的原理，并将其用于许多隐藏节点，而非一个单独的节点。

为了探索多节点人工神经网络的工作原理，我们来考虑下面这个与汽车碰撞相关的示例数据集。假设一个不可预料的物体进入汽车行驶路径时，我们从几辆汽车收集了相关数据。数据集包含各项相关要素和环境条件，并描述了最终是否发生碰撞，数据集的主要特征包括以下内容：

- *速度*——在遇到物体之前，汽车的行驶速度
- *道路质量*——在遇到物体之前，汽车所行驶道路的质量
- *视角广度*——在汽车遇到物体之前，驾驶员的视角广度
- *总驾驶经验*——汽车驾驶员的总驾驶经验(即该驾驶员在职业生涯中，总共驾驶了多少 km 的路程)
- *发生碰撞?*——是否发生碰撞？

给定这些数据，我们希望训练一个机器学习模型(即人工神经网络)来学习这些特征(导致汽车碰撞的因素)之间的关系，如表 9.1 所示。

表 9.1　汽车碰撞数据集

	速度(km/h)	道路质量	视角广度	总驾驶经验(km)	发生碰撞?
1	65	5/10	180°	80 000	否
2	120	1/10	72°	110 000	是
3	8	6/10	288°	50 000	否

(续表)

	速度(km/h)	道路质量	视角广度	总驾驶经验(km)	发生碰撞?
4	50	2/10	324°	1600	是
5	25	9/10	36°	160 000	否
6	80	3/10	120°	6000	是
7	40	3/10	360°	400 000	否

下面我们来看一个关于人工神经网络体系结构的例子，根据我们所拥有的特征，它可用来预测碰撞是否会发生。为了完成这一预测，数据集中的要素必须被映射为人工神经网络的输入，而我们试图预测的类别需要被映射为人工神经网络的输出。在这个例子中，输入节点是速度、道路质量、视角广度和总驾驶经验；输出节点为是否发生碰撞(见图9.9)。

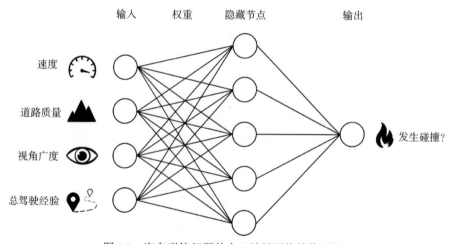

图9.9 汽车碰撞问题的人工神经网络结构示例

和我们研究过的其他机器学习算法一样，人工神经网络如果要成功地对数据进行分类，就必须重视数据准备工作。这里主要关注如何以可比较的方式表示数据。作为人类，我们能轻松理解速度和视角广度的概念，但人工神经网络不具备这一知识背景。对于人工神经网络来说，直接比较65km/h和36°视角广度的做法是没有意义的，但比较速度比例和视角比例的方法也许是有效的。为了完成这项任务，我们需要对数据进行缩放。

缩放数据以进行比较的一种常见策略是使用最小-最大缩放方法，这一方法旨在将数据缩放成 0～1 的值。如果我们能将数据集中的所有数据缩放到一致的范围，也许就可将不同维度的特征放在一起进行比较。因为人工神经网络没有关于原始特征的任何背景知识，所以缩放也可去除那些因输入值极大而引入的偏差。

例如，1000 看起来比 65 大得多，但 1000 在总驾驶经验这一特征背景下属于较差 (表现远低于平均)的特征值，而在驾驶速度这一特征的背景下，65 是一个非常正常的速度值。通过考虑每个特征项可能出现的最小值和最大值，最小-最大缩放方法尝试采用正确的上下文来重新描述这些数据。

为汽车碰撞数据集中的各项特征选择的最小值和最大值如下：

● *速度*——最小速度为 0，这意味着汽车没有移动。我们将最高速度设定为 120，因为 120km/h 是世界上大多数地方的最高法定速度限制。我们假设司机会遵守交通规则。

● *道路质量*——这项数据已经在评级系统中体现出来了，最小值为 0，最大值为 10。

● *视角广度*——根据常识可知，总视角范围为 360°。所以最小值为 0，最大值 360。

● *总驾驶经验*——如果驾驶员完全没有经验，毫无疑问，可设最小值为 0。对于总驾驶经验的上限，我们不妨主观地将最大值设置为 400 000。这里的基本依据是，如果一名驾驶员已经有 400 000km 的驾驶经验，我们可认为该驾驶员完全能胜任驾驶这一工作，更多的驾驶经验并不重要。

给定某一特征的实际值，最小-最大缩放方法使用这一特征的最小值和最大值来找到该特征实际值的百分数。计算公式很简单：用实际值减去最小值，得到的结果除以最大值与最小值的差。图 9.10 以汽车碰撞示例中第一行数据为例，展示了最小-最大缩放的计算过程。

	速度(km/h)	道路质量	视角广度	总驾驶经验(km)	发生碰撞?
1	65	5/10	180°	80 000	否

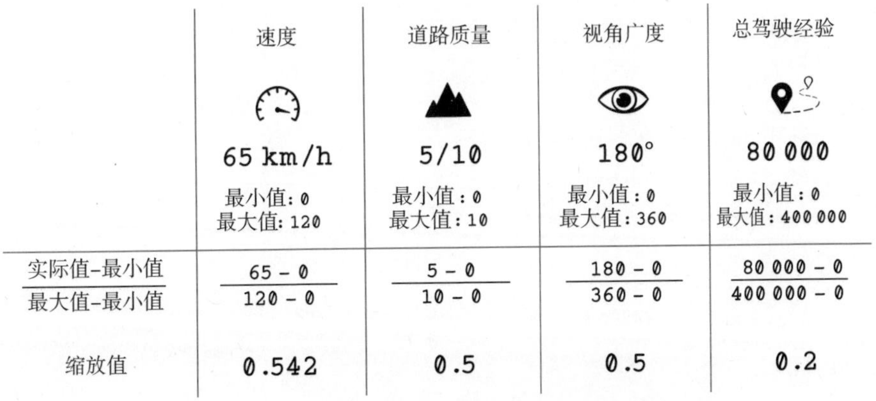

	速度	道路质量	视角广度	总驾驶经验
	65 km/h	5/10	180°	80 000
	最小值: 0 最大值: 120	最小值: 0 最大值: 10	最小值: 0 最大值: 360	最小值: 0 最大值: 400 000
$\dfrac{实际值-最小值}{最大值-最小值}$	$\dfrac{65-0}{120-0}$	$\dfrac{5-0}{10-0}$	$\dfrac{180-0}{360-0}$	$\dfrac{80\,000-0}{400\,000-0}$
缩放值	0.542	0.5	0.5	0.2

图 9.10　汽车碰撞数据集的最小-最大缩放计算示例

注意，缩放后所有特征的值都在 0 和 1 之间，可将它们放在一起进行比较。

我们可将相同的公式应用于数据集中的所有行,以确保每个值都进行了缩放。注意,对于"发生碰撞?"这一分类特征的值,不妨将"是"替换为1,将"否"替换为0。表9.2描述了缩放后的汽车碰撞数据集。

表9.2 缩放后的汽车碰撞数据集

	速度	道路质量	视角广度	总驾驶经验	发生碰撞?
1	0.542	0.5	0.5	0.200	0
2	1.000	0.1	0.2	0.275	1
3	0.067	0.6	0.8	0.125	0
4	0.417	0.2	0.9	0.004	1
5	0.208	0.9	0.1	0.400	0
6	0.667	0.3	0.3	0.015	1
7	0.333	0.3	1.0	1.000	0

伪代码

缩放数据的代码遵循与最小-最大缩放算法相同的逻辑和计算。我们需要设定每项特征的最小值和最大值,以及数据集中特征的总数。数据集缩放函数(scale_dataset)将使用这些参数,遍历数据集中的每个实例——使用数据特征缩放函数(scale_data_feature)对其特征值进行缩放。

```
FEATURE_MIN = [0, 0, 0, 0]
FEATURE_MAX = [120, 10, 360, 400000]
FEATURE_COUNT = 4


scale_dataset(dataset, feature_count, feature_min, feature_max):
  let scaled_data equal empty array
  for data in dataset:
    let example equal empty array
    for i in range(0, feature_count):
      append scale_data_feature(data[i], feature_min[i], feature_max[i])
        to example
    append example to scaled_data
  return scaled_data


scale_data_feature(data, feature_min, feature_max):
  return (data - feature_min) / (feature_max - feature_min)
```

现在我们已经准备好了适合用人工神经网络处理的数据，接下来了解一下简单人工神经网络的结构。请记住，用于预测分类标签的特征是输入节点，而被预测的分类标签是输出节点。

图 9.11 展示了一个有一层隐藏层的人工神经网络，隐藏层在图中用垂直分布的圆圈序列来表示，共有 5 个隐藏节点。这一层之所以被称为隐藏层，是因为我们不能从神经网络外部直接观察到它。对于神经网络而言，只有输入和输出是与外界相互作用的，这导致人工神经网络被当作黑盒。每个隐藏节点的结构都类似于感知器。隐藏节点接受输入和权重，然后计算总和，并应用激活函数。最后，所有隐藏节点的结果交由输出节点进行处理。

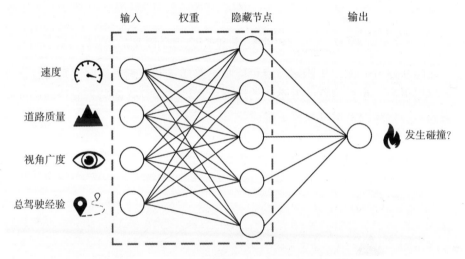

图 9.11　汽车碰撞问题的人工神经网络结构示例

在开始考虑人工神经网络的计算之前，我们先试着直观地探讨一下网络权重的作用——从更高层次上理解这一点。单个的隐藏节点需要与每一个输入节点相连接，同时每个连接都具有不同的权重，所以，独立的隐藏节点可能会受到(与其相连的)两个或多个输入节点之间的特定关系的影响。

在图 9.12 描述的场景中，第一个隐藏节点与道路质量和视角广度两项输入特征的连接具有较高的权重，但与速度和总驾驶经验两项输入特征的连接的权重较弱。那么，我们可认为这个特定的隐藏节点与道路质量和视角广度之间的关系有关。模型可能需要了解这两个特征之间的关系，以及这一关系对碰撞发生概率的影响；例如，与良好的道路质量和中等视角广度相比，较差的道路质量和较差的视角广度可能会增加碰撞发生的概率。实际上，节点之间的关系通常比这个简单例子所能展示的复杂得多。

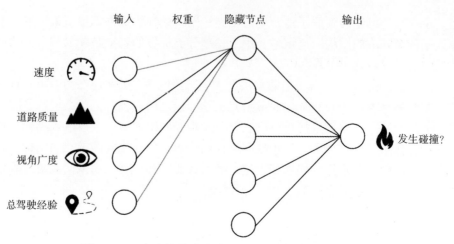

图 9.12　一个比较道路质量和视角广度的隐藏节点示例

在图 9.13 中，第二个隐藏节点可能与道路质量和总驾驶经验两项特征之间的连接权重更高。也许这意味着不同的道路质量以及差异化的总驾驶经验之间存在一定关系，这些因素最终导致了碰撞。

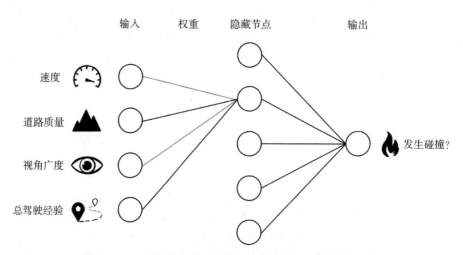

图 9.13　一个比较道路质量和总驾驶经验的隐藏节点示例

在概念上，隐藏层中的节点可与第 6 章中讨论的蚂蚁类比。每只蚂蚁完成看似微不足道的小任务，但当蚂蚁累积到一定数量，成为一个群体时，智能行为就会出现。同样，单个隐藏节点所作的贡献积累起来，最终可实现人工神经网络的远大目标。

通过分析汽车碰撞对应的人工神经网络的结构及其操作，我们可描述算法所需的数据结构：

● *输入节点*——输入节点可用一个数组来表示，该数组存储了一个特定示例的值。数组的大小等于数据集中用于预测分类标签的特征数量。在汽车碰撞示例中，我们的输入有 4 个特征，所以数组大小是 4。

- *权重*——权重可用一个矩阵(或者称之为 2D 数组)表示，因为每个输入节点都需要有指向每个隐藏节点的连接，所以每个输入节点有 5 个连接。因为存在 4 个输入节点，每个节点有 5 个连接，所以人工神经网络共有 20 个权重指向隐藏层；因为有 5 个隐藏节点和 1 个输出节点，所以共有 5 个权重指向输出层。
- *隐藏节点*——隐藏节点可用一个数组表示，存储每个节点的激活结果。
- *输出节点*——输出节点是一个数值，代表针对特定样本所预测出的类别(或者是该示例属于特定类别的可能性)。在本示例中，输出可能是 1 或 0，表示是否发生碰撞；也可能是 0.65，表示当前特征条件导致碰撞的概率为 65%。

伪代码

下一段伪代码描述了一个用于表达神经网络的类。注意，神经网络中的层被描述为类的属性；这个类的所有属性都是数组——除了权重(权重以矩阵的形式存在)。输出属性代表针对给定样本的预测结果，在训练过程中，我们使用 expected_output(期望输出)属性来表达期望得到的输出值。

```
NeuralNetwork(features, labels, hidden_node_count):
    let input equal features
    let weights_input equal a random matrix, size: features * hidden_node_count
    let hidden equal zero array, size: hidden_node_count
    let weights_hidden equal a random matrix, size: hidden_node_count
    let expected_output equal labels
    let output equal zero array, size: length of labels


let nn equal NeuralNetwork(scaled_feature_data,
                           scaled_label_data,
                           hidden_node_count)
```

9.4 前向传播：使用训练好的人工神经网络

一张经过训练的人工神经网络指的是一张已经完成了针对训练数据的学习(成功调整了自己的权重)、可准确预测新样本分类标签的神经网络。请先不要对训练是怎么进行的(或者说权重是怎么调整的)感到恐慌——下一节将讨论这个话题。先理解前向传播(如何使用权重)将有助于我们掌握反向传播(也就是如何训练权重)。

经过前面的学习，我们已经对人工神经网络的基本结构有了一定了解，并且能理解网络中各个节点的功能与特性；现在，让我们先来了解一下如何使用训练好的人工神经网络来预测新样本的分类标签(见图9.14)。

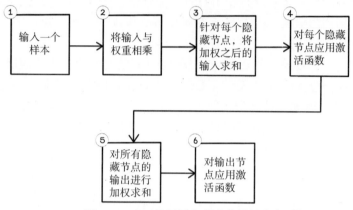

图 9.14　人工神经网络前向传播的生命周期

如前所述，人工神经网络中计算节点结果的步骤与感知器高度相似。类似的操作在许多协同工作的节点上执行；这解决了感知器的缺陷，并用于解决具有更多维度的问题。前向传播的一般流程包括以下步骤：

(1) **输入一个样本**——从数据集获取一个样本，以预测其类别。

(2) **将输入与权重相乘**——将输入样本的每个特征值乘以其与隐藏节点的连接的权重。

(3) **针对每个隐藏节点，将加权之后的输入求和**——对加权输入求和。

(4) **对每个隐藏节点应用激活函数**——将激活函数应用于(上一步中)加权输入的和。

(5) **对所有隐藏节点的输出进行加权求和**——将所有隐藏节点应用激活函数后的加权结果(即上一步的输出)相加。

(6) **对输出节点应用激活函数**——将激活函数应用于隐藏节点的加权和(即上一步的输出)。

为了更好地探索前向传播，我们假设人工神经网络已经经过训练，并且找到了网络中的最优权重。图 9.15 给出了每个连接的权重。以第一个隐藏节点旁边的第一个框为例——第一项权重(3.35)与速度这一输入节点有关；第二项权重(-5.82)与道路质量这一输入节点相关；以此类推。

因为神经网络已经过训练，我们可提供一个样本，并使用它来预测碰撞发生的概率。为了帮助你回忆，表 9.3 再次呈现了我们正在使用的缩放后的汽车碰撞数据集。

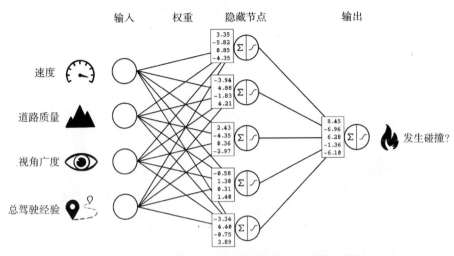

图 9.15　预先训练好的人工神经网络中权重的示例

表 9.3　缩放后的汽车碰撞数据集

	速度	道路质量	视角广度	总驾驶经验	发生碰撞？
1	0.542	0.5	0.5	0.200	0
2	1.000	0.1	0.2	0.275	1
3	0.067	0.6	0.8	0.125	0
4	0.417	0.2	0.9	0.004	1
5	0.208	0.9	0.1	0.400	0
6	0.667	0.3	0.3	0.015	1
7	0.333	0.3	1.0	1.000	0

　　如果你曾经研究过人工神经网络，你可能已经见过一些能引发人们潜在恐惧的数学符号。接下来，让我们分析几个可用数学方法表示的概念。

　　人工神经网络的输入用 X 表示。不同的输入变量用数字下标来区分。速度为 X_0，道路质量为 X_1，以此类推。网络的输出用 y 表示，网络的权重用 W 表示。因为当前的人工神经网络示例中一共有两层——一个隐藏层和一个输出层，所以会有两组权重。第一组标为 W_0，第二组为 W_1。然后，每项权重可由它所连接的节点来表示。譬如速度节点和第一个隐藏节点之间的权重为 $W_{0,0}^0$，道路质量节点和第一个隐藏节点之间的权重为 $W_{1,0}^0$。对这个示例而言，这些数学表示不一定是重要的，但如果你现在了解它们，你未来的学习将会轻松许多。[1]

---

　　1 译者注：此处 $W_{0,0}^0$ 右上角的 0 表示第一个隐藏层。在编程时，计数从 0 开始，所以第一层的上标为 0。$W_{0,0}^0$ 右下角的第一个 0 表示第一个输入节点(同上，从 0 开始计数)，第二个 0 表示第一个隐藏节点。

图 9.16 展示了以下数据在人工神经网络中的呈现方式。

	速度	道路质量	视角广度	总驾驶经验	发生碰撞?
1	0.542	0.5	0.5	0.200	0

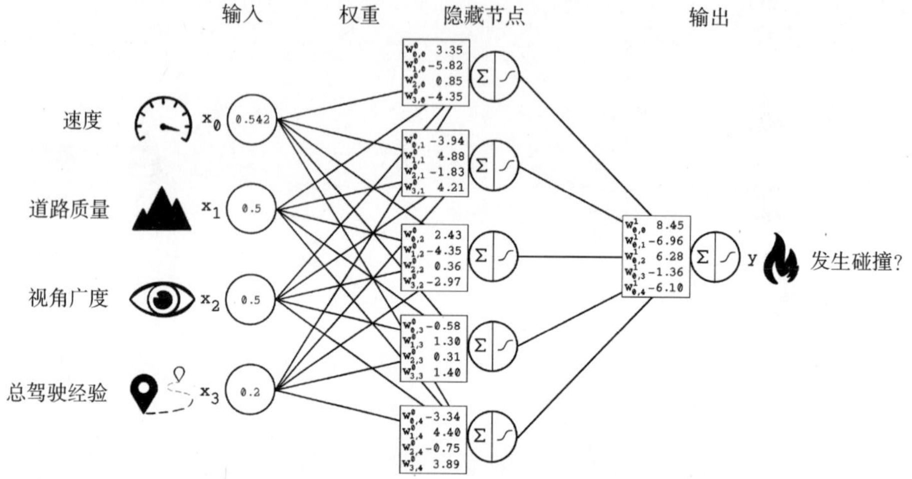

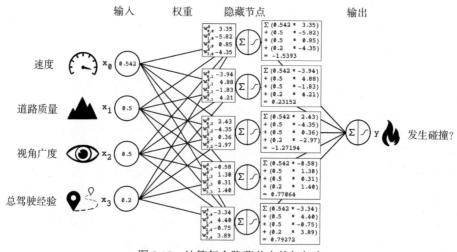

图 9.16　人工神经网络的数学表示

与感知器所涉及的步骤一样，第一步是基于输入特征值以及(从输入特征到)每个隐藏节点的权重，计算输入的加权和。如图 9.17 所示，对应着将每项输入特征值乘以每项权重并对其输出求和。

图 9.17　计算每个隐藏节点的加权和

下一步是将激活函数应用到每个隐藏节点。这里使用 sigmoid 函数，该函数的输入是(上一步中)针对每个隐藏节点计算的输入的加权和(见图 9.18)。

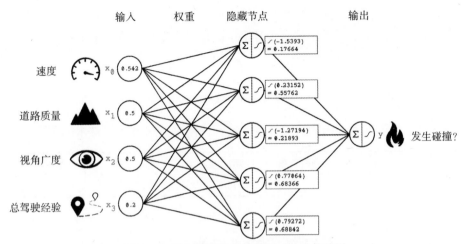

图 9.18 每个隐藏节点的激活函数计算结果

现在，我们有了每个隐藏节点经激活函数处理后的结果。如将这个结果映射回神经元的概念，可认为激活结果代表了每个神经元的激活强度。因为不同的隐藏节点可能通过权重体现出数据中的不同关系，所以在给定输入的情况下，可结合激活函数的使用，来确定能表示碰撞发生概率的整体激活结果。

图 9.19 描述了每个隐藏节点的激活结果以及从每个隐藏节点到输出节点的权重。为了计算最终输出，我们需要针对每个隐藏节点的结果再次计算加权和，并将 sigmoid 激活函数应用于求和结果。

注意 隐藏节点中的 Σ 符号表示求和运算。

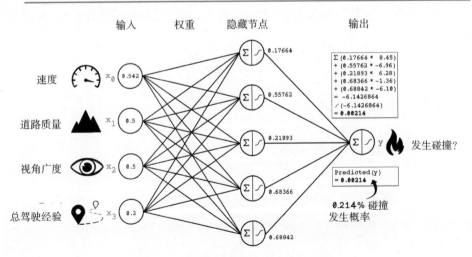

图 9.19 计算输出节点的最终激活结果

通过一系列计算，我们得到了当前样本的输出预测——结果是 0.00214，不过这个数字是什么意思呢？回顾开始时给出的定义，输出值介于 0 和 1 之间，表示发生碰撞的概率。在当前示例中，输出值为0.214%(0.00214×100)，表明发生碰撞的概率几乎为 0。

下面，不妨使用这个数据集的另一个实例练习一下。

练习：基于下面给出的人工神经网络，使用前向传播计算样本的预测结果

	速度	道路质量	视角广度	总驾驶经验	发生碰撞？
2	1.000	0.1	0.2	0.275	1

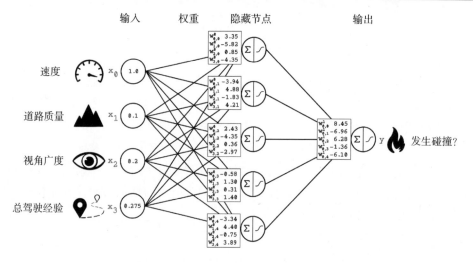

解决方案：基于下面给出的人工神经网络，使用前向传播计算样本的预测结果

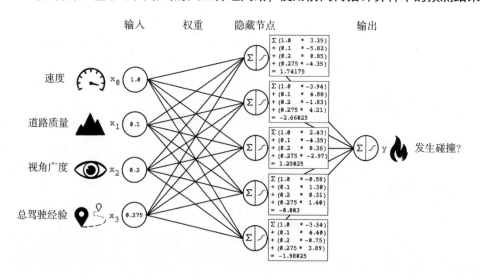

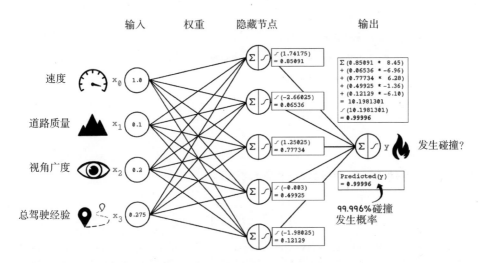

当我们通过预先训练好的人工神经网络对这个样本进行计算时，输出是
0.99996，即 99.996%，因此发生碰撞的可能性非常高。如果我们从人类的直观视
角再看一下这个例子，或许也能明白为什么会发生碰撞——司机正以法律允许的
最高速度行驶在质量最差的道路上，视野也相当糟糕。

伪代码

在本例中，一个重要的激活函数是 sigmoid 函数。此方法描述代表 S 曲线的
数学函数。

```
sigmoid(x):
    return 1 / (1 + exp(-x))
```

exp是一个数学常数，被称为欧拉数，
约为2.71828。exp(x)指e的x次幂

注意，下面的代码描述了本章前面定义的同一个神经网络(NeuralNetwork)类。
不过这一次新增了一个前向传播函数(forward_propagation)。该函数将输入和隐藏
节点之间的权重与输入的乘积相加，对其结果应用 sigmoid 函数，并将输出存储
为隐藏层节点的值。然后针对隐藏层和输出层进行同样的操作。

```
NeuralNetwork(features, labels, hidden_node_count):
    let input equal features
    let weights_input equal a random matrix, size: features * hidden_node_count
    let hidden equal zero array, size: hidden_node_count
    let weights_hidden equal a random matrix, size: hidden_node_count
    let expected_output equal labels
    let output equal zero array, size: length of labels
```

符号·表示矩阵乘法

```
forward_propagation():
    let hidden_weighted_sum equal input · weights_input
    let hidden equal sigmoid(hidden_weighted_sum)
    let output_weighted_sum equal hidden · weights_hidden
    let output equal sigmoid(output_weighted_sum)
```

9.5　反向传播：训练人工神经网络

　　了解了前向传播的工作原理后，我们将更容易理解人工神经网络是如何训练的，因为在训练过程中也会用到前向传播。第 8 章中涉及的机器学习生命周期与原理对于掌握人工神经网络中的反向传播非常重要。人工神经网络可被视为另一种机器学习模型。我们仍然要提出亟待解决的问题。我们依旧要收集并理解问题对应的数据，还需要以适合模型处理的方式准备数据。

　　与其他机器学习模型类似，该模型要求我们将一组数据用于训练，将另一组数据用于测试模型的性能。此外，我们将通过收集更多数据、以不同方式预处理数据、改变人工神经网络的结构或者参数配置等方法来迭代和改进模型。

　　人工神经网络的训练主要包括 3 个阶段。阶段 1 建立人工神经网络的结构，包括对输入层、输出层和隐藏层的配置。阶段 2 是前向传播。而阶段 3 是反向传播——对网络的训练就发生在这里(见图 9.20)。

　　阶段 1、阶段 2 和阶段 3 描述了反向传播算法中涉及的各个阶段及核心操作。

1. 阶段 1：初始化

　　(1) **定义人工神经网络的结构**。这一步包括定义输入节点、输出节点、隐藏层的数量、每个隐藏层中的神经元的数量、每层所使用的激活函数等。

　　(2) **初始化人工神经网络的权重**。人工神经网络中的权重必须初始化为某个值。我们可采取各种方法进行初始化。关键的原则是，随着神经网络从训练实例中学习，权重将被不断地调整。

2. 阶段 2：前向传播

　　这个过程与前面的章节所论述的相同。至少计算方式是完全相同的。然而，对于训练集中的每个样本，我们将对比预测的输出与样本的实际分类，以训练网络。

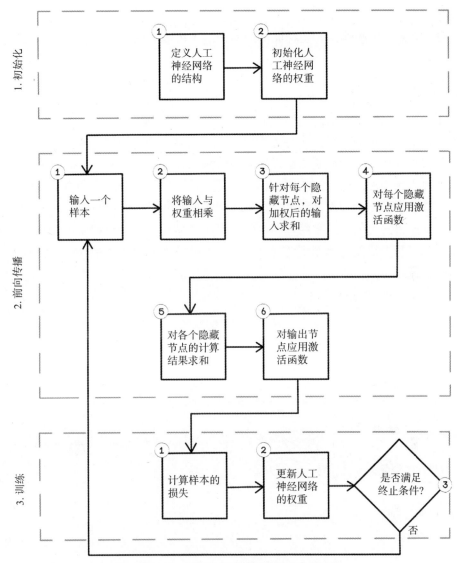

图 9.20　训练人工神经网络的生命周期

3. 阶段 3：训练

(1) **计算损失**。根据前向传播的结果，样本的损失是其预测输出与训练集中样本的实际分类之间的差异。损失能有效衡量人工神经网络在预测该样本所属类别方面的表现(损失越高，表现越差)。

(2) **更新人工神经网络的权重**。人工神经网络的权重是唯一可由网络本身调整的东西。我们在阶段 1 中定义的网络结构和配置参数在训练期间不会改变。权重实质上要对网络所具备的智能进行编码。权重可被任意调整，以适配输入信号的强度。

(3) **定义终止条件。**人工神经网络的训练不可能无限持续下去。与本书所探索的许多算法一样，人工神经网络要求我们设定一个合理的终止条件。如果我们有一个足够大的数据集，我们可能会决定从训练数据集中选出 500 个样本，总共运行 1000 次迭代，以训练人工神经网络。在这个例子中，500 个样本将在网络中传播 1000 次，算法根据每次迭代的计算结果来调整权重。

在我们学习前向传播的工作原理时，因为网络是预先训练好的，所以我们有现成的权重可使用。现在要从零开始训练网络，那么在一切开始之前，(为了进行第一次前向传播)我们需要将权重初始化为某个值，然后基于训练样本不断调整权重。初始化权重的一种方法是从正态分布中随机选取权重值。

以前面讲解过的人工神经网络为例，图 9.21 给出了一套随机生成的权重。此图还展示了基于给定的单个训练样本，针对隐藏节点前向传播进行计算的结果。这里继续使用前向传播一节中采用的第一个示例的输入，但给网络设定了不同的权重，以突显输出的差异。

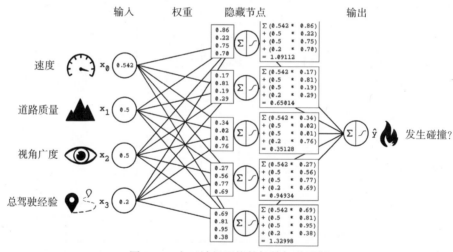

图 9.21   人工神经网络的初始权重示例

下一步我们继续执行前向传播(见图 9.22)。这一步的关键在于计算所获得的预测结果和实际分类之间的差值。

通过对比预测结果与实际类别，可计算出对应的损失。这里用到的损失函数很简单：用实际结果减去预测结果。本例中，需要用 0.0 减去 0.84274，损失为 -0.84274。这一结果可表明预测的不准确程度，并可用于调整人工神经网络的权重。每次完成损失的计算后，人工神经网络都会稍微调整权重。这种情况会重复成千上万次——使用训练数据确定人工神经网络的最佳权重，以作出准确的预测。

注意，在同一组数据上训练太长时间可能会导致过拟合(如第 8 章所述)。

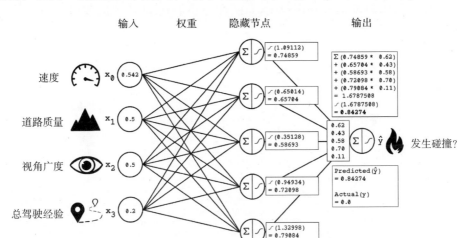

图 9.22　带有随机初始权重的前向传播示例[1]

这里就是神秘的数学知识——链式法则开始发挥作用的地方。在正式使用链式法则之前，我们先来了解一些权重的物理意义，尝试从直观上理解权重的调整是如何提高人工神经网络性能的。

如将可能的权重值与它们各自所对应的损失绘制在一张图上，可找到代表可能权重值的某个函数。函数曲线上的一些点能产生较低的损失，而其他点会产生较高的损失。我们要寻找使损失最小化的点(见图 9.23)。

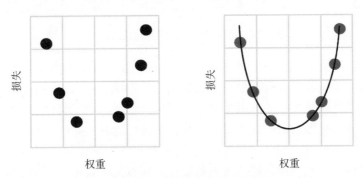

图 9.23　权重与损失的关系示意图

微积分领域有一个非常有用的工具，名为梯度下降，它可通过求导来帮助我们将权重移到更接近最小值的位置。导数的重要性毋庸置疑，因为它能衡量函数对自变量变化的敏感度。例如，速度可被看作物体位置相对于时间的导数；加速

---

1 译者注：图中 Predicted(y)指预测结果，Actual(y)指实际结果。

度是物体速度相对于时间的导数。利用导数可求出函数中某一点的斜率。梯度下降法能使用关于斜率的知识来确定(向函数极小值)移动的方向和移动的步长。图 9.24 和图 9.25 描述了导数和斜率是如何指引我们寻找函数极小值的。

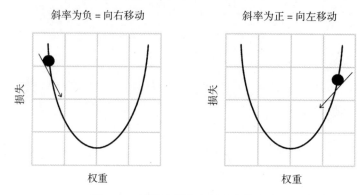

图 9.24　导数的斜率和最小值的方向

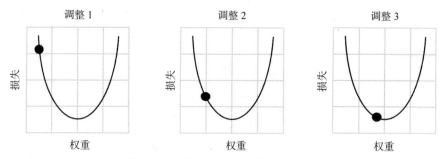

图 9.25　用梯度下降法调整权值的示例

　　如将一项权重单独拎出来看,找到一个能最小化损失的权重值似乎并不困难,但是,如果有大量权重会对神经网络的损失产生影响,那么,如何在其中进行取舍和平衡就变得比较复杂了。哪怕人工神经网络已经取得了良好的表现,往往也仅有一部分权重接近它们的最优点,而其他权重可能并非如此。

　　因为人工神经网络由许多函数(每一个函数可视为神经网络中的一层)构成,所以我们可使用链式法则。链式法则是微积分领域的一条定理,用于计算复合函数的导数。复合函数指的是将函数 g 用作函数 f 的参数来产生函数 h,本质上是把一个函数用作另一个函数的参数。

　　图 9.26 说明了如何运用链式法则计算神经网络中不同层的权重的更新值。

　　我们可将相应的值代入图中所述公式,从而计算权重的更新量。这些计算看起来很复杂,但如果你理解其中所用变量的含义,清楚它们在人工神经网络中的作用,那么一切就会变得很简单。虽然这些公式看起来复杂难懂,但其中用的值是我们已经计算过的(见图 9.27)。

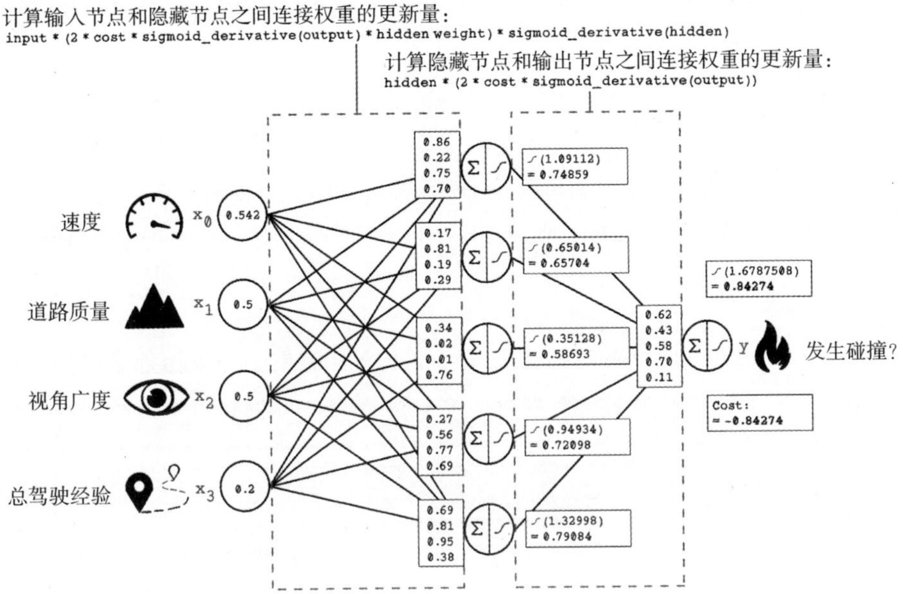
计算输入节点和隐藏节点之间连接权重的更新量:
input * (2 * cost * sigmoid_derivative(output) * hidden weight) * sigmoid_derivative(hidden)
计算隐藏节点和输出节点之间连接权重的更新量:
hidden * (2 * cost * sigmoid_derivative(output))
速度
道路质量
视角广度
总驾驶经验
0.542
0.5
0.5
0.2
(1.09112) = 0.74859
(0.65014) = 0.65704
(0.35128) = 0.58693
(0.94934) = 0.72098
(1.32998) = 0.79084
(1.6787508) = 0.84274
发生碰撞?
Cost: = -0.84274

图 9.26 用链式法则计算权重更新的公式

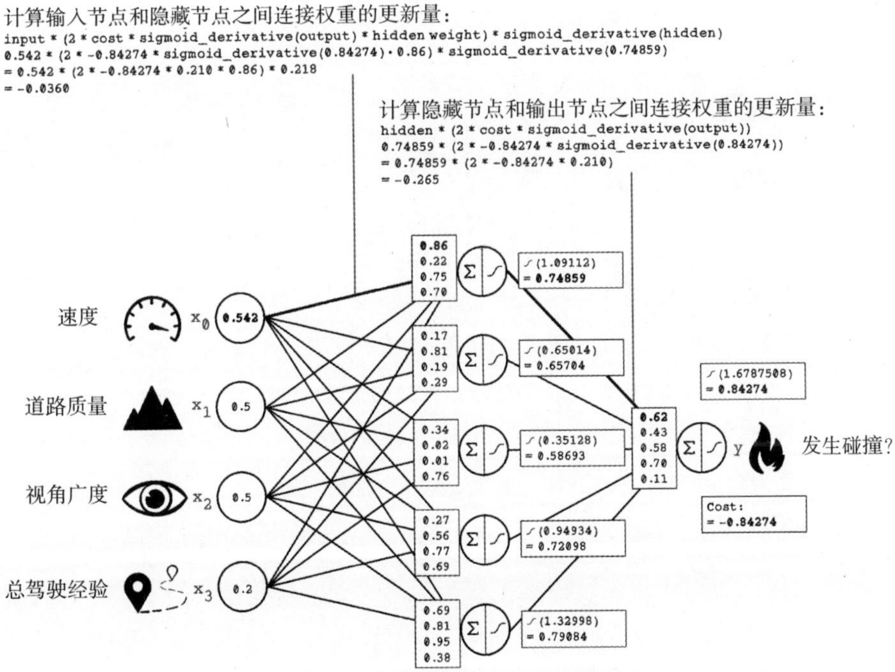
计算输入节点和隐藏节点之间连接权重的更新量:
input * (2 * cost * sigmoid_derivative(output) * hidden weight) * sigmoid_derivative(hidden)
0.542 * (2 * -0.84274 * sigmoid_derivative(0.84274) · 0.86) * sigmoid_derivative(0.74859)
= 0.542 * (2 * -0.84274 * 0.210 * 0.86) * 0.218
= -0.0360
计算隐藏节点和输出节点之间连接权重的更新量:
hidden * (2 * cost * sigmoid_derivative(output))
0.74859 * (2 * -0.84274 * sigmoid_derivative(0.84274))
= 0.74859 * (2 * -0.84274 * 0.210)
= -0.265
速度
道路质量
视角广度
总驾驶经验
0.542
0.5
0.5
0.2
(1.09112) = 0.74859
(0.65014) = 0.65704
(0.35128) = 0.58693
(0.94934) = 0.72098
(1.32998) = 0.79084
(1.6787508) = 0.84274
发生碰撞?
Cost: = -0.84274

图 9.27 用链式法则计算权重更新

下面是图 9.27 中使用的计算：

计算隐藏节点和输出节点之间连接权重的更新量：
```
hidden * (2 * cost * sigmoid_derivative(output))

0.74859 * (2 * -0.84274 * sigmoid_derivative(0.84274))
= 0.74859 * (2 * -0.84274 * 0.210)
= -0.265
```

计算输入节点和隐藏节点之间连接权重的更新量：
```
input * (2 * cost * sigmoid_derivative(output) * hidden weight) * sigmoid_derivative(hidden)

0.542 * (2 * -0.84274 * sigmoid_derivative(0.84274) * 0.86) * sigmoid_derivative(0.74859)
= 0.542 * (2 * -0.84274 * 0.210 * 0.86) * 0.218
= -0.0360
```

现在，我们已完成更新量的计算，可将上面计算出的结果加到对应的权重项中，以完成人工神经网络的权重更新。图 9.28 描述了如何将权重更新的计算结果应用到不同层的权重项中。

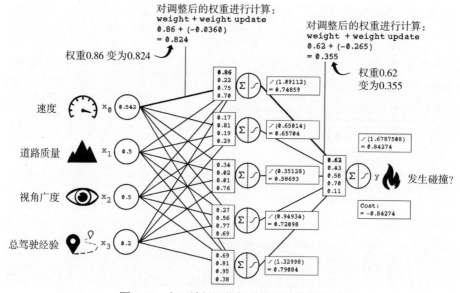

图 9.28　人工神经网络权重更新的结果示例

练习：计算(突出显示的)权重项更新后的值

计算输入节点和隐藏节点之间连接权重的更新量

计算隐藏节点和输出节点之间连接权重的更新量

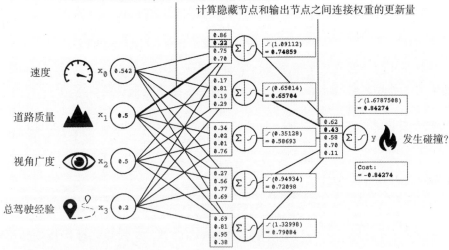

解决方案：计算(突出显示的)权重项更新后的值

计算输入节点和隐藏节点之间连接权重的更新量：

```
input * (2 * cost * sigmoid_derivative(output) * hidden weight) * sigmoid_derivative(hidden)
0.5* (2 * -0.84274 * sigmoid_derivative(0.84274) * 0.22) * sigmoid_derivative(0.74859)
= 0.5 * (2 * -0.84274 * 0.210 * 0.22) * 0.218
= -0.008
weight + weight update
0.22 + (-0.008)
= 0.212
```

计算隐藏节点和输出节点之间连接权重的更新量：

```
hidden * (2 * cost * sigmoid_derivative(output))
0.65704 * (2 * -0.84274 * sigmoid_derivative(0.84274))
= 0.65704 * (2 * -0.84274 * 0.210)
= -0.233
weight + weight update
0.43 + (-0.233)
= 0.197
```

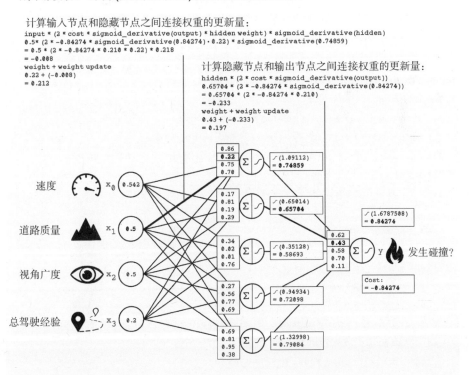

链式法则所解决的问题可能会让你想起第 7 章中的无人机问题。粒子群优化算法是在多维空间(如当前问题中这个有 25 项权重值要优化的空间)中寻找最优解

的有效方法。在人工神经网络中，寻找权重值的问题属于优化问题。梯度下降不是优化权重的唯一方法；根据上下文和需要解决的问题，我们可自由选用合适的方法。

伪代码

导数在反向传播算法中很重要。下面这段伪代码可帮助我们复习 sigmoid 函数的定义，并描述它的导数公式——我们需要根据导数来调整权重。

```
sigmoid(x):
    return 1 / (1 + exp(-x))
```
　　　　exp 是一个数学常数，被称为欧拉数，约为 2.71828。
　　　　exp(x)指 e 的 x 次幂

```
sigmoid_derivative(x):
    return sigmoid(x) * (1 - sigmoid(x))
```

现在我们回顾一下神经网络(NeuralNetwork)类，这次我们使用反向传播函数(back_propagation)来计算样本的损失，并使用链式法则来计算权重的更新量，将计算结果与现有权重相加。在给定损失的情况下，这一过程将对每项权重进行更新。请记住，损失是通过样本特征、(经过前向传播的)预测输出以及期望输出来计算的。样本的预测输出和期望输出之间的差值即损失。

```
NeuralNetwork(features, labels, hidden_node_count):
    let input equal features
    let weights_input equal a random matrix, size: features * hidden_node_count
    let hidden equal zero array, size: hidden_node_count
    let weights_hidden equal a random matrix, size: hidden_node_count
    let expected_output equal labels
    let output equal zero array, size: length of labels


back_propagation():
    let cost equal expected_output - output
    let weights_hidden_update equal
        hidden · (2 * cost * sigmoid_derivative(output))
    let weights_input_update equal
        input · (2 * cost * sigmoid_derivative(output) * weights_hidden)
        * sigmoid_derivative(hidden)
    let weights_hidden equal weights_hidden + weights_hidden_update
    let weights_input equal weights_input + weights_input_update
```
　　　　符号*表示矩阵乘法

现在，我们已经有了一个代表神经网络的类和能对数据进行缩放的函数，以及用于前向传播和反向传播的函数；我们可将这些代码组合在一起来训练神经网络。

伪代码

下面这段伪代码中含有一个运行神经网络函数(run_neural_network)，它以预先设定好的迭代数目(epochs)作为输入。该函数首先对数据进行缩放，并以缩放后的数据、样本的标签和隐藏节点的数量为参数，创建一个新的神经网络。然后，该函数以指定的迭代次数运行前向传播(forward_propagation)和反向传播(back_propagation)。

```
run_neural_network(epochs):
  let scaled_feature_data equal
    scale_dataset(feature_data, feature_count, features_min, features_max)
  let nn equal NeuralNetwork(scaled_feature_data,
                             scaled_label_data,
                             hidden_node_count)
  for epoch in range(epochs):
    nn.forward_propagation()
    nn.back_propagation()
```

9.6　激活函数一览

本节旨在对激活函数及其特性提供一些直观的说明。在感知器和人工神经网络的例子中，我们将sigmoid函数用作激活函数，这对于当前问题的解决起到了令人满意的作用。激活函数能为人工神经网络引入非线性特性。如果我们不使用激活函数，神经网络的行为将类似于第8章中描述的线性回归。图9.29描述了一些常用的激活函数。

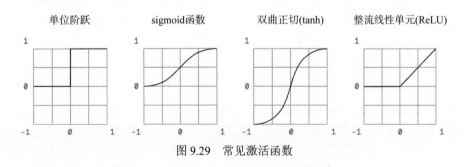

图9.29　常见激活函数

不同的激活函数具有不同的优势，适用于不同的场景：

- *单位阶跃*——单位阶跃函数常用作二元分类器。给定一个介于–1 和 1 之间的输入，它能输出一个恰好为 0 或 1 的结果。对于从隐藏层的数据中进行的学习来说，二元分类器没什么作用，但它可在输出层中用于二分类问题。譬如，如果我们想知道某物是猫还是狗，则 0 可表示猫，1 可表示狗。
- *sigmoid 函数*——给定–1～1 的输入，sigmoid 函数的结果是一条介于 0 和 1 之间的 S 曲线。因为 sigmoid 函数允许 x 的变化导致 y 的微小变化，所以它允许神经网络学习和解决非线性问题。sigmoid 函数有时会遇到的问题是，当 x 的值变得很大或很小(接近极值)时，导数的变化就会变得很小，使得学习进展缓慢。这个问题被称为梯度消失问题。
- *双曲正切*——双曲正切函数的形状类似于 sigmoid 函数，但其结果取值介于–1 和 1 之间。双曲正切的优势在于其导数更陡峭，使模型可更快地学习。和 sigmoid 函数一样，当这个函数的自变量取到极大值或极小值时，梯度消失问题也会出现。
- *整流线性单元(ReLU)*——ReLU 函数对–1～0 的输入结果为 0，对 0～1 的输入则对应输出线性增量。在拥有大量神经元的大型人工神经网络中，如果我们选择将 sigmoid 函数或双曲正切函数用作激活函数，那么所有的神经元都会一直被激活(除非它们的计算结果恰好为 0)，这会导致算法对所有权重项进行精细的调整来寻求理想解，需要大量计算。ReLU 函数允许一部分神经元不被激活，这减少了计算量，使我们能更快地找到解决方案。

下一节将讨论设计人工神经网络时需要考虑的一些因素。

9.7　设计人工神经网络

人工神经网络的设计往往是实验性的，其结构和配置取决于需要解决的问题。当我们试图提高预测的性能时，通常需要反复试验来逐步调整人工神经网络的结构和配置。本节简要列出了神经网络中可供调整的结构参数，我们可对其进行修改以提高性能或解决新的问题。图 9.30 展示了一张人工神经网络，它的结构和配置与本章前面所述的略有不同。最显著的区别是，这张网络引入了一个新的隐藏层，并且有两个输出节点。

注意　与大多数科学或工程问题一样，"什么是理想的人工神经网络设计"这一问题通常会得到"视情况而定"之类的答案。如想配置出理想的人工神经网络，我们就需要对待解决的问题及其数据特性有深刻的理解。对于神经网络的架构设计与参数配置而言，不存在一个清晰而通用的总体蓝图供我们按图索骥——至少现在还没有。

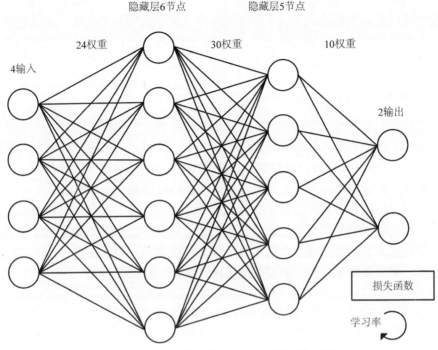

图 9.30　具有多输出的多层人工神经网络示例

1. 输入和输出

人工神经网络的输入和输出是需要设定的基本参数。人工神经网络经过训练后，所产生的模型可能会被不同的人用于不同的环境和系统中。输入和输出定义了神经网络模型的接口。本章已经介绍了一个人工神经网络的案例，它具有 4 个输入节点——描述了驾驶场景的特征，1 个输出节点——描述了碰撞的可能性。需要注意的是，当我们面对存在不同含义的输入和输出时，照本宣科可能会带来问题。例如，如果要用一个 16×16 像素的图像来表示一个手写数字，我们可将(图片的)像素用作输入，并以它们代表的数字作为输出。输入将由代表像素值的 256 个节点组成，输出将由代表 0～9 的 10 个节点组成，每个输出节点的值代表着图像即相应数字的概率。

2. 隐藏层和节点

一个人工神经网络可由多个隐藏层组成，每个隐藏层可以有不同数量的节点。增加隐藏层有助于解决更多维和更复杂的分类判别问题。在图 9.8 的例子中，一条简单的直线就可准确地分类数据。有时候，这条线是非线性的(如抛物线)——这也是比较简单的情况。但是，当直线变成一个更复杂的函数，包含着大量穿越多维空间的曲面时(我们甚至无法想象),会发生什么呢?增加隐藏层可帮助我们找到这些复杂的分类函数。在人工神经网络中,关于层数和节点数的选择通常需要我们不断进行实验,逐步迭代改进。随着经验的累积,在多次使用类似配置成功解决同类问题的基础上,我们可能会对合适的配置形成直观的认识。

3. 权重

权重的初始化很重要,因为它建立了一个起点,从这个起点开始,权重将在多次迭代中逐步调整。如果权重被初始化为太小的值,可能会导致前面所描述的梯度消失问题;而如果权重被初始化为太大的值,则会导致另一个问题——梯度爆炸问题,在这种情况下,权重会围绕着理想的权重结果不断跳跃。

我们可选用各种各样的权重初始化方案,当然每种方案都有其优缺点。根据经验,我们需要确保每一层中激活结果的平均值为 0,也就是隐藏层中所有节点的计算结果的平均值为 0。此外,每一层激活结果的方差应该是稳定的:在多次迭代中,每个隐藏节点的结果震荡范围应该保持一致。

4. 偏差

在人工神经网络中,我们可给网络中的输入层(或其他层)的加权和加上一个值,这个值就是偏差。偏差可平移激活函数的激活值。或者说,偏差为人工神经网络提供了灵活性,它可向左或向右移动激活函数。

理解偏差这一概念的一个简单方法是:设想某一平面上有一条总是穿过原点(0,0)的直线;我们可给它的变量加上 1,从而使这条线拥有不同的截距。偏差的值需要基于待解决的问题来设定。

5. 激活函数

前面讨论了人工神经网络中常用的激活函数。一条关键的经验法则是确保同一层上的所有节点使用相同的激活函数。在多层人工神经网络中,不同的层可根据要解决的问题使用不同的激活函数。例如,一个用于确定是否应该发放贷款的神经网络可能会在隐藏层中使用 sigmoid 函数来确定概率,同时在输出层中使用单位阶跃函数来获得一个明确的决策(0 或 1)。

6. 损失函数和学习率

在前面所给出的例子中,我们使用了一个简单的损失函数——用样本的实际期望输出减去预测输出即其损失,但请不要因此忽视了损失函数的重要性和复杂度,事实上目前存在着许多的损失函数。损失函数将对人工神经网络产生极大影响,必须根据待解决的问题和数据集选用正确的损失函数——因为它描述了人工神经网络的优化目标。最常见的损失函数之一是均方差,它类似于机器学习一章(第 8 章)中使用的函数。不过,损失函数的选择必须基于你对问题的理解,包括训练数据的数量、期望的精度和召回率等指标。随着实验不断深入,我们将进一步了解各种损失函数的特性。

最后,人工神经网络的学习率描述了权重在反向传播过程中的调整速度。如果学习速度过慢,可能会导致训练过程过久,因为每次权重的更新量很小;如果学习速度过快,则可能会导致权重不断发生巨大变化,使训练过程发生混乱(以至于无法收敛)。一个常见的解决办法是从某个固定的学习率开始训练,如果发现训练停滞不前——一段时间内损失函数没有什么变化,就对学习率作出相应调整。在整个训练周期中,我们将根据实验结果不断重复这个过程。同时,为了解决这个问题,我们可对神经网络的优化器作出一些巧妙的调整——譬如随机梯度下降(stochastic gradient descent)。它的工作原理类似于梯度下降,但它允许权重跳出局部最小值,以探索更好的解决方案。

标准人工神经网络,如本章所述案例,对于解决非线性分类问题非常有效。如果我们需要根据一系列特征对样本进行分类,这种人工神经网络结构可能是一个很好的选择。

尽管如此,人工神经网络并非万灵药,也不应是解决所有事情的首选算法。对于许多常见的用例而言,第 8 章中描述的更简单的传统机器学习算法往往表现得更好。不要忘记机器学习算法的流程。在通向理想解决方案的道路上,你可能要尝试多种机器学习模型。

9.8　人工神经网络的类型和用例

人工神经网络功能多样,可被设计来解决不同的问题。人工神经网络的特定结构样式对于解决特定问题是有效的。可将人工神经网络的结构样式看作网络的基本配置。本节中的示例突出显示了几种不同的典型配置。

9.8.1　卷积神经网络

卷积神经网络(Convolutional Neural Network,CNN)是为图像识别而设计的。这种网络可用来寻找图像中不同对象和不同区域之间的关系。在图像识别中,卷积对单个像素及其一定半径内的邻域进行运算。传统上,这种技术常用于边缘检测、图像锐化和图像模糊。卷积神经网络使用卷积和池化操作来寻找图像中像素之间的关系。卷积在图像中寻找(与目标对应的)特征,并通过汇总特征来降低采样池化的“模式”,通过对大量图像进行迭代学习,这种策略能让模型对图像中的独有特征进行有效编码(如图 9.31 所示)。

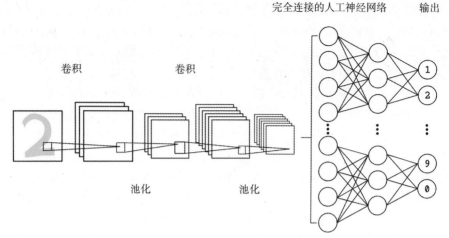

图9.31   卷积神经网络的简单示例

卷积神经网络被广泛用于各种图像分类问题。如果你曾在网上搜索过图片——"以图搜图"，那么你可能已经间接与卷积神经网络互动过。这类神经网络对于从图像中提取文本数据，即光学字符识别(Optical Character Recognition，OCR)也很有效。卷积神经网络也已经进军医疗行业，它可对 X 光和其他身体扫描图像进行分类处理，进而检测可能存在的异常，并给出医疗建议。

9.8.2   递归神经网络

标准人工神经网络只能接受固定数量的输入，而递归神经网络(Recurrent Neural Network，RNN)可接受长度不固定的输入序列。这些输入包括但不限于对话的语句(或语音)。递归神经网络设计中含有记忆的概念——由表达时间序列的隐藏层组成；这一概念允许网络保留关于输入序列前后帧之间关系的信息。当我们训练一个递归神经网络时，其隐藏层中的权重也会受到反向传播的影响；这里的多项权重代表不同时间点的同一特征的权重(如图 9.32 所示)。

递归神经网络在语音和文本的识别及预测方面应用得很广泛。相关用例包括消息应用程序中的语句自动补全、语音转文本，以及各国语言翻译。

9.8.3   生成对抗网络

生成对抗网络(Generative Adversarial Network，GAN)由生成器网络和鉴别器网络组成。通常来说，生成器创建一个潜在的解决方案——譬如某一景观的图像，而鉴别器使用真实的景观图像来确定生成的景观图像的真实性或正确性。鉴别器所判断的误差或损失将被反馈到神经网络中，以进一步提高生成器生成以假乱真的景观图的能力，同时提升鉴别器确定其正确性的能力。对抗这个词很关键，正如第 3 章中呈现的博弈树一样。我们希望这两个组件能通过竞争，逐渐迭代，不断产生更好的解决方案(见图 9.33)。

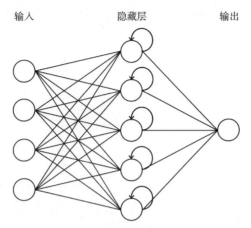

输入　　　　　隐藏层　　　　　输出

图 9.32　递归神经网络的简单示例

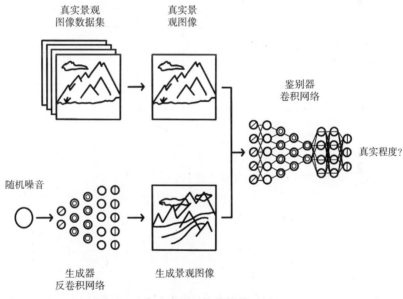

图 9.33　生成对抗网络的简单示例

　　生成对抗网络能被用来生成足以以假乱真的名人假视频(也被称为深度伪造[1]),这引起了人们对媒体信息真实性的担忧。生成对抗网络还有一些有趣的实际应用场景,譬如在人们的脸上叠加发型。通过 GAN,还可利用 2D 图像生成 3D 对象,

___

　　1 事件起源于 2017 年 12 月,一个网名为 deepfakes 的程序员将一个"名人 AV"上传到某著名视频网站:该 AV 视频女主角竟是神奇女侠主演盖尔·加朵(Gal Gadot)。当然这并不是盖尔·加朵真人拍摄的,而是利用 AI 技术将盖尔·加朵的脸替换到某个成人视频制作而成的,不过该视频的真实程度令人惊讶。

例如运用一张椅子的图片生成 3D 的椅子。这个例子可能看起来平平无奇，但这意味着神经网络能依据某个不完整的信息来源准确地估计和创建信息。总体而言，这是人工智能和技术进步的里程碑。

本章旨在将机器学习的概念与有点神秘的人工神经网络世界联系在一起。如果你希望进一步了解人工神经网络和深度学习，请参考《深度学习图解》[1](*Grokking Deep Learning*)一书(Manning 出版社出版)；关于构建人工神经网络框架的实用指南，请参见《Python 深度学习》[2](*Deep Learning with Python*)一书(Manning 出版社出版)。

9.9　本章小结

作为机器学习模型的一种，人工神经网络的设计源于人类大脑的工作原理。

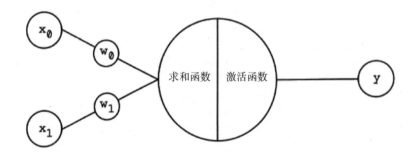

人工神经网络基于感知器的概念设计。

1　《深度学习图解》(中文译著由清华出版社出版)指导你从最基础的每一行代码开始搭建深度学习网络！经验丰富的深度学习专家 Andrew W. Trask 以有趣的图解方式为你揭开深度学习的神秘面纱，使你可亲身体会训练神经网络的每个细节。只需要使用 Python 语言及其最基本的数学库 NumPy，就可训练出自己的神经网络，借助它观察并理解图像，将文字翻译成不同的语言，甚至像莎士比亚一样写作！你完成这一切后，就为成为精通深度学习框架的专家作好了准备！

2　该书由著名深度学习框架 Keras 之父、现任 Google 人工智能研究员的弗朗索瓦•肖莱(François Chollet)执笔，详尽介绍了用 Python 和 Keras 进行深度学习的探索实践，涉及计算机视觉、自然语言处理、生成式模型等应用。书中包含 30 多个代码示例，步骤讲解详细透彻。由于该书立足于人工智能的可达性和大众化，读者不需要具备机器学习相关背景知识即可展开阅读。在学习完该书后，读者将具备搭建自己的深度学习环境、建立图像识别模型、生成图像和文字等能力。

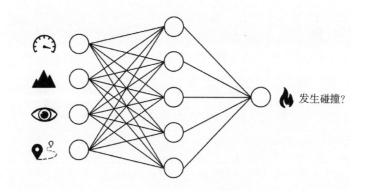

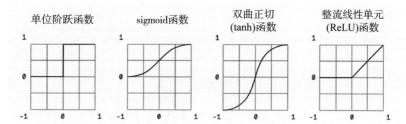

激活函数有助于解决非线性问题。

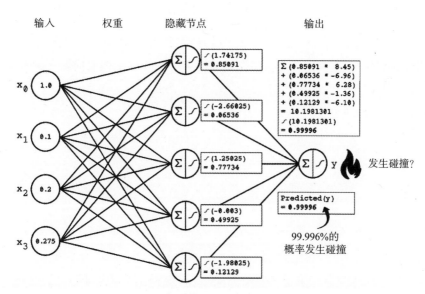

在人工神经网络中，前向传播被用于进行预测，以及训练模型。

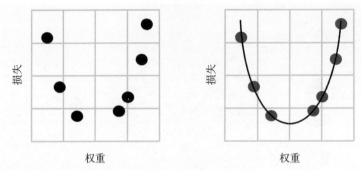

梯度下降算法在众多权重优化方法中较为常用。

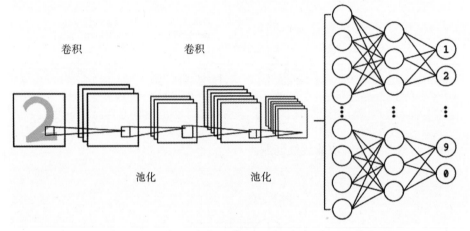

人工神经网络灵活而强大，稍作调整即可解决各种不同的问题。

基于Q-learning的 | 第 **10** 章
强化学习

本章内容涵盖:
- 理解强化学习的灵感来源
- 了解强化学习适用的问题
- 设计并实现一种强化学习算法
- 理解强化学习方法

10.1 什么是强化学习?

强化学习(Reinforcement Learning,RL)是一个受行为心理学启发的机器学习领域。强化学习的理念是通过对行为主体在动态环境中所采取的行动进行持续的奖励或惩罚,以达到训练的目的。想想一只小狗的成长过程,不妨将小狗看作家庭环境中的行为主体。我们想让小狗坐下时通常会(用英文)说:"坐下。"当然,这只小狗不懂英语,所以我们可轻轻推它的后腿,示意它坐下。它坐下之后,我们通常会抚摸它或奖励它一点儿零食。这个过程需要重复几次,一段时间后,我们就能完成对"坐下"这一行为的正强化。这时,环境中的触发器是语音"坐下";行为主体所学会的行为是坐着;而相应的奖励是抚摸或零食。

强化学习是除监督学习和非监督学习之外的另一种机器学习方法。监督学习使用带有标签的数据进行预测和分类;非监督学习在未经标记的数据中寻找趋势和模式;而强化学习使用算法所执行的行动的反馈,来确定在不同场景中执行什么行动(或行动序列)对最终目标的实现更有利。当你知道目标是什么,却不知道应该怎么做才能合理地实现目标时，不妨考虑一下强化学习方法。图 10.1 展示了机器学习的概念地图，注意强化学习在其中的位置。

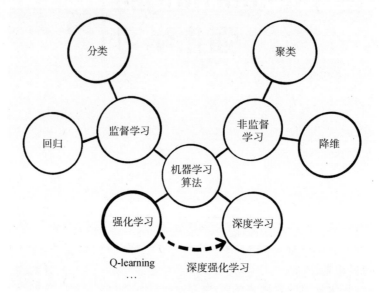

图 10.1　强化学习在机器学习领域中的位置

强化学习可通过经典算法实现，或通过基于人工神经网络的深度学习算法实现。我们可根据要解决的问题，选择表现更好的方法。

图 10.2 说明了应该在什么时候选用哪种机器学习方法。在本章中，我们将通过经典方法来探索强化学习。

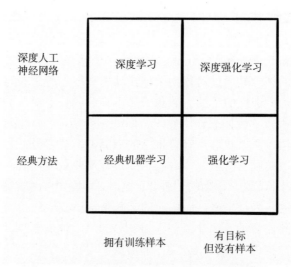

图 10.2　机器学习、深度学习和强化学习的分类

强化学习的灵感来源

机器的强化学习源于行为心理学——一个对人类和其他动物的行为感兴趣的领域。行为心理学一般通过反射动作或个体的历史经验来解释行为。后者是指通过奖励或惩罚、行为动机以及个体环境中会对行为产生影响的其他方面来探索强化。

试错法是大多数已完成进化的动物学习什么对其有利、什么对其有害的最常见方式之一。试错法要求你进行某种尝试——可能会失败，然后作出一些不同的尝试，直到取得成功。在获得预期结果之前，这一过程可能会重复多次，并且很大程度上由某种奖励驱动。

这种行为在自然界中随处可见。例如，新生的小鸡试图啄取它们在地上所能碰到的任何一小块材料。通过反复试错，小鸡学会了只啄取食物。

又如，黑猩猩通过反复试错认识到用棍子挖土壤比用手(前肢)更有利。目标、奖励和惩罚在强化学习中很重要。黑猩猩的目标是寻找食物；奖励或惩罚可能是它挖一个洞所需要的挖掘次数或者所花费的时间。它挖洞的速度越快，寻找食物的时间就越短。

下面参考图 10.3 中简单的训狗示例，来了解强化学习所使用的术语。

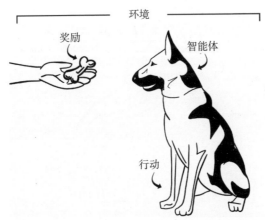

图 10.3　强化学习示例：以食物作为奖励来教狗坐下

强化学习分为负强化和正强化。正强化是指在执行一个行动后获得奖励，例如狗在坐下后得到奖励。负强化则是指在执行一个行动后受到惩罚，例如狗在撕破地毯后受到责骂。正强化意味着激励所期望的行为，负强化意味着阻止所厌恶的行为。

强化学习的另一个理念是平衡即时满足和长期后果。吃巧克力对提升血糖和获取能量很有好处(而且它很好吃)——这属于即时满足。但如果每 30 分钟吃一块巧克力，则可能会为以后的生活带来健康问题——这属于长期后果。强化学习旨在最大化长期收益而不是短期收益，尽管短期收益也可能有助于长期收益。

强化学习关注的是一个行动在环境中的长期后果，因此行动时间和行动顺序都很重要。假设我们被困在荒野中，目标是尽可能长时间地生存，同时尽可能多地探索周围以找到安全的栖息地。我们的位置靠近一条河，现在我们有两种选择：跳入河中以更快地游向下游，或者沿着河岸步行。注意，如图 10.4 所示，河边有一条船。如果选择游泳，我们能前进得更快，但可能会因为被河流冲到错误的河路而错过船。如果选择步行，那么我们一定能找到那艘船，这将使剩下的旅程更容易完成，但我们一开始并不知道这一点。这个例子说明了行动的顺序在强化学习中的重要性。它也告诉我们即时满足可能会导致长期利益的损失。此外，如果河边没有船，选择游泳会让我们前进得更快，但游泳会让衣服湿透——这在天气变冷时可能会导致更严重的问题。步行的后果是我们前进的速度更慢，但不会弄湿衣服，这突出了一个事实，即某种特定的行动方式可能在一类情况下有效，但在其他情况下会导致负面后果。如果想找到更通用的方法，就必须从大量模拟尝试中学习。

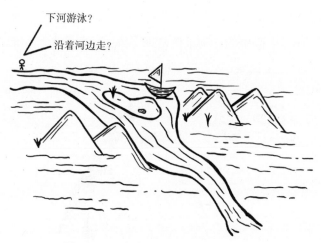

图 10.4　可能产生长期后果的行动示例

10.2　适合用强化学习的问题

总而言之，强化学习旨在解决已知目标但却不知道实现目标所需的行动(或行动序列)的问题。这些问题要求我们在给定环境中控制智能体的行动。某些单一行动得到的回报可能比其他行动更多，但我们关注的重点是所有行动(序列)的累计回报。

对于需要通过一系列单一行动以达成宏大目标的问题，强化学习非常有效。战略规划、工业过程自动化和机器人技术等领域都是使用强化学习的好例子。在这些领域，单一行动可能并非获得有利结果的最佳选择。想象一下象棋之类的战略游戏。基于棋盘的当前状态，有些走法可能是糟糕的选择，但从整局棋的角度看，这些走法可能有助于你在后期获得更大的战略胜利。在这些领域，事件链(行动序列)对好的解决方案很重要，因此强化学习一般能取得理想的表现。

为了进一步理解强化学习算法的各个步骤，我们不妨以第 9 章中的汽车碰撞问题为例。然而，这一次，我们将尝试使用停车场中自动驾驶汽车所获得的视觉数据，让汽车自行导航到它的主人那里。假设我们有一张停车场的地图，图中包括一辆自动驾驶汽车、其他汽车和行人。这辆自动驾驶汽车可向北、向南、向东和向西行驶。在这个例子中，其他汽车和行人保持静止。

我们的目标是让智能车导航到它的主人所在的位置，同时尽可能避免与其他汽车和行人发生碰撞——理想情况下，不发生任何碰撞。智能车显然需要避免与汽车相撞，因为碰撞会损坏车辆，但与行人相撞会产生更严重的后果。在这个问题中，我们希望尽量减少碰撞，但如果要在与汽车碰撞和与行人碰撞之间作出选择，我们应选择与汽车碰撞。图 10.5 简要描述了这个场景。

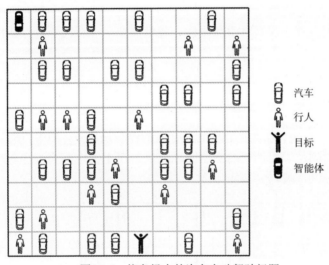

图 10.5　停车场中的汽车自动驾驶问题

我们将通过这个示例来探索强化学习的使用，学习如何在动态环境中采取好的行动。

10.3　强化学习的生命周期

和其他机器学习算法一样，强化学习模型需要经过训练才能使用。在训练阶段，给定在特定环境或状态下需要执行的特定行动，算法的关注点在于探索环境和接收反馈。训练强化学习模型的生命周期以马尔可夫决策过程为基础，该过程为决策建模提供了一个数学框架(见图10.6)。通过量化算法作出的决策及其结果，我们可训练一个模型，以确定什么样的行动对某个目标的实现最有利。

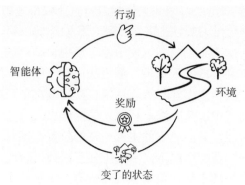

图 10.6　强化学习的马尔可夫决策过程

　　在开始使用强化学习来应对训练模型的挑战之前，我们需要一个环境来模拟我们正在处理的问题空间。在本例中，一辆自动驾驶汽车试图在充满障碍的停车场导航到它的主人那里，同时避免碰撞。我们需要对这个问题进行建模，以便针对目标衡量自动驾驶汽车在环境中的行动。这个模拟环境不同于通过数据来学习应该采取什么行动的模型。

10.3.1　模拟与数据：环境重现

　　图 10.7 描述了一个包含其他车辆和行人的停车场场景。图中自动驾驶汽车的起始位置和车主的位置用加粗的黑色图标表示。在本例中，通过行动与环境进行交互的自动驾驶汽车被称为智能体。

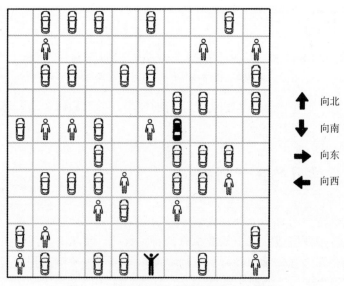

图 10.7　停车场环境中的智能体行动示例

自动驾驶汽车(或智能体)可在环境中采取不同行动。在这个简单的例子中，它可采取的行动包括向北、向南、向东和向西移动。选择一种行动后智能体会向那个方向移动一格。注意，本例中智能体不能沿着对角线移动。

智能体在环境中采取行动时会受到相应的奖励或惩罚。图 10.8 展示了根据行动在环境中产生的结果给予智能体的奖励点数。与另一辆车相撞的行动是不好的；而与行人相撞的行动更糟糕。移动到空地的行为值得鼓励；如能找到车主则当然更好。特定的奖惩旨在防止智能体与其他汽车和行人相撞，并鼓励它探索空地并找到车主。注意，越界移动可能会获得奖励，但为了简单起见，我们将不允许这种移动。

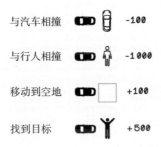

图 10.8 针对行动在环境中产生的结果设计奖惩措施

注意 对于这里描述的奖励和惩罚来说，一个有趣的结果是，汽车可无限地在空地中前后来回行驶以积累更多奖励。在本例中，我们可暂时先无视这种可能，但它强调了设计一套理想的奖惩措施的重要性。

模拟器需要对环境、智能体的行动以及每次行动后获得的奖励(或惩罚)进行模拟。强化学习算法将使用模拟器通过实践进行学习——在模拟环境中采取行动，并对结果进行测量。模拟器至少需要提供以下功能和信息：

- **初始化环境**。该功能负责将整个环境(包括智能体)重置为初始状态。
- **获取环境的当前状态**。此功能负责提供环境的当前状态，在每次行动执行完毕后，环境的状态将发生改变。
- **对环境采取行动**。该功能令智能体对环境采取某种行动。环境受到这一行动的影响，将会反馈对应的奖励(或惩罚)。
- **计算行动的奖励**。该功能与智能体对环境采取的行动相关，模拟器需要计算该行动的奖励和对环境的影响。
- **确定目标是否实现**。该功能负责检查智能体是否已经实现了预先设定的目标。目标有时也可表示为"完成"。在目标无法实现的环境中，模拟器需要在它认为必要时发出完成信号。

图 10.9 和图 10.10 分别描绘了自动驾驶汽车导航示例中的两条可能路径。在

图 10.9 中，智能体先向南移动，直到到达边界；然后向东行进，直到到达目的地。虽然实现了目标，但该场景导致智能体与其他汽车碰撞了 5 次，且与行人碰撞了 1 次——这显然不是一个理想的结果。在图 10.10 中，智能体沿着更具体的路径向目标移动，没有发生碰撞——这属于一种理想的解决方案。需要注意的是，在我们设计的奖励措施下，智能体未必能找到最短路径；因为我们的奖惩措施致力于避开障碍，所以智能体可能会找到任何一条没有障碍的路径。

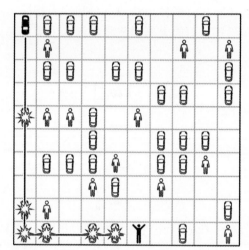

导航路径
示例A

碰撞
−1 行人
−5 车辆

图 10.9　停车场问题的一个糟糕的解决方案

导航路径
示例B

碰撞
−0 行人
−0 车辆

图 10.10　停车场问题的一个理想解决方案

到目前为止，我们并没有让模拟器自动产生行动。这就像在一个游戏中，提供输入的是我们人类玩家，而非智能玩家。下一节将探讨如何训练一个自主行动的智能体。

伪代码

模拟器的伪代码实现了本节讨论的所有核心功能。模拟器类将使用与环境初始状态相关的信息进行初始化。

移动智能体函数(move_agent)负责根据行动参数使智能体向北、向南、向东或向西移动。它需要确定移动是否在允许范围内，调整智能体的坐标，检查是否发生碰撞，并根据相应结果返回奖励(或惩罚)分数。

```
Simulator(road, road_size_x, road_size_y,
          agent_start_x, agent_start_y, goal_x, goal_y):


move_agent(action):
    if action equals COMMAND_NORTH:
        let next_x equal agent_x - 1
        let next_y equal agent_y
    else if action equals COMMAND_SOUTH:
        let next_x equal agent_x + 1
        let next_y equal agent_y
    else if action equals COMMAND_EAST:
        let next_x equal agent_x
        let next_y equal agent_y + 1
    else if action equals COMMAND_WEST:
        let next_x equal agent_x
        let next_y equal agent_y - 1
    if is_within_bounds(next_x, next_y) equals True:
        let reward_update equal cost_movement(next_x, next_y)
        let agent_x equal next_x
        let agent_y equal next_y
    else:
        let reward_update equal ROAD_OUT_OF_BOUNDS_REWARD
    return reward_update
```

对于本段伪代码中引用的函数，这里给出简要描述：

- 移动成本函数(cost_movement)确定目标坐标(智能体将向该坐标移动)中存在的对象，并返回相应的奖励(或惩罚)分数。
- 边界检查函数(is_within_bounds)是一个实用函数，用于确保移动目标点的坐标在停车场边界之内。
- 目标检查函数(is_goal_achieved)确定智能体是否已经找到目标，如果返回值为真，则模拟可结束。

● 状态获取函数(get_state)使用智能体的位置来确定一个数字——该数字枚举当前状态。每个状态必须是唯一的。在其他问题空间中，状态可能由实际状态所对应的值来表示。

```
cost_movement(next_x, next_y):
  if road[next_x][next_y] equals ROAD_OBSTACLE_PERSON:
    return ROAD_OBSTACLE_PERSON_REWARD
  else if road[next_x][next_y] equals ROAD_OBSTACLE_CAR:
    return ROAD_OBSTACLE_CAR_REWARD
  else if road[next_x][next_y] equals ROAD_GOAL:
    return ROAD_GOAL_REWARD
  else:
    return ROAD_EMPTY_REWARD


is_within_bounds(next_x, next_y):
  if road_size_x > next_x >= 0 and road_size_y > next_y >= 0:
    return True
  return False


is_goal_achieved():
  if agent_x equals goal_x and agent_y equals goal_y:
    return True
  return False


get_state():
  return (road_size_x * agent_x) + agent_y
```

10.3.2　使用 Q-learning[1]模拟训练

Q-learning 是一种强化学习的方法，它使用环境中的状态和行动来建一个表格，该表应包含给定状态下描述理想行动的信息。如果把 Q-learning 想象成一个字典[2]，其中的键(key)是环境的状态，而值(value)则是针对该状态采取的最佳行动。

Q-learning 强化学习采用一种名为 Q 表(Q-table)的奖励表。Q 表由表示可能行动的列和表示环境中可能状态的行组成。设计 Q 表的目的是描述哪些行动对智能

---

1 译者注：此处 Q-learning 也可翻译为 Q-学习(如维基百科所示)。但大部分中文资料(包括网络资料)均选择保留原文 Q-learning。经多方咨询讨论，决定在本书中保留原文以便读者查阅网络资料。

2 译者注：此处字典(英文原文 dictionary)并非通常意义上的字典，而是程序设计语境中的字典。它指的是一种可变容器模型，常由键(key)值(value)对构成，可存储任意类型对象。可参考 Python 等典型编程语言中的字典实现。

体寻找目标最有利。表中描述有利行动的值是通过模拟环境中可能的行动，并从行动导致的结果和状态变化中学习得到的。值得注意的是，智能体可按照一定概率选择随机行动或按照 Q 表开展行动，稍后我们将在图 10.13 中详细描述这一点。这里的字母 Q 代表负责评价环境中某一行动的质量(或奖励分数)的函数。

图 10.11 给出了一张训练好的 Q 表，并展示了其中两个可能的状态所对应的示意图，这两个状态可用其对应的行动值来表示。这些状态与我们正在解决的问题相关；如果换一个问题，也可允许智能体沿着对角线移动。注意，备选状态的数量因环境而异，并且在算法发现新状态时，可根据需求添加新状态。在状态 1 中，智能体位于左上角；在状态 2 中，智能体位于其先前所在位置之下(向下走了一步)。在给定每个状态的前提下，Q 表对所能采取的最佳行动进行了编码。其中得分最高的行动被认为是最有利的行动。在此图中，我们已经通过训练算出了 Q 表中的值。接下来我们将进一步探讨其计算过程。

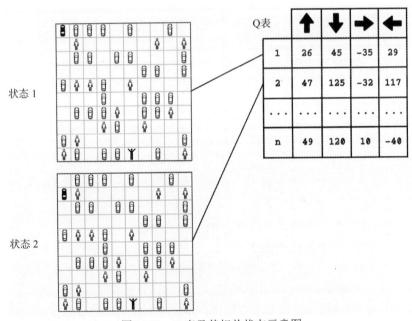

图 10.11　Q 表及其相关状态示意图

用整张地图表示状态的做法存在一个严重问题，即其他车辆和人员的配置是特定于该问题的。Q 表学习到的最佳选择也只适用于这张地图。

在这个示例问题中，利用与智能体相邻的对象(8 个邻居)来表示状态的方法其实更好。这样，一个状态就不会仅限于它正在学习的示例停车场，因而 Q 表可适用于其他停车场配置。这种方法可能看起来微不足道，但每个格子的状态有 4 种可能性：含有一辆车或一个行人，或者是一个空格子或一个越界位置，结果总共有 65 536(4 的 8 次幂)种可能的状态。有了这么多的变化，我们需要在多种停车场配置下对智能体进行多次训练，以使它学习到良好的短期行动选择(见图 10.12)。

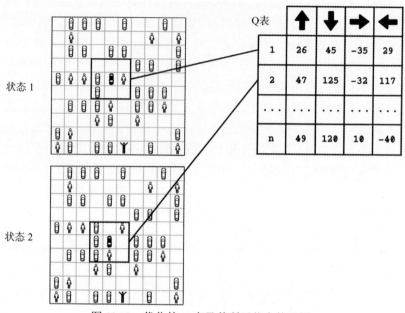

图 10.12   优化的 Q 表及其所示状态的示例

当我们探索 Q-learning 强化学习训练模型的流程时,请记住 Q 表的设计思路。它将表示智能体在环境中采取的行动的模型。

现在,让我们看一下 Q-learning 算法的生命周期,包括训练中涉及的步骤。Q-learning 的生命周期主要包括两个阶段:初始化以及后续迭代过程(如图 10.13 所示)。

- 初始化。这个步骤包括设置 Q 表的相关参数和初始值。

(1) 初始化 Q 表。初始化 Q 表,其中每列代表一项行动,每行代表一个可能的状态。注意,可在遇到新的状态时将它们添加到表中,因为在开始时我们很难知道环境中的状态数量。每个状态的初始行动值都会被初始化为 0。

(2) 设置参数。这一步需要设置 Q-learning 算法的各项超参数(hyperparameter),包括:

① *选择随机行动的概率*——(智能体)选择随机行动而不是从 Q 表中选择行动的阈值。

② *学习率*——学习率与监督学习中的学习率相似。它描述了算法在不同状态下依据奖励进行学习的速度。当学习率高时,Q 表中的值变化不规律;当学习率低时,Q 表中的值会逐渐变化,但这也意味着可能需要更多的迭代才能找到理想的值。

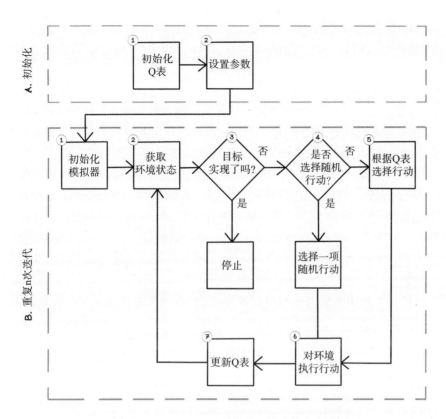

图 10.13　Q-learning 强化学习算法的生命周期

③ *折现系数*——折现系数描述了算法对未来潜在奖励的重视程度，也就是对即时满足或长期回报的偏好程度。较小的折现系数会使算法倾向于即时奖励；反之，算法则倾向于长期回报。

● 重复 n 次迭代。重复以下步骤，通过多次评估这些状态来找到相同状态下的最佳行动。在所有迭代中，我们会更新同一个 Q 表。最核心的设计理念是：因为一个智能体的行动序列很重要，所以在任何状态下，某一行动的奖励都可能会因为之前的行动而改变。因此，我们有必要进行多次迭代。可将一次迭代看作为实现目标而进行的一次尝试：

(1) 初始化模拟器。 在这一步，将环境重置为初始状态。智能体被设置为中立状态。

(2) 获取环境状态。 该函数会提供环境的当前状态。执行每个操作后，环境的状态将发生变化。

(3) 目标实现了吗？ 确定目标是否已实现(或模拟器是否认为探索已经完成)。在本例中，目标是找到自动驾驶汽车的车主。如果目标已实现，算法就会结束。

(4) 是否选择随机行动？ 确定是否应该选择一项随机行动。如果是，智能体将随机选择一个方向移动(向北、向南、向东或向西)。随机行动有助于探索环境中的可能性，而不是仅限于某一个狭小的子集。

(5) 根据 Q 表选择行动。 如果决定不选择随机行动，则当前环境状态将转向 Q 表，并根据表中的值选择相应的行动。稍后将讨论关于 Q 表的更多内容。

(6) 对环境执行行动。 这一步将所选行动应用到环境中，无论该行动是随机的还是从 Q 表中选择的。某一项行动将在环境中产生结果和对应的奖励。

(7) 更新 Q 表。 下面的材料描述了更新 Q 表所涉及的概念和执行的步骤。

Q-learning 的关键之处在于用于更新 Q 表值的方程。Q-learning 方程在贝尔曼(Bellman)方程[1]的基础上针对强化学习进行了适配。贝尔曼方程根据给定决策的奖励或惩罚结果来确定在特定时间点作出的决策的价值。在 Q-learning 方程中，更新 Q 表值的最重要属性包括：当前状态、所选行动、给定行动的下一个状态，以及奖励结果。学习率类似于监督学习中的学习率，它决定了 Q 表值更新的幅度。折现系数被用来表明未来潜在回报的重要性，也被用来平衡短期奖励和长期回报。

下一个状态下所有行动的最大值

```
Q(state, action) =

(1 - alpha) * Q(state, action) + alpha * (reward + gamma * Q(next state, all actions))
```

学习率　　　　当前值　　　　学习率　　　　折现系数

因为 Q 表是用 0 初始化的，所以在环境的初始状态下，该表如图 10.14 所示。

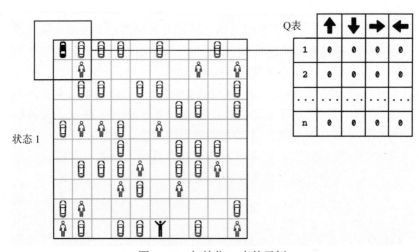

图 10.14　初始化 Q 表的示例

1 贝尔曼方程也被称作动态规划方程(dynamic programming equation)，由理查·贝尔曼(Richard Bellman)发现。贝尔曼方程是动态规划(dynamic programming)这类数学最优化方法能求得最优解的必要条件。贝尔曼方程最早应用在工程领域的控制理论和其他应用数学领域，而后成为经济学上的重要工具。

接下来，我们将探索如何根据不同奖励值采取行动，以及如何使用 Q-learning 方程来更新 Q 表。不妨使用以下值来设置算法的参数。

- 学习率(alpha)：0.1
- 折现系数(gamma)：0.6

图 10.15 说明了如果智能体在第一次迭代中从初始状态选择向东行动，Q-learning 方程是如何更新 Q 表的。不要忘记，Q 表中所有值被初始化为 0。把学习率(alpha)、折现系数(gamma)、当前行动值、奖励和下一个最优状态值代入方程，以确定所采取的行动对应的奖励值。如果智能体选择向东移动，则会与另一辆车相撞，产生−100 的奖励。计算出新的值之后，状态 1 上对应的向东的值会更新为−10。

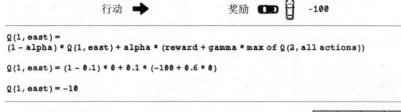

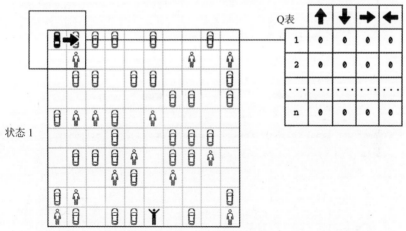

图 10.15　状态 1 的 Q 表更新计算示例

该行动执行完毕后，下面我们计算环境中的下一个状态。这次的行动是向南移动，会导致智能体与行人相撞，并产生−1000 的奖励。算法计算完新值后，状态 2 上向南移动的值会更新为−100(见图 10.16)。

图 10.17 表明，随着 Q 表中填充值的变化，计算出的新值(譬如状态 1 向东移动所对应的奖励值)也会不同。其原因在于，之前我们是基于用 0 初始化的 Q 表来计算的，而图 10.17 展示的是经过多次迭代后，用 Q-learning 方程更新的 Q 表示例。这一模拟过程可运行多次，并从多次尝试中学习。因此，经过之前的多次迭代，表中的数值已完成多次更新。这次迭代的行动是向东移动，会导致智能体与另一辆车相撞，并获得−100 的奖励。新值计算出来后，状态 1 上向东的值将变为−34。

行动 ⬇   奖励 🚗🚶 -1000

```
Q(2, south) =
(1 - alpha) * Q(2, south) + alpha * (reward + gamma * max of Q(3, all actions))

Q(2, south) = (1 - 0.1) * 0 + 0.1 * (-1000 + 0.6 * 0)

Q(2, south) = -100
```

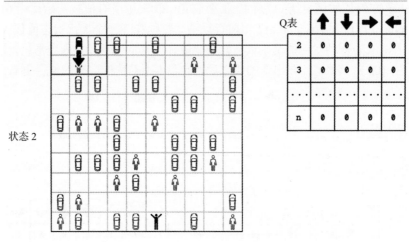

图 10.16　状态 2 的 Q 表更新计算示例

行动 ➡   奖励 🚗🚶 -100

```
Q(1, east) =
(1 - alpha) * Q(1, east) + alpha * (reward + gamma * max of Q(2, all actions))

Q(1, east) = (1 - 0.1) * -35 + 0.1 * (-100 + 0.6 * 125)

Q(1, east) = -34
```

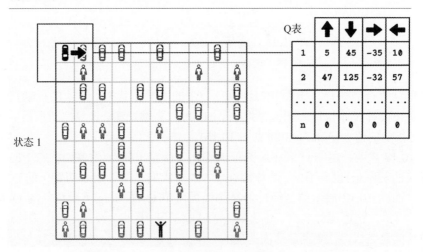

图 10.17　多次迭代后状态 1 的 Q 表更新计算示例

练习：计算 Q 表值的变化

使用 Q-learning 更新方程和下面的场景，为所执行的行动计算新值。假设最后一次行动是向东移动，值是-67。

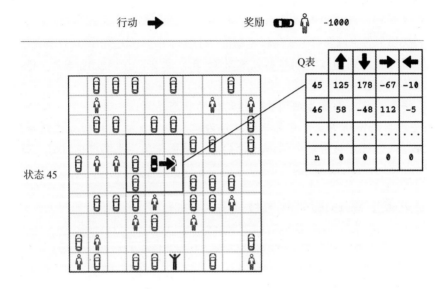

解决方案：计算 Q 表值的变化

将超参数和状态值代入 Q-learning 方程，得到新的 Q(45, east)[1]值。

- 学习率(alpha)：0.1
- 折现系数(gamma)：0.6
- Q(45, east)：-67
- 最大 Q(46, all actions)[2]：112

```
Q(45, east) =
(1 - alpha) * Q(45, east) + alpha * (reward + gamma * max of Q(46, all actions))

Q(45, east) = (1 - 0.1) * -67 + 0.1 * (-100 + 0.6 * 112)

Q(45, east) = -64
```

伪代码

下面这段伪代码描述一个使用 Q-learning 来训练 Q 表的函数。它可被分解成更简单的函数，但考虑到可读性，我们仍选择以这种方式表示。该函数将按照本章描述的步骤进行。

用 0 初始化 Q 表；然后，根据训练逻辑执行一定次数的迭代。

---

1 译者注：此处应为 Q(45, east)，原著有误。
2 译者注：此处应为 Q(46, all actions)，原著有误。

请记住，每次迭代都是实现目标的一次尝试。

在目标尚未实现时执行下面的逻辑：

(1) 决定是否应采取随机行动来探索环境中的可能性。如果不是，则从 Q 表中选择当前状态所对应的具有最高值的行动。

(2) 将所选行动应用到模拟器。

(3) 从模拟器中收集信息，包括奖励值、行动的下一个状态，以及目标是否完成。

(4) 根据收集到的信息和超参数更新 Q 表。注意，在这段代码中，超参数作为该函数的参数传入。

(5) 将当前状态设置为刚刚执行的动作的状态结果。

这些步骤将不断重复，直至找到目标为止。在算法找到目标并达到所需的迭代次数后，我们就可获得一个训练好的 Q 表，并且可在其他环境中对它进行测试。下一节将介绍如何测试 Q 表。

```
train_with_q_learning(observation_space, action_space,
                      number_of_iterations, learning_rate,
                      discount, chance_of_random_move):
let q_table equal a matrix of zeros [observation_space, action_space]
for i in range(number_of_iterations):
  let simulator equal Simulator(DEFAULT_ROAD, DEFAULT_ROAD_SIZE_X,
                                DEFAULT_ROAD_SIZE_Y, DEFAULT_START_X,
                                DEFAULT_START_Y, DEFAULT_GOAL_X,
                                DEFAULT_GOAL_Y)
  let state equal simulator.get_state()
  let done equal False
  while not done:
    if random.uniform(0, 1) > chance_of_random_move:
      let action equal get_random_move()
    else:
      let action max(q_table[state])

    let reward equal simulator.move_agent(action)
    let next_state equal simulator.get_state()
    let done equal simulator.is_goal_achieved()

    let current_value equal q_table[state, action]
    let next_state_max_value equal max(q_table[next_state])
```

```
let new_value equal (1 - learning_rate) * current_value + learning_rate *
                    (reward + discount * next_state_max_value)

let q_table[state,action] equal new_value
let state equal next_state
```

```
return q_table
```

10.3.3　模拟并测试 Q 表

我们知道，在使用 Q-learning 的情况下，Q 表是包含学习成果的模型。当面对具备不同状态的新环境时，算法引用 Q 表中相应的状态并选择奖励值最高的行动。因为 Q 表已经经过了训练，所以这个过程包括：获取环境的当前状态；引用 Q 表中的相应状态来查找行动，直到实现目标(如图 10.18 所示)。

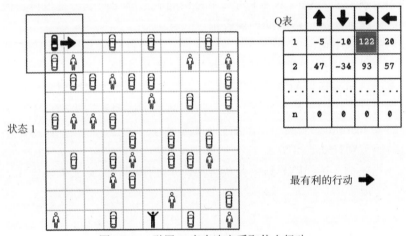

图 10.18　引用 Q 表来决定采取什么行动

因为 Q 表中学习到的状态考虑的是紧邻智能体当前位置的对象，而 Q 表已经学习了针对短期奖励的优、劣的行动，所以 Q 表可用于不同的停车场配置，如图 10.18 所示。但其缺点在于，比起长期奖励，智能体更喜欢短期奖励，因为在执行每个行动时，它并没有整个地图的概念。

在进一步学习强化学习的过程中，你可能会遇到的一个术语是回合(episode)。一个回合包含初始状态和实现目标的状态之间的所有状态。如果需要 14 个行动来实现一个目标，我们就有 14 个回合。如果目标永远无法实现，则称之为无限回合。

10.3.4　衡量训练的性能

强化学习算法的性能通常很难衡量。给定一个特定的环境和目标，我们可能会有不同的惩罚和奖励，其中一些对问题背景的影响比其他的更大。在停车场的例子中，我们会严厉惩罚与行人碰撞的行动。在另一个例子中，我们可能需要让一个类似人类的智能体试着学习使用哪些肌肉来尽可能自然地行走。在这种情况下，惩罚可能是摔倒，也可能涉及其他更具体的事情，例如步幅太大。为了准确地衡量性能，我们需要了解问题的背景。

衡量性能的一种通用方法是计算给定尝试次数中的惩罚次数。惩罚可能是行动在环境中导致的需要避免的事件。

强化学习性能的另一种衡量标准是每次行动的平均奖励。通过使每次行动的奖励最大化，我们可尽可能地避免糟糕的行动，无论目标是否实现。以累计奖励除以行动总数即可计算出这个指标。

10.3.5　无模型和基于模型的学习

为了进一步学习和研究强化学习，我们必须清楚两种强化学习的方法：基于模型的和无模型的。它们不同于本书中讨论的机器学习模型。这里可将模型看作一个智能体对其所运行环境的抽象表示。

我们的头脑中可能有一个关于地标位置、方向直觉以及社区道路总体布局的模型。这个模型是我们在探索某些道路的过程中形成的，但我们可在脑中模拟场景，在不尝试所有选项的情况下作出决定。例如，为了决定如何到达工作地点，我们可使用这个模型来作出决定；这种方法是基于模型的。无模型学习类似于本章描述的 Q-learning 方法；试错法被用来探索与环境的各种交互作用，以确定不同场景中的有利行动。

图 10.19 描述了道路导航的两种方法。可使用不同的算法来构建基于模型的强化学习实现。

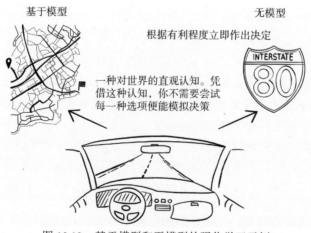

图 10.19　基于模型和无模型的强化学习示例

10.4　强化学习的深度学习方法

　　Q-learning 是强化学习的一种方法。充分了解其功能和原理后，你就可把同样的推理方法和设计思路应用到其他的强化学习算法上。根据所要解决的问题，有几种不同的方法可供选择。一种常用的替代方法是深度强化学习，它在机器人技术、视频游戏，以及涉及图像和视频的问题中非常有效。

　　深度强化学习可使用人工神经网络(ANN)来处理环境的状态并产生行动。算法根据奖励反馈和环境变化来调整神经网络中的权重，从而学习这些行动。强化学习还可使用卷积神经网络(CNN)和其他专门构建的神经网络架构来解决不同领域和用例中的特定问题。

　　图 10.20 概括性地描述了如何使用人工神经网络来解决本章中的停车场问题。神经网络的输入是状态；输出为智能体选择最佳行动的概率；算法通过反向传播，根据对应的奖励和对环境的影响来调整网络中的权值。

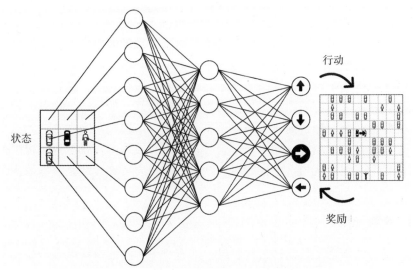

图 10.20　在停车场问题中使用人工神经网络的例子

　　下一节将介绍现实世界中适合使用强化学习的一些常见用例。

10.5　强化学习的用例

　　强化学习在很多应用中没有(或只有很少的)历史数据可供学习。强化学习是通过与具有良好性能启发式的环境交互来进行的。这种方法的用例可能是无穷无尽的。本节将描述一些常见的强化学习用例。

10.5.1 机器人技术

机器人技术涉及创造能与真实环境交互以实现某些目标的机器。一些机器人被用来巡览复杂地形，其中可能包含各种地表、障碍和倾斜。还有一些机器人被用作实验室的助手，它们接受科学家的指令，传递正确的工具或操作设备。如果无法在大型动态环境中为每个动作的每个结果建模，则可考虑使用强化学习。通过在环境中定义一个更大的目标，并将奖励和惩罚作为启发式引入，我们可用强化学习在动态环境中训练机器人。例如，地形巡航机器人可学习应向哪个车轮输出驱动力，以及如何调整其悬挂来成功地穿越复杂的地形。当然，你需要进行多次尝试才能实现这一目标。

如果可在计算机程序中为环境的主要特性建模，则可模拟这些场景。在一些项目中，电脑游戏已被用于自动驾驶汽车在现实世界中上路之前的基础训练。通过强化学习来训练机器人的目的是创建更通用的模型，使该模型能适应新环境与不同的环境，同时学习更通用的交互方式——就像人类的工作方式一样。

10.5.2 推荐引擎

我们所用的许多数字产品都使用了推荐引擎。视频流媒体平台运用推荐引擎来了解个人对视频内容的喜好，并尝试推荐最适合观看者的内容。这种方法也被应用于音乐流媒体平台和电子商务平台。观看者一般会对平台推荐的视频作出决定，而这种行为可被用来训练强化学习模型。前提是，如果一个推荐的视频被选中并被完整地观看，那么强化学习模型将获得丰厚的奖励，因为它认为这个视频是一个很好的推荐。相反，如果一个视频从来没有被选中，或者只有很少的内容被观看，我们有理由认为这个视频对观众没有吸引力。这一结果将导致少量奖励或惩罚。

10.5.3 金融贸易

用于交易的金融工具包括公司股票、加密货币和其他投资组合产品。交易向来是一个难解的问题。分析师需要关注价格变化模式和世界新闻，并根据他们的判断作出继续持有、部分卖出或增购的决定。强化学习可训练模型，将其获得的收入或遭受的损失用作相应的奖励和惩罚，以使模型作出理想的决定。开发一个强化学习模型来实现良好的交易需要大量的试验，这意味着在训练智能体时你可能会损失大量的资金。幸运的是，大多数历史公共财务数据都可免费获得，同时，一些投资平台提供了可用于实验的沙箱。

尽管强化学习模型有助于实现良好的投资回报，但这里有一个有趣的问题：如果所有投资者都是自动化、完全理性的，并且将人为因素从交易中剔除，市场会是什么样子的？

10.5.4　电子游戏

多年来，流行的策略类电脑游戏一直在推动玩家的智力发展。这些游戏通常需要玩家管理多种类型的资源，同时规划短期和长期的战术来战胜对手。这类游戏近年来已经风靡全球，其中即使是顶级选手也仍然会因为微小的失误而输掉比赛。

强化学习已经能在专业水平甚至更高水平上(与人类)玩这些游戏。这些强化学习的实现通常以智能体的形式存在——它能像人类玩家那样观察屏幕，学习模式，并采取行动。奖励和惩罚与游戏输赢直接相关。与不同的对手在不同的场景中反复较量后，强化学习智能体会掌握最有利于实现长期目标(即赢得游戏)的战术策略。这一领域的研究目标是寻找更通用的模型，该模型能从抽象状态和环境中获取上下文，并理解那些不能通过逻辑映射出来的事物。例如，作为孩子，在知道高温物体可能存在危险之前，我们从来没有被物体灼伤过。随着年龄的增长，我们形成了一种直觉，并对它进行了测试——这些测试加强了我们对高温物体及其潜在危害(或益处)的理解。

总之，人工智能的研究与开发致力于让计算机学会以人类擅长的方式解决问题：以更为一般的方式，将抽象的想法和概念与要实现的目标联系起来，并找到通往目标的理想解决方案。

10.6　本章小结

强化学习适用于目标已知但学习实例未知的情况。

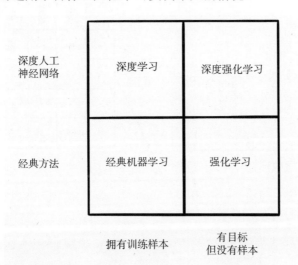

强化学习可使用经典方法或者深度人工神经网络方法。

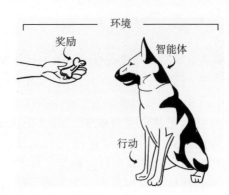

试错是在环境中学习的方法。

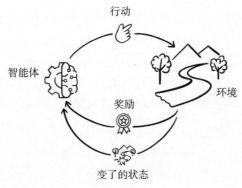

Q 表包含作为列的行动和作为行的状态。

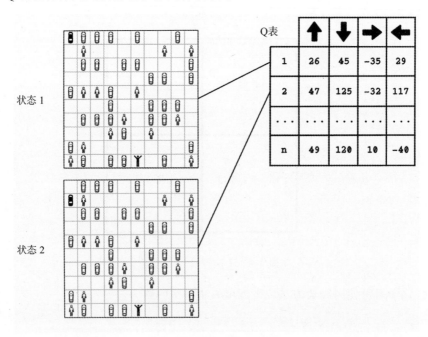

Q-learning 利用 Q 表和学习函数来学习所采取的行动。

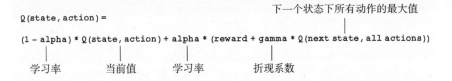